U0414826

Alibaba Group 阿里巴巴集团 | 技术丛书 〔-〕阿里云 数字新基建系列

云数据库架构

朱明 李森 许文科 江厚顺 王超 郭宁 余从佳 王海忠 著

電子工業出版社
Publishing House of Electronics Industry
北京•BEIJING

内 容 简 介

“阿里云数字新基建系列”包括5本书，涉及Kubernetes、混合云架构、云数据库、CDN原理与流媒体技术、云服务器运维（Windows），囊括了领先的云技术知识与阿里云技术团队独到的实践经验，是国内IT技术图书又一重磅作品。

数据库技术，被称为“计算机三驾马车”之一，几十年来，持续支持着全球亿万数字业务的运行，而云计算的出现，赋予了数据库新的能力。云数据库按引擎能力，可以分为关系型数据库、非关系型数据库、数据仓库和分布式新型数据库。本书从技术原理入手，讲解各种数据库的特点，分析不同场景的架构选型和数据库优化，继而展开到云数据库的迁移、云数据库的运维工作，期望能帮助读者了解和掌握云数据库相关知识与技能。

图书在版编目（CIP）数据

云数据库架构 / 朱明等著. —北京：电子工业出版社，2021.9
（阿里云数字新基建系列）
ISBN 978-7-121-42119-8

Ⅰ. ①云… Ⅱ. ①朱… Ⅲ. ①数据处理 Ⅳ. ①TP274

中国版本图书馆CIP数据核字（2021）第197715号

责任编辑：张彦红
印　　刷：中国电影出版社印刷厂
装　　订：三河市良远印务有限公司
出版发行：电子工业出版社
　　　　　北京市海淀区万寿路173信箱　　邮编 100036
开　　本：720×1 000　1/16　印张：22　字数：359千字
版　　次：2021年9月第1版
印　　次：2021年9月第1次印刷
定　　价：119.00元

凡所购买电子工业出版社图书有缺损问题，请向购买书店调换。若书店售缺，请与本社发行部联系，联系及邮购电话：（010）88254888，88258888。

质量投诉请发邮件至zlts@phei.com.cn，盗版侵权举报请发邮件至dbqq@phei.com.cn。

本书咨询联系方式：（010）51260888-819，faq@phei.com.cn。

本书编委会

顾　　问：李　津　李飞飞　张　卓　黄　贵　李圣陶

主　　编：万谊平

撰写

朱　明　李　森　许文科　江厚顺　王　超　郭　宁　余从佳　王海忠

特别感谢

田　杰　段　凌　李广望　沈乘黄　胡中泉　潘文宇　王勇猛　陈宗志

何　雷　王　若　童家旺　杨成虎　王佳毅　朱国云　王宇辉　李德坤

周建平　崔　屿　张　雯　江　冉　李一帅　秦　扬

推荐语

数字经济是未来的发展方向，智能创新是经济腾飞的翅膀。云计算在云厂商、开源社区、各行各业技术团队的共同努力下，作为数字经济的技术基础设施，伴随着5G、人工智能、智慧城市等新技术、新业态、新平台蓬勃兴起。云上技术和业务创新恰逢其时，必将助推各行各业的业务数字化转型。其中云时代丰富的云数据库产品带来的技术和架构优势，使得企业和开发者得以高效选择、运行、维护数据管理基础设施，并充分享受数据可靠性保障、弹性扩展等云计算特性带来的技术红利。本书作为阿里云数据库服务团队宝贵经验的总结，将云数据库架构原理、场景化产品选型、数据库上云最佳实践等集于一身，相信一定可以帮助广大技术人员在拥抱云数据库的道路上走得更顺、更稳。

李津　阿里巴巴集团副总裁 阿里云全球技术服务部总经理

云计算已经成为承载数字化经济的基础设施，如同水电煤之于日常生活服务一样，用户并不关心资源的物理部署情况，只需随手取用。数据库作为传统IT服务、云计算以及数据驱动业务的核心系统，在快速地向云原生和云化服务的方向上转型，以往需要专业人员规划、部署、运维的数据库系统，如今成为唾手可得、按需取用、安全可靠、高性价比的服务，这一切得益于云原生技术助力数据库系统进化演进，通过对资源使用的分层解耦，打破物理机器资源使用限制，利用云计算资源池化的能力，构建出健壮、实时弹性伸缩、高可用的数据库服务。本书从数据库基本原理出发，讲述进化到云数据库的历程，并重点介绍了云数据库的选型、运维和最佳实践，深度凝聚了阿里云数据库服务团队十年来的技术积累，对数据库领域从业人员，无论是运维人员、应用人员还是研发人员都将大有裨益。

李飞飞　阿里云数据库产品事业部总裁 ACM杰出科学家
中国计算机协会大数据专家委员会副主任
达摩院数据库与存储实验室负责人

如何基于云原生构建安全、敏捷、开放的云上数据库架构，进行云上异构数据迁移，重构企业基础设施架构，重塑核心业务并最终帮助企业提升核心竞争力，是每一家将要上云或者已经上云的企业用户关心的核心课题之一。阿里云在过去十年的不断磨砺，一方面得益于阿里巴巴集团数据库能力的持续沉淀，另一方面通过帮助云上企业用户拥抱云原生技术的过程，积累了大量的最佳实践经验。本书从理念、原理、最佳实践三个方面进行了全面细致的阐述，对于面向数字化转型的客户以及数据库从业者非常具有指导意义，希望本书成为企业数据云化的参考书和工具书。

张卓　阿里巴巴集团研究员 阿里云全球技术服务部平台技术负责人

云数据库相较于传统数据库不仅是商业模式上的转变，也是技术上的变革。大规模资源池化为上层应用带来良好的抽象和足够的弹性，根据负载实时匹配和调度资源也最大化地提升了资源的使用效率，数据库从原来的独立部署模式进化到云服务模式，可利用更大规模的算力、存储和网络资源。从市场角度来看，云数据库正在赢得越来越多的用户。阿里云数据库服务团队在云计算和数据库上同时具有丰富的实战经验，书中细致地探讨了如何根据云数据库的特点来高效地使用和运维，非常适合作为业务迁移上云过程中的参考。

黄贵　阿里巴巴集团资深技术专家 阿里云数据库总架构师

伴随云计算的快速发展，云业务的开展方兴未艾，社会各界早已不再质疑云时代的到来。也许今天云产品还不完美，但未来已来，云计算在云厂商、开源社区、各行各业客户的共同努力下，一定会快速下沉为基础设施，必将助推各行各业的业务数字化转型。云时代丰富的云产品带来的技术和架构优势，将传统 DBA 从基础问题中解放出来。本书作为阿里云数据库服务团队宝贵经验的总结，将产品基本运行原理、业务架构选型、数据库云化最佳实践等集于一身，相信一定可以帮助各行各业在数据库云化的路上走得更稳、更顺。

李圣陶　阿里巴巴集团资深技术专家 阿里云数据库混合云解决方案负责人

前言

为什么要写这本书

数据库技术，经过几十年的发展，不仅没有被淘汰，反而随着时间的推移，数据库引擎的高精尖程度、架构的复杂度、市场的普及度，都达到了计算机领域非常领先的程度，与操作系统、网络并称为“计算机三驾马车”。

我还记得读大学时,数据库市场正是 Oracle 数据库“一家独大”,那个时候，学校的图书馆里收藏着盖国强老师的 Oracle 系列丛书，它们成为我的数据库启蒙图书。但技术的演进日新月异，互联网的兴起带来了新的生机，从我工作开始，越来越多的数据库出现在我的面前，有传统的商业数据库，如 Oracle、SQL Server、DB2；也有开源数据库，如 MySQL、PostgreSQL；后来又出现了一种新的数据库，即 NoSQL 数据库，MongoDB、Redis 接踵而来；没过几年，又出现了分布式数据库、新型数据库，等等。

除此之外，越来越复杂的高可用方案，充斥在各种技术博客中；五花八门的 Bug 和错误代码，拥挤在搜索引擎里；越来越多的新名词、新概念，堆砌在招聘简介中。BBS 里一整页的分区板块；微信交流群、钉钉分享群永远都有 1000 人，加不进去，有些群名赫然写着 1 群、2 群、3 群，俨然有一种知识大爆炸的感觉，既让人为这种繁荣热闹的场面而兴奋，又让人为这些快速迭代的变化而焦虑。

我在学习 Oracle 的时候，以为“一招鲜”，可以“吃遍天”，但工作后发现这个想法是十分幼稚的，在找工作时，越来越多的公司要求有多种数据库经验；随着云数据库的兴起，业务更快速地接入多种数据库的难度也在大大降低。于是，我又萌生了另外一个“幼稚”的想法——如果能学会所有数据库就好了。

经过九年的时间磨砺，我没有想到，我正在逐渐接近这个“幼稚”的想法；我也没有想到，会为了这个“幼稚”的想法，组织了一群相信我的人，一起来撰写这么一本书，希望能把纷繁变化的云数据库世界展现给广大读者。

不同的时代，会有不同的背景。在今天这个时代，有两个大背景：

- "去 IOE"运动风行多年，国产数据库如雨后春笋，百家争鸣，被收录的国产数据库多达上百种；其中阿里云作为国产数据库厂商代表，首次代表中国公司，进入 Gartner 全球数据库领导者象限，这是国内厂商在数据库领域的历史性突破。
- 21 世纪以来，互联网兴盛蓬勃，云计算逐渐成为互联网时代的新型基础设施，阿里云作为国内领先的云计算厂商，有幸参与到这个历史使命中，对数据库的架构选型和深度使用，也注定在历史上留下自己的脚印。

如此百花齐放、波澜壮阔的浪潮，不禁让我想起我们常说的那句话：澎湃算力，世界动力。

关于本书

本书从数据库的技术基础要素、架构、实践等多个方面出发，分层次展开介绍了云数据库的内核、管控、高可用、云化、国产设计等特点，从技术到工程实践，凝聚了阿里云技术专家们多年的努力与总结。我们期望本书可以给正在上云、即将上云以及期望了解云数据库的决策者和技术人员一些帮助，同时也希望本书可以给已经在使用云数据库的专家、技术人员带来一些新的全局认识，帮助他们更好地使用云数据库。

本书内容安排如下：

- 第 1 章和第 2 章，重点讲解了关系型数据库的种种设计，尤其是它们的特点和区别；非关系型数据库究竟是什么，能解决什么问题；新型数据仓库的出发点和优势在哪里，以及新型数据库（NewSQL）到底新在哪里，方向又在何处。各章节除了讲解社区版的设计，还对比了阿里云数据库在云化设计上的创新和优势。
- 第 3 章，结合前两章介绍的原理知识，讲解了一些常见问题的架构选型思路；还结合各行各业的案例，介绍了在不同场景下，如何使用不同的数据库组合解决业务难题。
- 第 4 章，重点讲解了如何将数据库从本地迁移到云上，按数据库种类，分别讲解了各种同步工具，并结合不同业务，分别介绍了在不同切换需求下如何进行业务割接。

- 第 5 章，重点讲解了阿里云数据库的一些特殊概念，方便读者理解阿里云在云数据库管控方面的设计以及必要知识。
- 第 6 章至第 9 章，从运维管理的角度出发，介绍了阿里云数据库的配套组件，它们分别是 DMS，用于安全生产和多类型数据库管理访问平台；DAS，自治化数据库优化平台；DBS，备份恢复管理平台；CMS，配套云监控平台。

致谢

首先，感谢“阿里云数字新基建系列”丛书的编委会，感谢各位专家，包括：李津、李飞飞、张卓、黄贵、李圣陶、万谊平，他们在图书编写中给予了我们许多方向上的指导；感谢所有在图书编写过程中给予我们帮助的同事，包括：李广望、沈乘黄、胡中泉、潘文宇、王勇猛、陈宗志、何雷、王若、童家旺、杨成虎、王佳毅、朱国云、王宇辉、李德坤、周建平、崔屿、张雯、江冉、李一帅、秦扬。没有你们的帮助和支持，我们无法完成这本书。

其次，感谢电子工业出版社博文视点的张彦红、葛娜、刘博、高丽阳、李玲等老师，感谢你们在图书的编辑和推进中给予我们诸多帮助，没有你们，这本书也不会以此形式和广大读者见面。

最后，感谢我的 Mentor，段凌，来自微软中国的数据库资深专家，以及阿里巴巴的师兄，田杰，来自阿里云数据库事业部的高级专家。没有你们的教导和培养，我亦无法担此角色来统筹撰写这本书。同时感谢我的家人，对我的鼓励与慰藉。

希望本书能够让所有对云数据库感兴趣的朋友都有所收获，或有所感悟。因水平有限，书中难免有笔误、差错或遗漏等问题，希望广大读者能把发现的错误告诉我们，我们将不胜感激。欢迎大家发送邮件到 sancai.zm@alibaba-inc.com。

目录

第1章　关系型云数据库技术特点

第 2 章 非关系型及新型云数据库技术特点

第 3 章 云数据库技术选型与场景实践

第 4 章 数据库迁移的实现和方案

第 5 章　云上数据库运维指南与最佳实践

第 6 章 安全管理 DMS

第 7 章 数据库自治服务 DAS

第 8 章　运维备份服务 DBS

第 9 章　监控利器之云监控

第1章

关系型云数据库技术特点

随着云计算技术的兴起和数据库技术的多年积累，越来越多的数据库种类和产品扑面而来，关系型、非关系型、分布式、NewSQL、HTAP 等越来越多的概念与名词，仿佛在诉说着新时代的到来。

要理解数据库，首先要理解数据库的本质。在 Oracle 10g 的时代，Oracle 的经典结构可以说是大为成功，网上搜索数据库结构，得到的基本都是 Oracle 的结构图。按照这个结构，再进行一次抽象——通过指定的数据库语言访问通信接口，由一个或多个进程进行响应，进程占用一段专用内存来读 / 写数据库文件。逻辑层，往往被称为数据库实例（DB Instance）；物理层，往往被称为数据库（DB）。所以说是实例加载数据库，有的实例只有一个数据库，有的实例可以有多个数据库。集群则是多个实例，有的是多个实例加载一个数据库，有的则是多个实例加载多个数据库。我们在分析时，要着重注意这里的差异。

经典数据库抽象模型如图 1-1 所示。传统数据库大多在这个模型上略有不同。比如在进程设计上，Oracle 数据库有多组进程提供服务，而 SQL Server 只有一个主进程 sqlservr.exe。再比如在文件交互上，关系型数据库会通过 Checkpoint 机制及时从内存刷脏到物理文件，而缓存型数据库往往不会有这么强的数据文件交互，如 Redis 就没有所谓的数据文件，只有 RDB 镜像文件和 AOF 日志文件。

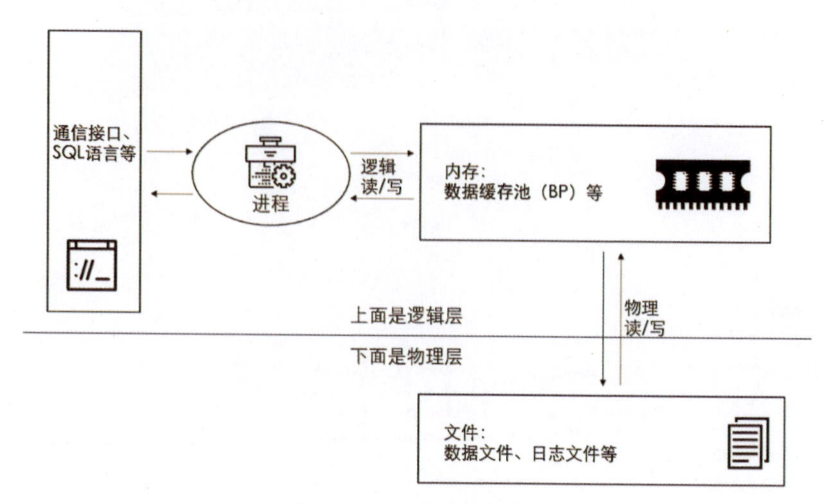

图 1-1 经典数据库抽象模型

正如前面所提到的，实例和数据库往往也不是一对一的关系，比如 Oracle 一个实例往往只有一个数据库，RAC 技术则允许多个实例访问一个数据库。MySQL、SQL Server 则不同，一个实例会有多个数据库，还包括系统数据库。

新一代数据库重点在扩展性上进行了各种探索，其中首先要提到的两个思路是计算和存储节点的拆分，以及计算和存储性能的突破。关于这两个思路的实现，我们会在后续章节中陆续展示阿里云的实践。本章主要介绍关系型数据库。

关系型数据库作为数据库家族中最普及和显赫的一族，基本支撑起以 OLTP 业务为主的数据库需求，算来已有二三十年。随着时代的发展与变化，逐渐出现了一些 OLAP 的场景，但在迁移到其他新型数据库之前，依然是关系型数据库在支撑这些业务。所以说关系型数据库无疑是目前适应性最强、性能和稳定性兼顾的数据库。

常见的关系型数据库有 MySQL 系列、SQL Server、Oracle、DB2、PostgreSQL（以下简称 PGSQL），其中 Oracle 数据库的影响力最为深远，曾经占据数据库领域的绝对统治地位。经过近十年的发展，我们看到 MySQL 数据库在市场流行度上逐步超过 Oracle 数据库，成为当今最流行的数据库系列。但 MySQL 远没有达到一家独大的程度。因为众多开源数据库的变种层出不穷，各个云厂商又在此基础上做了优化和封装，如果单纯统计 Oracle MySQL 社区版本的市场使用量，则会发现其很小。这也正是开源数据库能够流行的原因。阿里云作为国内领先的云计算供应商，2020 年阿里云数据库首次进入 Gartner 魔力象限：领导者（Leader）象限。

云数据库在关系型数据库领域主要有 RDS 系列，支持 MySQL、MariaDB、SQL Server、PostgreSQL 和 PPAS 多种引擎。当然，还有一些新型数据库，其本质也是关系型数据库，将在第 2 章中展开介绍。

1.1　RDS for MySQL

MySQL 的内核框架，在经典数据库抽象模型上基本改动不大，但由于历史原因，MySQL 被迫拆分成上下两层，即服务层（Server Layer）和 InnoDB 存储引擎层（Storage Engine Layer）。在很多 MySQL 图书或资料里，对相关历史原因都有介绍，这里就不做介绍了。最终，支持事务（Transaction）的 InnoDB 存储引擎成为 MySQL 的绝对主力引擎。

RDS for MySQL 主要使用的是 AliSQL 内核，根据云上业务和我们的实践经验，对很多 MySQL 行为做了优化和调整。但对总的结构没有做大的调整，基本如图 1-2 所示。

<table>
<tr><td>连接（Connection）：
网络协议[Network Protocol (OSI 7th Layer)]</td><td rowspan="3">MySQL服务层
（MySQL Server Layer）</td></tr>
<tr><td>语言（SQL）：
分析器（Parser）、优化器（Optimizer）、执行器（Executor）</td></tr>
<tr><td>存储接口（Storage Interface）：
接口（Handler）、表缓存（Table Cache）</td></tr>
<tr><td>事务（Transaction）：
隔离级别（Isolation Level）、锁（Lock）</td><td rowspan="2">InnoDB存储引擎层
(InnoDB Storage Engine Layer)</td></tr>
<tr><td>迷你事务（Mini-Transaction）：
页操作（Page Operation）、栓（Latch）</td></tr>
<tr><td>操作系统（OS）：
文件系统（File System）、驱动（Driver）</td><td rowspan="2">内核层
（Kernel Layer）</td></tr>
<tr><td>硬件（Hardware）：
固态硬盘（SSD）、存储设备（Storage Device）</td></tr>
</table>

图 1-2　MySQL 的内核结构

可能有很多词，比如Mini-Transaction（MTR），读者是第一次遇到。有数据库基础的读者都知道事务的相关原理，事务的相关实现则需要底层MTR来支持。为了方便读者理解MySQL的内核结构，我们以一条SQL请求为例，展示SQL语句在MySQL内的执行全过程。首先从MySQL服务层讲起。

说明

想了解MySQL服务层，则不可避免地要找到一个合适的入口函数，因为MySQL的代码跳跃性很强，不经意间，就容易跑偏。要找到合适的入口函数，有以下几种方式。

（1）打开MySQL Profiling，会显示各主要阶段的代码文件和行数。

```
*************************** 1. row ***************************
             Status: starting
           Duration: 0.000078
           CPU_user: 0.000071
         CPU_system: 0.000000
  Context_voluntary: 0
Context_involuntary: 0
       Block_ops_in: 0
      Block_ops_out: 0
      Messages_sent: 0
  Messages_received: 0
  Page_faults_major: 0
  Page_faults_minor: 1
              Swaps: 0
    Source_function: NULL
        Source_file: NULL
        Source_line: NULL
*************************** 2. row ***************************
             Status: Executing hook on transaction
           Duration: 0.000008
           CPU_user: 0.000007
         CPU_system: 0.000000
  Context_voluntary: 0
Context_involuntary: 0
       Block_ops_in: 0
```

```
      Block_ops_out: 0
      Messages_sent: 0
  Messages_received: 0
  Page_faults_major: 0
  Page_faults_minor: 1
              Swaps: 0
    Source_function: launch_hook_trans_begin
        Source _ file: rpl _ handler.cc
        Source _ line: 1378
*************************** 3. row ***************************
             Status: starting
           Duration: 0.000010
           CPU_user: 0.000010
         CPU_system: 0.000000
  Context_voluntary: 0
Context_involuntary: 0
       Block_ops_in: 0
      Block_ops_out: 0
      Messages_sent: 0
  Messages_received: 0
  Page_faults_major: 0
  Page_faults_minor: 0
              Swaps: 0
    Source_function: launch_hook_trans_begin
        Source _ file: rpl _ handler.cc
        Source _ line: 1380
*************************** 4. row ***************************
             Status: checking permissions
           Duration: 0.000010
           CPU_user: 0.000010
         CPU_system: 0.000000
  Context_voluntary: 0
Context_involuntary: 0
       Block_ops_in: 0
      Block_ops_out: 0
      Messages_sent: 0
  Messages_received: 0
```

```
  Page_faults_major: 0
  Page_faults_minor: 1
              Swaps: 0
    Source_function: check_access
        Source_file: sql_authorization.cc
        Source_line: 2200
*************************** 5. row ***************************
             Status: Opening tables
           Duration: 0.000042
           CPU_user: 0.000042
         CPU_system: 0.000000
  Context_voluntary: 0
Context_involuntary: 0
       Block_ops_in: 0
      Block_ops_out: 0
      Messages_sent: 0
  Messages_received: 0
  Page_faults_major: 0
  Page_faults_minor: 1
              Swaps: 0
    Source_function: open_tables
        Source_file: sql_base.cc
        Source_line: 5747
*************************** 6. row ***************************
             Status: init
           Duration: 0.000008
           CPU_user: 0.000007
         CPU_system: 0.000000
  Context_voluntary: 0
Context_involuntary: 0
       Block_ops_in: 0
      Block_ops_out: 0
      Messages_sent: 0
  Messages_received: 0
  Page_faults_major: 0
  Page_faults_minor: 1
              Swaps: 0
```

```
   Source_function: execute
       Source_file: sql_select.cc
       Source_line: 590
*************************** 7. row ***************************
            Status: System lock
          Duration: 0.000010
          CPU_user: 0.000010
        CPU_system: 0.000000
 Context_voluntary: 0
Context_involuntary: 0
      Block_ops_in: 0
     Block_ops_out: 0
     Messages_sent: 0
 Messages_received: 0
 Page_faults_major: 0
 Page_faults_minor: 1
             Swaps: 0
   Source_function: mysql_lock_tables
       Source_file: lock.cc
       Source_line: 332
*************************** 8. row ***************************
            Status: optimizing
          Duration: 0.000034
          CPU_user: 0.000034
        CPU_system: 0.000000
 Context_voluntary: 0
Context_involuntary: 0
      Block_ops_in: 0
     Block_ops_out: 0
     Messages_sent: 0
 Messages_received: 0
 Page_faults_major: 0
 Page_faults_minor: 0
             Swaps: 0
   Source_function: optimize
       Source_file: sql_optimizer.cc
       Source_line: 270
```

```
*************************** 9. row ***************************
             Status: statistics
           Duration: 0.000048
           CPU_user: 0.000047
         CPU_system: 0.000000
  Context_voluntary: 0
Context_involuntary: 0
       Block_ops_in: 0
      Block_ops_out: 0
      Messages_sent: 0
  Messages_received: 0
  Page_faults_major: 0
  Page_faults_minor: 0
              Swaps: 0
    Source_function: optimize
        Source_file: sql_optimizer.cc
        Source_line: 533
*************************** 10. row ***************************
             Status: preparing
           Duration: 0.000013
           CPU_user: 0.000014
         CPU_system: 0.000000
  Context_voluntary: 0
Context_involuntary: 0
       Block_ops_in: 0
      Block_ops_out: 0
      Messages_sent: 0
  Messages_received: 0
  Page_faults_major: 0
  Page_faults_minor: 1
              Swaps: 0
    Source_function: optimize
        Source_file: sql_optimizer.cc
        Source_line: 617
*************************** 11. row ***************************
             Status: executing
           Duration: 0.000012
```

```
         CPU_user: 0.000012
       CPU_system: 0.000000
Context_voluntary: 0
Context_involuntary: 0
     Block_ops_in: 0
    Block_ops_out: 0
    Messages_sent: 0
Messages_received: 0
Page_faults_major: 0
Page_faults_minor: 0
            Swaps: 0
  Source_function: ExecuteIteratorQuery
      Source_file: sql_union.cc
      Source_line: 1125
*************************** 12. row ***************************
           Status: end
         Duration: 0.000004
         CPU_user: 0.000003
       CPU_system: 0.000000
Context_voluntary: 0
Context_involuntary: 0
     Block_ops_in: 0
    Block_ops_out: 0
    Messages_sent: 0
Messages_received: 0
Page_faults_major: 0
Page_faults_minor: 0
            Swaps: 0
  Source_function: execute
      Source_file: sql_select.cc
      Source_line: 623
*************************** 13. row ***************************
           Status: query end
         Duration: 0.000005
         CPU_user: 0.000005
       CPU_system: 0.000000
Context_voluntary: 0
```

```
Context_involuntary: 0
        Block_ops_in: 0
       Block_ops_out: 0
       Messages_sent: 0
   Messages_received: 0
   Page_faults_major: 0
   Page_faults_minor: 0
               Swaps: 0
     Source_function: mysql_execute_command
         Source_file: sql_parse.cc
         Source_line: 4537
*************************** 14. row ***************************
              Status: waiting for handler commit
            Duration: 0.000009
            CPU_user: 0.000010
          CPU_system: 0.000000
   Context_voluntary: 0
Context_involuntary: 0
        Block_ops_in: 0
       Block_ops_out: 0
       Messages_sent: 0
   Messages_received: 0
   Page_faults_major: 0
   Page_faults_minor: 0
               Swaps: 0
     Source_function: ha_commit_trans
         Source_file: handler.cc
         Source_line: 1591
*************************** 15. row ***************************
              Status: closing tables
            Duration: 0.000008
            CPU_user: 0.000007
          CPU_system: 0.000000
   Context_voluntary: 0
Context_involuntary: 0
        Block_ops_in: 0
       Block_ops_out: 0
```

```
     Messages_sent: 0
 Messages_received: 0
 Page_faults_major: 0
 Page_faults_minor: 0
             Swaps: 0
   Source_function: mysql_execute_command
       Source_file: sql_parse.cc
       Source_line: 4588
*************************** 16. row ***************************
            Status: freeing items
          Duration: 0.000015
          CPU_user: 0.000015
        CPU_system: 0.000000
 Context_voluntary: 0
Context_involuntary: 0
      Block_ops_in: 0
     Block_ops_out: 0
     Messages_sent: 0
 Messages_received: 0
 Page_faults_major: 0
 Page_faults_minor: 0
             Swaps: 0
   Source_function: dispatch_sql_command
       Source_file: sql_parse.cc
       Source_line: 5030
*************************** 17. row ***************************
            Status: cleaning up
          Duration: 0.000011
          CPU_user: 0.000010
        CPU_system: 0.000000
 Context_voluntary: 0
Context_involuntary: 0
      Block_ops_in: 0
     Block_ops_out: 0
     Messages_sent: 0
 Messages_received: 0
 Page_faults_major: 0
```

```
  Page_faults_minor: 0
              Swaps: 0
    Source_function: dispatch_command
        Source_file: sql_parse.cc
        Source_line: 2247
17 rows in set, 1 warning (0.00 sec)
```

（2）使用调试工具，打断点，也会显示相对应的函数。

```
(gdb) thread 44 [Switching to thread 44 (Thread 0x7fd5840ac700 (LWP 456))]
#0 0x00007fd5ae915a35 in pthread_cond_wait@@GLIBC_2.3.2 () from
/lib64/libpthread.so.0
(gdb) bt
#0 0x00007fd5ae915a35 in pthread_cond_wait@@GLIBC_2.3.2 () from
/lib64/libpthread.so.0
#1 0x0000000000f5903b in native_cond_wait (mutex=0x3ce5880
<Per_thread_connection_handler::LOCK_thread_cache>, cond=0x3ce5840
<Per_thread_connection_handler::COND_thread_cache>) at
/root/mysql-8.0.23/include/thr_cond.h:109
#2 my_cond_wait (mp=0x3ce5880
<Per_thread_connection_handler::LOCK_thread_cache>, cond=0x3ce5840
<Per_thread_connection_handler::COND_thread_cache>) at
/root/mysql-8.0.23/include/thr_cond.h:162
#3 inline_mysql_cond_wait (mutex=0x3ce5880
<Per_thread_connection_handler::LOCK_thread_cache>, src_file=0x2ee21e0
"/root/mysql-8.0.23/sql/conn_handler/connection_handler_per_thread.cc",
src_line=161, that=0x3ce5840
<Per_thread_connection_handler::COND_thread_cache>) at
/root/mysql-8.0.23/include/mysql/psi/mysql_cond.h:196
#4 Per_thread_connection_handler::block_until_new_connection () at
/root/mysql-8.0.23/sql/conn_handler/connection_handler_per_thread.cc:161
#5 0x0000000000f5925b in handle_connection (arg=arg@entry=0x7f7a180) at
/root/mysql-8.0.23/sql/conn_handler/connection_handler_per_thread.cc:330
#6 0x00000000024b63f1 in pfs_spawn_thread (arg=0x7deb9e0) at
/root/mysql-8.0.23/storage/perfschema/pfs.cc:2900
#7 0x00007fd5ae911ea5 in start_thread () from /lib64/libpthread.so.0
#8 0x00007fd5ace7096d in sysctl () from /lib64/libc.so.6
#9 0x0000000000000000 in ?? ()
```

（3）使用常用的入口函数，比如 dispatch_command。

1.1.1　SQL 语句在 MySQL 服务层的执行过程

很多图书和文章中都会介绍，SQL 语句在 MySQL 服务层的执行过程主要经过了三个最主要的核心组件，即分析器（Parser）、优化器（Optimizer）和执行器（Executor）。几乎所有的关系型数据库都是按照这个访问路径去设计实现的。在本节的“说明”中，我们还会结合代码讲解如何通过调试方法来阅读 MySQL 的代码逻辑。

MySQL 的连接器和查询缓存也是服务层的重要组件，只不过连接器主要负责建立连接和鉴权的工作，而查询缓存在实际生产中用得比较少，因此，我们从分析器开始 SQL 旅程的介绍。

分析器做了很多事情，比如词法分析、语法分析等，通俗地讲，就是检查输入的 SQL 语句是否合法。其中分析器提供了两类重要信息，分别是 MySQL 的 open table 方法和生成的结构体 THD，它们和我们平时的使用息息相关。

分析器会把 SQL 语句拆解成一棵语法树，也就是我们常说的 SQL Lex。这棵语法树包含了 select 后面的部分，即 item，from、join 等逻辑关系；表的别名，以及 where 条件，即谓词（Predicate）。最后会得到一棵主语法树和若干子语法树，加上表列表（Table List）。这就是分析器真正处理后的结果。

THD 是贯穿于整个 SQL 语句生命周期的重要的结构体，比如 query_string，就是用来记录 SQL 语句的。此外，Session 级别的环境变量，具体的锁的地址、MDL 地址，语句的开始时间、等锁时间，语句的逻辑读数量等，都被记录在这个结构体中，这个结构体非常大。general log、slowlog 都是从这里取到的结果。RDS 的 SQL 洞察，也是在这里实现记录采集的。

有了分析器提供的这两类重要的信息，接下来优化器就要开始工作了。虽然优化器的代码是独立封装的，但实际上，MySQL 优化器的调度是混合在执行器里的，执行器开始执行 SQL 语句时会调度优化器进行调优，然后根据调优后的结果再执行。

MySQL 优化器的三个核心步骤如下。

（1）预处理：主要是去除子查询不必要的条件，同时改写子查询，想办法将其变形成 Semi-join（半连接方式）。实际上，很多时候改写并不容易，所以 MySQL 的子查询变形效率并不高。

（2）逻辑优化：计算谓词、group by 等条件，尝试利用 index dive 来获取统计信息，并按照 SQL 语句的编写顺序连接多表。

（3）物理优化：尝试利用贪婪算法（Greedy Search），并转换代数关系，把 I/O、CPU 考量全部计算上，选择最优计划。

总体来看，因为单表访问手段并不是特别复杂，MySQL 优化器主要是在连接时对多表连接进行优化的。并且它不进行多线程考量，因此在阈值上设计得很少，这一点和后续介绍的数据库有些不同。

执行器得到优化后的计划，真正执行的过程会调用 Handler 接口。所谓的 Handler 接口，指的是打通服务层和存储引擎层的接口。由于历史发展原因，我们知道 MySQL 最早使用的并不是 InnoDB 引擎，而是插件式引擎，因此执行器真正调度的是各个插件式引擎的接口，而由存储引擎来决定具体怎么执行。

具体来说，执行器可能执行的是对某一行的列 A 值加 1，这个信息通过 Handler 接口传递后，会变成对应的存储引擎的操作，最典型的就是 InnoDB 增加了事务和刷脏设计。

执行完成后，dispatch_command 一定会检查是否需要写入 slowlog，即检查 slowlog 的相关参数配置，如果开启了 slowlog，则会根据逻辑调用 slowlog 的判断条件，比如是否大于 long_query_time。

从某种意义上说，在主处理线程中处理 slowlog 时，也会存在性能瓶颈。比如在极端情况下，slowlog 遇到阻塞，就会出现 processlist 大量会话堆积的情况。关于 slowlog 的内容，我们将在 1.1.3 节中再讨论。

说明

slowlog 相关代码逻辑执行结束后，还有一些清理工作要做，在 processlist 的展示中会看到“freeing item”的状态。但在调试过程中，你甚至会发现，select 线程已经能返回结果了，然后这个线程就进入了休眠状态。

上面主要讲解了在单线程情况下，一条 SQL 语句在服务层的执行过程。实际上，MySQL 并不是单线程的数据库，平时总是有并发的线程在运行，因此还会有多线程争抢的问题。

MySQL 还存在一个常见的瓶颈：ut_delay。

有经验的 DBA 可能在各种各样的文档或者 perf、pstack 堆栈中看见过一个热点函数——ut_delay。下面我们就来讲解 ut_delay 函数（如图 1-3 所示）。

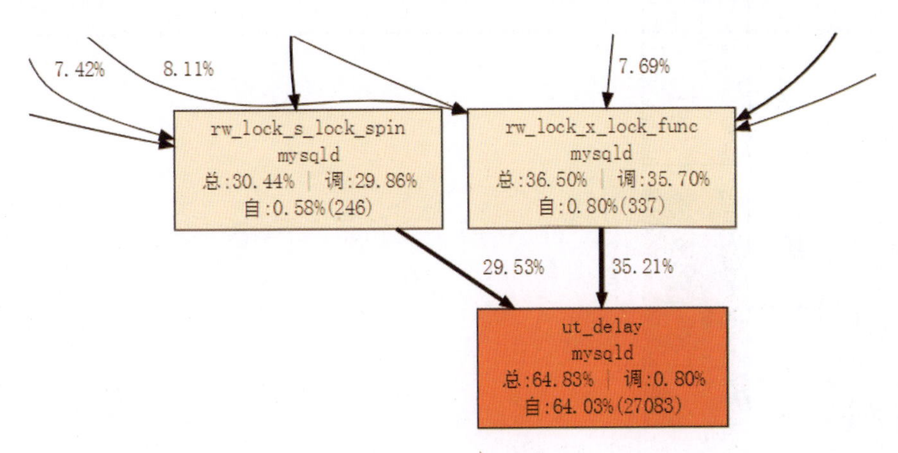

图 1-3　ut_delay 函数

在高并发的场景下，因为自旋锁（Spin Lock）的存在，MySQL 会频繁地消耗 Kernel CPU，这是非常常见的开销。

另外，有时候自旋（Spin）的源头和自适应哈希索引（Adaptive Hash Index，AHI）也有关系，比如图 1-4 所示的这个调用链。

可以看到，btr_search_guess_on_hash 就是典型的 Hash Index 的堆栈。

其实在“innodb engine status”中也可以看到 Mutex 争抢带来的 CPU 开销，如图 1-5 所示。

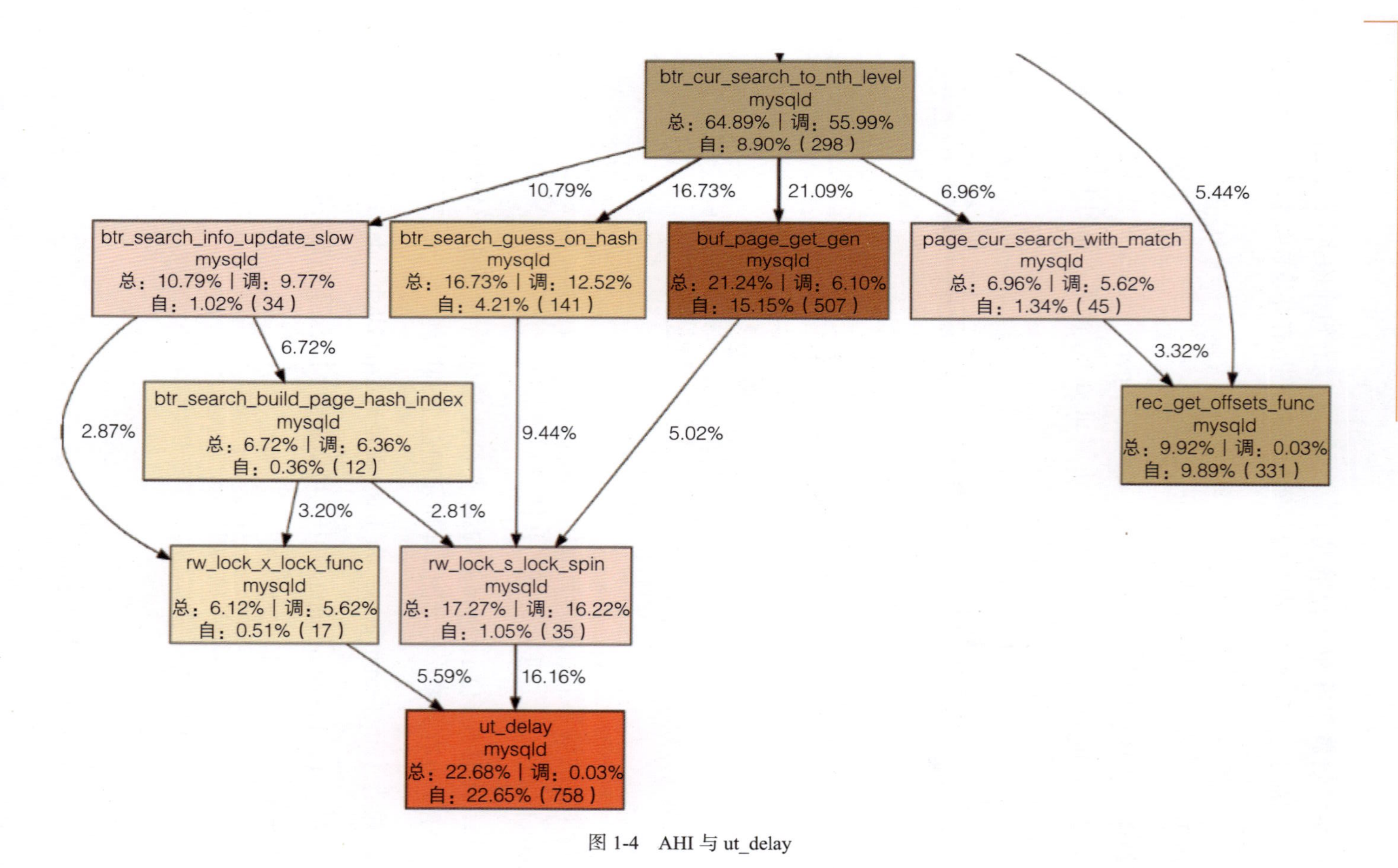

图 1-4　AHI 与 ut_delay

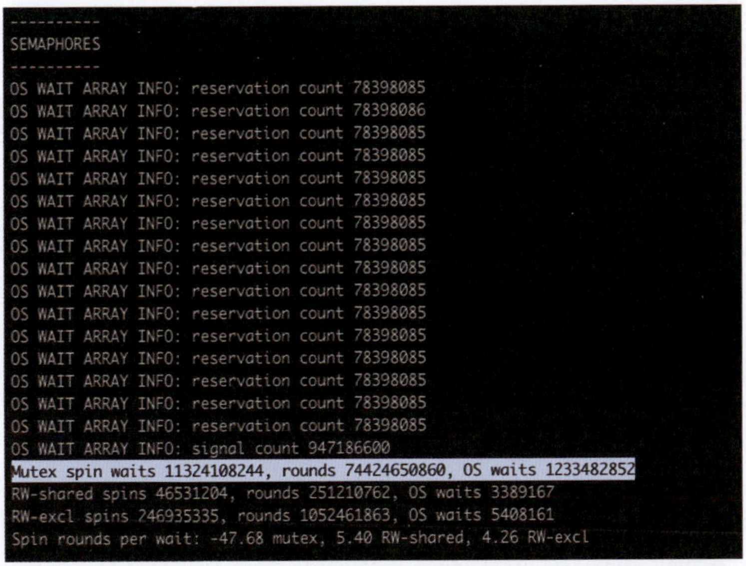

```
----------
SEMAPHORES
----------
OS WAIT ARRAY INFO: reservation count 78398085
OS WAIT ARRAY INFO: reservation count 78398086
OS WAIT ARRAY INFO: reservation count 78398085
OS WAIT ARRAY INFO: reservation count 78398085
OS WAIT ARRAY INFO: reservation count 78398085
OS WAIT ARRAY INFO: reservation count 78398085
OS WAIT ARRAY INFO: reservation count 78398085
OS WAIT ARRAY INFO: reservation count 78398085
OS WAIT ARRAY INFO: reservation count 78398085
OS WAIT ARRAY INFO: reservation count 78398085
OS WAIT ARRAY INFO: reservation count 78398085
OS WAIT ARRAY INFO: reservation count 78398085
OS WAIT ARRAY INFO: reservation count 78398085
OS WAIT ARRAY INFO: reservation count 78398085
OS WAIT ARRAY INFO: reservation count 78398085
OS WAIT ARRAY INFO: reservation count 78398085
OS WAIT ARRAY INFO: signal count 947186600
Mutex spin waits 11324108244, rounds 74424650860, OS waits 1233482852
RW-shared spins 46531204, rounds 251210762, OS waits 3389167
RW-excl spins 246935335, rounds 1052461863, OS waits 5408161
Spin rounds per wait: -47.68 mutex, 5.40 RW-shared, 4.26 RW-excl
```

图 1-5　Mutex Spin 记录

在 MySQL 中大量使用了自旋的设计，因此在多线程争抢时会出现重复申请某个页的过程。从代码上说，就是某个线程申请 rw_lock（一种 Latch）或某个 Mutex 来确保自己持有页，然后才能进行操作。这个申请操作对应的函数是 rw_lock_s_lock_spin。如果这个线程没有申请到互斥变量，这时候就会调用 ut_delay 函数进行休息，这个函数实际上封装了一个循环来执行 UT_RELAX_CPU()。本质上，我们观测到的热点函数实际上是一个休息再调用的休息函数，是一种结果，而非原因。

说明

如下代码正是 MySQL 封装的 ut_delay 函数，实际上就是一个休息函数。

```
ulint ut_delay(ulint delay) {
  ulint i, j;
  /* We don't expect overflow here, as ut::spin_wait_pause_multiplier is
     limited to 100, and values of delay are not larger than
     @@innodb_spin_wait_delay which is limited by 1 000. Anyway, in case
     an overflow happened, the program would still work (as iterations is
     unsigned). */
  const ulint iterations = delay * ut::spin_wait_pause_multiplier;
```

```
  UT_LOW_PRIORITY_CPU();

  j = 0;

  for (i = 0; i < iterations; i++) {
    j += i;
    UT _ RELAX _ CPU();
  }

  UT_RESUME_PRIORITY_CPU();

  return (j);
}
```

MySQL 使用 innodb_spin_wait_delay 控制自旋锁的等待时间，等待时间是 innodb_spin_wait_delay 乘 50 个中断（Pause）。

这里 CPU 的型号不同，每次中断的圈数（Circle）也不同，比如版本 1 的 CPU 是 10 Circle，版本 2 的 CPU 是 140 Circle（如 Skylark）。假设将 innodb_spin_wait_delay 设置为 30，如果是版本 1 的 CPU，实际上 MySQL 的自旋休息周期等于中断了 30 × 50 × 10=15 000 Cycle，对于 2.5GHz 的 CPU，等待时间约为 6μs；如果是版本 2 的 CPU，MySQL 的自旋休息周期等于中断了 30 × 50 × 140=210 000 Cycle，若 CPU 主频也是 2.5GHz，则等待时间为 84μs。这时候等待时间的差异就非常大了，所以合理设置 innodb_spin_wait_delay 和 CPU 型号息息相关。而 RDS 则没有这个烦恼，因为我们已经对这个参数进行了调校。我们还对 AHI 进行了分片,可以看到 RDS 的 AHI 是有分区（Partition）的。

说明

前文为了行文连贯，主要讲述了服务层的原理。为了方便大家深入理解，接下来我们会引入真实的 MySQL 代码来讲解 SQL 语句在服务层的执行过程，也方便对比后续几个关系型数据库的区别。我们选用 MySQL 8.0.18 这个版本的社区代码来讲解。

我们先选择了入口函数 dispatch_command，它在 sql_parser.cc 文件中完

整的名字是

```
bool dispatch_command(THD *thd, const COM_DATA *com_data,
                      enum enum_server_command command)
```

这里有一个非常重要的变量——THD *thd，这是一个非常大的结构体，贯穿于整个 SQL 语句的执行过程。如果在 GDB 中使用 ptype 命令，比如“ptype *thd”查看它的定义，你会发现定义非常长，要翻好几页才能浏览全部结果集。它的代码在 sql_class.h 中，有 class THD，有 3000 行代码定义，非常大。所以 query_string、SQL 语句执行的起始时间和结束时间、锁、MDL 锁等，都可以在这个结构体中找到。

那么如何捕获这个函数呢？为了方便演示，我们直接使用 Attach 方式，附加到对应的 mysqld 进程上。关于 GDB 的安装和使用，请参考其官方文档。

```
[root@Barbatos ~]# ps -ef | grep mysqld
root      24553      1  0 20:37 ?        00:00:00 /bin/sh
/usr/local/mysql/bin/mysqld_safe --datadir=/var/lib/mysql
--pid-file=/var/lib/mysql/Barbatos.pid
mysql     24711 24553  0 20:37 ?        00:00:02 /usr/local/mysql/bin/mysqld
--basedir=/usr/local/mysql --datadir=/var/lib/mysql
--plugin-dir=/usr/local/mysql/lib/plugin --user=mysql
--log-error=/var/log/mysql/mysql.log
--pid-file=/var/lib/mysql/Barbatos.pid --socket=/tmp/mysql.sock
root      25286 25252  0 20:46 pts/1    00:00:00 grep --color=auto mysqld
```

然后使用 PID Attach 方式附加到对应的进程上。

```
[root@Barbatos ~]# gdb --pid 24711
GNU gdb (GDB) Red Hat Enterprise Linux 7.6.1-119.el7
Copyright (C) 2013 Free Software Foundation, Inc.
License GPLv3+: GNU GPL version 3 or later
<http://gnu.org/licenses/gpl.html>
This is free software: you are free to change and redistribute it.
There is NO WARRANTY, to the extent permitted by law.  Type "show
copying"
and "show warranty" for details.
This GDB was configured as "x86_64-redhat-linux-gnu".
For bug reporting instructions, please see:
```

```
<http://www.gnu.org/software/gdb/bugs/>.
Attaching to process 24711
Reading symbols from /usr/local/mysql/bin/mysqld...done.
Reading symbols from /lib64/libpthread.so.0...(no debugging symbols
found)...done.
[New LWP 24809]
...省略 LWP...
[New LWP 24714]
[Thread debugging using libthread_db enabled]
Using host libthread_db library "/lib64/libthread_db.so.1".
Loaded symbols for /lib64/libpthread.so.0
...省略此处 load symbol...
 (gdb)
```

这里打一个断点。

```
(gdb) b dispatch_command
Breakpoint 1 at 0xdfa787: file
/root/mysql820/mysql-8.0.20/sql/sql_parse.cc, line 1471.
(gdb) c
Continuing.
```

我们在另外一个窗口中执行一条简单的 SQL 语句。

```
mysql> select * from test1 limit 1;
```

此时就会发现这条语句被卡住了，正是被我们所打的断点给卡住了。

在 GDB 窗口中会返回命中的断点。

```
[Switching to Thread 0x7fccd04e3700 (LWP 24809)]

Breakpoint 1, dispatch_command (thd=thd@entry=0x7fccc8000f30, com_
data=com_data@entry=0x7fccd04e2c00, command=COM_QUERY) at /root/mysql820/
mysql-8.0.20/sql/sql_parse.cc:1471
1471  Global_THD_manager *thd_manager = Global_THD_manager::get_instance();
(gdb)
```

1471 行，就是对应的 dispatch_command 第一行代码。

在这里，我们可以使用 s 或 n 命令进行调试，s 相当于调试器的 Step

Into，即单步调试并进入，如果函数内有循环，则每次都要执行一遍；n 相当于调试器的 Step Over，直接执行完成这个函数，到达函数返回的地方。

如果你熟悉 Windows，则可以把 GDB 的命令轻松地对应上 Visual Studio 的 Step 下拉菜单。在 WinDbg 中，命令 p 相当于 Step Into；tc 相当于 Step Over，叫作 Trace to Next Call；gu 相当于 Step Out，叫作 Go Up。

随着调试的进行，你会看见 dispatch_command 在不断地往下执行，有时候会调用其他函数。

```
(gdb) b dispatch_command
Breakpoint 1 at 0xe389a0: file /root/mysql-8.0.23/sql/sql_parse.cc, line 1521.
(gdb) c
Continuing.
[Switching to Thread 0x7fd5840f4700 (LWP 455)]

Thread 43 "mysqld" hit Breakpoint 1, dispatch_command
(thd=thd@entry=0x7fd50400ba70, com_data=com_data@entry=0x7fd5840f3bc0,
command=COM_QUERY) at /root/mysql-8.0.23/sql/sql_parse.cc:1521
1521        enum enum_server_command command) {
(gdb) n
1523        Global_THD_manager *thd_manager = Global_THD_manager::get_
instance();
(gdb) n
1521        enum enum_server_command command) {
(gdb) n
1531        struct System_status_var *query_start_status_ptr = nullptr;
(gdb) n
1523        Global_THD_manager *thd_manager = Global_THD_manager::get_
instance();
(gdb) n
1532        if (opt_log_slow_extra) {
(gdb) n
1539        thd->profiling->start_new_query();
(gdb) n
1543        thd->m_statement_psi = MYSQL_REFINE_STATEMENT(
(gdb) n
```

```
1546      thd->set_command(command);
(gdb)
```

解析器最重要的函数调用关系是 mysql_parse() → parse_sql()，这个函数链是真正解析 SQL 语句的，所以这里打一个断点

```
(gdb) b parse_sql
Breakpoint 1 at 0xdf3b5a: file
/root/mysql820/mysql-8.0.20/sql/sql_parse.cc, line 7066.
(gdb) c
Continuing.
[Switching to Thread 0x7fb51c2a3700 (LWP 27508)]

Breakpoint 1, parse_sql (thd=thd@entry=0x7fb508000f30,
parser_state=parser_state@entry=0x7fb51c2a2510,
creation_ctx=creation_ctx@entry=0x0) at
/root/mysql820/mysql-8.0.20/sql/sql_parse.cc:7066
7066      if (creation_ctx) backup_ctx = creation_ctx->set_n_backup(thd);
(gdb) bt
#0  parse_sql (thd=thd@entry=0x7fb508000f30,
parser_state=parser_state@entry=0x7fb51c2a2510,
creation_ctx=creation_ctx@entry=0x0) at
/root/mysql820/mysql-8.0.20/sql/sql_parse.cc:7066
#1  0x0000000000dfa0b4 in mysql_parse (thd=thd@entry=0x7fb508000f30,
parser_state=parser_state@entry=0x7fb51c2a2510) at
/root/mysql820/mysql-8.0.20/sql/sql_parse.cc:5210
#2  0x0000000000dfb834 in dispatch_command (thd=thd@
entry=0x7fb508000f30, com_data=com_data@entry=0x7fb51c2a2c00,
command=<optimized out>) at
/root/mysql820/mysql-8.0.20/sql/sql_parse.cc:1776
#3  0x0000000000dfd27c in do_command (thd=thd@entry=0x7fb508000f30) at
/root/mysql820/mysql-8.0.20/sql/sql_parse.cc:1274
#4  0x0000000000f0ae98 in handle_connection (arg=arg@entry=0x57b7250)
at /root/mysql820/mysql-8.0.20/sql/conn_handler/connection_handler_per_
thread.cc:302
#5  0x000000000237a3d9 in pfs_spawn_thread (arg=0x741a0d0) at
/root/mysql820/mysql-8.0.20/storage/perfschema/pfs.cc:2854
#6  0x00007fb53502ddd5 in start_thread () from /lib64/libpthread.so.0
```

```
#7  0x00007fb5335c302d in clone () from /lib64/libc.so.6
```

这样就可以看清这个调用关系了：dispatch_command() → mysql_parse() → parse_sql()。parse_sql() 有多个变量，如 thd、parser_state 等，这些变量可以通过 p 或者 ptype 来查看。

随着调用的深入，我们会发现分析器调用了新的函数 MYSQLparse()，它来自 sql_yacc.cc 文件。这个文件和一个依赖组件有关，编译安装 MySQL 的读者一定有印象，有一个名为 Bison 的组件，就是用来进行词法和语法解析的。第一次编译时很有可能会因为没有 Bison 组件而失败。

```
#0  MYSQLparse (YYTHD=YYTHD@entry=0x7fb508000f30,
parse_tree=parse_tree@entry=0x7fb51c2a1ba8) at
/root/mysql820/mysql-8.0.20/bld/sql/sql_yacc.cc:22952
#1  0x0000000000d8d58d in THD::sql _ parser
(this=this@entry=0x7fb508000f30) at
/root/mysql820/mysql-8.0.20/sql/sql_class.cc:2818
#2  0x0000000000df3c54 in parse _ sql (thd=thd@entry=0x7fb508000f30,
parser_state=parser_state@entry=0x7fb51c2a2510,
creation_ctx=creation_ctx@entry=0x0) at
/root/mysql820/mysql-8.0.20/sql/sql_parse.cc:7112
…省略其他堆栈…
```

下面两个核心的对象，分别对应着语句解析和语法树。

```
#define yyparse  MYSQLparse
#define yylex  MYSQLlex
```

还有大量的相关函数，在 sql_yacc.yy 中处理各种链表；Yacc 自带的很多关键词，配合词法解析。以 select 为例，处理过程大致如下：

① 处理 select 的 item。

② 处理 from、join 等逻辑关系，表的别名等。

③ 处理 where 条件，处理标识（Identify）和谓词（Predicate）。

处理完成后，它们最终会被写到 THD 结构体中，语法树被写到 main_lex 中，select 被写到多个 st_select_lex 中，会区分 item 和谓词等；而表列表（Table List）也会被单独存储。

关于具体如何进行词法解析，这里就不展开介绍了。

MYSQLparse() 执行完成以后，parse_sql() 函数还会判断是否开启了 general log，所以 general log 也是从解析器开始就记录的。RDS 特有的 SQL 洞察功能也有异曲同工之妙，在解析的时候就挂了一个钩子在 THD 结构体上，所以 SQL 语句的文本（Text）、执行时间等信息都可以知道。

至此，解析器的工作基本就讲完了。

接下来会发现一个很重要的函数，就是 mysql_execute_command(thd, true)。它是一个超级大函数，有 2000 多行代码。虽然这个函数的名字里有“execute command”字样，但实际上，优化器的代码绝大部分都是在这个函数中调用的。

这里打一个断点来展示一下，优化器的代码是如何在执行代码中调用的。在优化器的入口函数 JOIN::optimize 中，当断点命中时，通过堆栈可以看到，优化器的函数是在 mysql_execute_command() 执行时调用的，通过 Lex 的操纵和优化器进行互动。

```
(gdb) b JOIN::optimize
Breakpoint 2 at 0xdebd57: file
/root/mysql820/mysql-8.0.20/sql/sql_optimizer.cc, line 276.
(gdb) c
Continuing.
Breakpoint 2, JOIN::optimize (this=0x7fb508eb49a0) at
/root/mysql820/mysql-8.0.20/sql/sql_optimizer.cc:276
276         if (optimized) return false;
(gdb) bt
#0  JOIN::optimize (this=0x7fb508eb49a0) at
/root/mysql820/mysql-8.0.20/sql/sql_optimizer.cc:276
#1  0x0000000000e4699c in SELECT_LEX::optimize
(this=this@entry=0x7fb508eb3298, thd=thd@entry=0x7fb508000f30) at
/root/mysql820/mysql-8.0.20/sql/sql_select.cc:1807
#2  0x0000000000eafefb in SELECT_LEX_UNIT::optimize
(this=this@entry=0x7fb508eb2bd8, thd=thd@entry=0x7fb508000f30,
materialize_destination=materialize_destination@entry=0x0) at
/root/mysql820/mysql-8.0.20/sql/sql_union.cc:657
```

```
#3  0x0000000000e453e9 in Sql_cmd_dml::execute_inner
(this=0x7fb508eb4680,
thd=0x7fb508000f30) at /root/mysql820/mysql-8.0.20/sql/sql_select.cc:933
#4  0x0000000000e4f636 in Sql_cmd_dml::execute (this=0x7fb508eb4680,
thd=0x7fb508000f30) at /root/mysql820/mysql-8.0.20/sql/sql_select.cc:725
#5  0x0000000000df80c8 in mysql_execute_command
(thd=thd@entry=0x7fb508000f30, first_level=first_level@entry=true) at
/root/mysql820/mysql-8.0.20/sql/sql_parse.cc:4489
#6  0x0000000000dfa29d in mysql_parse (thd=thd@entry=0x7fb508000f30,
parser_state=parser_state@entry=0x7fb51c2a2510) at
/root/mysql820/mysql-8.0.20/sql/sql_parse.cc:5306
#7  0x0000000000dfb834 in dispatch_command (thd=thd@entry=0x7fb508000f30,
com_data=com_data@entry=0x7fb51c2a2c00, command=<optimized out>) at
/root/mysql820/mysql-8.0.20/sql/sql_parse.cc:1776
#8  0x0000000000dfd27c in do_command (thd=thd@entry=0x7fb508000f30) at
/root/mysql820/mysql-8.0.20/sql/sql_parse.cc:1274
#9  0x0000000000f0ae98 in handle_connection (arg=arg@entry=0x57b7250) at
/root/mysql820/mysql-8.0.20/sql/conn_handler/connection_handler_per_thread.
cc:302
#10 0x000000000237a3d9 in pfs_spawn_thread (arg=0x741a0d0) at
/root/mysql820/mysql-8.0.20/storage/perfschema/pfs.cc:2854
#11 0x00007fb53502ddd5 in start_thread () from /lib64/libpthread.so.0
#12 0x00007fb5335c302d in clone () from /lib64/libc.so.6
(gdb)
```

这里要说明的是，MySQL 8.0 有一个新设计，对应着 MySQL 社区的 worklog WL#5094。在 MySQL 8.0 中构建了一个新类，叫作 sql_cmd_dml，所有的 SQL 语句都继承这个类。而 sql_cmd_dml 则继承了 sql_cmd，这和 MySQL 5.7 的代码结构有点不一样，不过都是做了两层判断，先判断执行（Execute）的分类，然后根据不同类型进行预处理（Prepare）、优化（Optimize），通过 lex->m_sql_cmd->execute(thd) 来完成调用。

下面简单总结一下优化器都做了哪些事情。我们看下面的代码结构。

```
handle_select()
  mysql_select()
    JOIN::prepare()    /* join 的预处理 */
```

```
  setup_fields()
JOIN::optimize()           /* 优化器出场了, 这时候会使用 CBO */
  optimize_cond()
  opt_sum_query()
  make_join_statistics()
    get_quick_record_count()
    choose_plan()
      /* 选择最好的表访问路径，首先尝试 SQL 原始方法 */
      optimize_straight_join()
        best_access_path()
       /* 逻辑优化结束, 开始进行物理优化 */
      greedy_search()
        best_extension_by_limited_search()
          best_access_path()
      /* 最后一次判断，取最佳计划 */
      find_best()
  make_join_select()           /* 优化结束 */
JOIN::exec()
```

执行完成后，会看到两个和 slowlog 有关的函数，其中一个是 thd->update_slow_query_status()；另一个是紧随其后的 log_slow_statement(thd, query_start_status_ptr)。这两个函数主要是处理 slowlog 的记录，我们会在 1.1.3 节中具体介绍它们的代码实现。

1.1.2 优化器与优化器追踪（Optimizer Trace）

在 1.1.1 节中，我们介绍了 SQL 语句在服务层的运行过程，也介绍了优化器的几个主要步骤。MySQL 并不因为优化器而著称，甚至相反，MySQL 的优化器经常让人觉得不够聪明。

MySQL 优化器特点一：不存储执行计划

首先要知道 MySQL 优化器有别于其他关系型数据库的一大特点，几乎只有 MySQL 每次都重新生成执行计划，这在 Oracle 中叫作硬解析（Hard Parse），在 SQL Server 中叫作重编译（Recompile），而在其他主流的关系型数据库中都会把执行计划缓存起来，以便下次需要时取用。这是为什么呢？

Oracle/SQL Server 在生成执行计划时，需要进行大量的演算，因为算法的复杂性，调用了很多统计信息等其他元数据作为参考。这个开销是难以忽略的，甚至在某些场景中会成为瓶颈。

下面的两个经典场景，可能会因为执行计划的重新生成而带来性能问题。

场景 1：变量嗅探（Parameter Sniffing）。为了重用执行计划，对于相同的 SQL 语句，不同的值，依然会使用相同的执行计划。比如 select * from table_1 where id = @1;，如果 id 有索引，优化器很有可能选择使用索引进行书签查找（Bookmark Lookup）来获取所有记录。但如果 @1 是一个异常的值，比如 @1 = 2 时将会返回表中 80% 的数据，那么使用索引显然并不是好的选择。因为执行计划的重用，我们会发现某类 SQL 语句在特定的谓词变量下性能变得很差。

场景 2：缺失绑定变量（Bind Variables）。在 Oracle 中，因为每次生成执行计划时代价都非常大，所以 Oracle 会绑定变量来稳定 SQL 模板。如果频繁执行一类相似的 SQL 语句，但每次都以显式的值的场景来执行［又称为动态 SQL（Ad-Hoc）］，则无疑会导致 Oracle 进行大量硬解析，消耗大量资源，出现 CPU 跑高的情况。

在关系型数据库中，这类问题十分常见。无论是 DBA，还是数据库厂商，都在通过各种方式来优化性能，追踪更多的历史情况。比如 SQL Server，就提供了“query store”的功能，帮助优化器更加智能、准确地选择适合每次查询的执行计划。

我们回头看 MySQL，似乎在执行计划的管理上，它还停留在“刀耕火种”的时代。这时有些读者可能会问，MySQL 会不会遇到“场景 2”中的性能问题呢？

答案是不会，因为 MySQL 的优化器算法并没有那么复杂，所以优化器的开销也没有那么大。然而，有时候它的执行计划也显得不那么靠谱，比如对于非常复杂的子查询或者 join 关系转换时，就很难保证性能。

MySQL 优化器特点二：Arbitrary

Arbitrary，一般用来形容一个人专制武断，用今天流行的话说，叫作“任性”。这个词并不是笔者自创的，而是在以往的工作中，和 MySQL 优化器的核心专家讨论时，对方给出的评价。

在 MySQL 5.6 中，这个特点尤为明显。我们来看下面这个例子。

```
explain select id from sample_table where sample_id in(135) and status = 1
ORDER BY id asc LIMIT 1\G
id:1
select_type: SIMPLE
table: sample_table
type: index
possible_keys: idx_1
key: PRIMARY
key_len: 4
ref: NULL
rows: 4000
Extra: Using where

explain select id from sample_table where sample_id in(125) and status = 1
ORDER BY id asc LIMIT 1\G

id: 1
select_type: SIMPLE
table: sample_table
type: ref
possible_keys: idx_1
key: idx_1
key_len: 5
ref: const
rows: 109
Extra: Using where; Using filesort
```

上面的表结构大致是这样的：sample_table 的主键是 id，sample_id 上有一个二级索引 idx_1，但它是组合的，即 idx_1（sample_id, org_id, tpl_id）。

可以看到，当 sample_id =125 时，优化器选择了 idx_1，之后再进行“回表”（即书签查找，对应这里的 Using where），最后根据 order by 进行外排序（Using filesort）。

而当 sample_id=135 时，优化器会直接选择主键，并不会使用二级索引。

是不是很困惑？有没有什么办法知道优化器是怎么做选择的呢？有，使用优化器追踪，可以知道优化器大致的思索过程。通过“set optimizer_trace ='enabled=on'”，打开 Session 级别的追踪，然后再执行一次 explain，这一次执行 explain 的结果就会存在于 information_schema 下的 optimizer_trace 表中。

```
mysql> set optimizer_trace = 'enabled=on';
Query OK, 0 rows affected (0.00 sec)
mysql> select * from test1 limit 1;
+------+------+
| id   | name |
+------+------+
|  1   | Tom  |
+------+------+
1 row in set (0.00 sec)
mysql> select * from information_schema.optimizer_trace\G
```

这样就会返回大量结果（这里省略了结果）。注意，这里的“/G”表示按文本格式返回，比较适合 trace 这类结果。

按照这种方法，我们采集了上述两个不同的执行计划的生成过程。

```
--- 125 的结果
QUERY : explain select id from sample_table where sample_id in(125) and
'status' = 1 ORDER BY id asc LIMIT 1
TRACE: {
  "steps": [
    {
      "join_preparation": {
        "select#": 1,
        "steps": [
          {
            "expanded_query": "/* select#1 */ select 'sample_table'.'id' AS
'id' from 'sample_table' where (('sample_table'.'sample_id' = 125) and
('sample_table'.'status' = 1)) order by 'sample_table'.'id' limit 1"
          }
        ]
```

```
        }
      },
      {
        "join_optimization": {
          "select#": 1,
          "steps": [
            {
              "condition_processing": {
                "condition": "WHERE",
                "original_condition": "(('sample_table'.'sample_id' = 125) and
('sample_table'.'status' = 1))",
                "steps": [
                  {
                    "transformation": "equality_propagation",
                    "resulting_condition": "(multiple equal(125,
'sample_table'.'sample_id') and multiple equal(1, 'sample_table'.'status'))"
                  },
                  {
                    "transformation": "constant_propagation",
                    "resulting_condition": "(multiple equal(125,
'sample_table'.'sample_id') and multiple equal(1, 'sample_table'.'status'))"
                  },
                  {
                    "transformation": "trivial_condition_removal",
                    "resulting_condition": "(multiple equal(125,
'sample_table'.'sample_id') and multiple equal(1, 'sample_table'.'status'))"
                  }
                ]
              }
            },
            {
              "table_dependencies": [
                {
                  "table": "'sample_table'",
                  "row_may_be_null": false,
                  "map_bit": 0,
                  "depends_on_map_bits": [
```

```
        ]
      }
    ]
  },
  {
    "ref_optimizer_key_uses": [
      {
        "table": "'sample_table'",
        "field": "sample_id",
        "equals": "125",
        "null_rejecting": false
      },
      {
        "table": "'sample_table'",
        "field": "sample_id",
        "equals": "125",
        "null_rejecting": false
      }
    ]
  },
  {
    "rows_estimation": [
      {
        "table": "'sample_table'",
        "range_analysis": {
          "table_scan": {
            "rows": 25093765,
            "cost": 5.11e6
          },
          "potential_range_indices": [
            {
              "index": "PRIMARY",
              "usable": false,
              "cause": "not_applicable"
            },
            {
              "index": "idx_1",
```

```
          "usable": true,
          "key_parts": [
            "sample_id",
            "code_id",
            "tpl_id"
          ]
        }
      ],
      "setup_range_conditions": [
      ],
      "group_index_range": {
        "chosen": false,
        "cause": "not_group_by_or_distinct"
      },
      "analyzing_range_alternatives": {
        "range_scan_alternatives": [
          {
            "index": "idx_1",
            "ranges": [
              "125 <= sample_id <= 125"
            ],
            "index_dives_for_eq_ranges": true,
            "rowid_ordered": false,
            "using_mrr": false,
            "index_only": false,
            "rows": 109,
            "cost": 131.81,
            "chosen": true
          }
        ],
        "analyzing_roWorder_intersect": {
          "usable": false,
          "cause": "too_few_roWorder_scans"
        }
      },
      "chosen_range_access_summary": {
        "range_access_plan": {
```

```
            "type": "range_scan",
            "index": "idx_1",
            "rows": 109,
            "ranges": [
              "125 <= sample_id <= 125"
            ]
          },
          "rows_for_plan": 109,
          "cost_for_plan": 131.81,
          "chosen": true
        }
      }
    }
  ]
},
{
  "considered_execution_plans": [
    {
      "plan_prefix": [
      ],
      "table": "'sample_table'",
      "best_access_path": {
        "considered_access_paths": [
          {
            "access_type": "ref",
            "index": "idx_1",
            "rows": 109,
            "cost": 130.8,
            "chosen": true
          },
          {
            "access_type": "range",
            "cause": "heuristic_index_cheaper",
            "chosen": false
          }
        ]
      },
```

```
                "cost_for_plan": 130.8,
                "rows_for_plan": 109,
                "chosen": true
              }
            ]
          },
          {
            "attaching_conditions_to_tables": {
              "original_condition": "(('sample_table'.'status' = 1) and
('sample_table'.'sample_id' = 125))",
              "attached_conditions_computation": [
              ],
              "attached_conditions_summary": [
                {
                  "table": "'sample_table'",
                  "attached": "('sample_table'.'status' = 1)"
                }
              ]
            }
          },
          {
            "clause_processing": {
              "clause": "ORDER BY",
              "original_clause": "'sample_table'.'id'",
              "items": [
                {
                  "item": "'sample_table'.'id'"
                }
              ],
              "resulting_clause_is_simple": true,
              "resulting_clause": "'sample_table'.'id'"
            }
          },
          {
            "refine_plan": [
              {
                "table": "'sample_table'"
```

```
              }
            ]
          },
          {
            "added_back_ref_condition": "(('sample_table'.'sample_id' <=> 125)
and ('sample_table'.'status' = 1))"
          },
          {
             "reconsidering _ access _ paths _ for _ index _ ordering": {
               "clause": "ORDER BY",
               "index _ order _ summary": {
                 "table": "'sample _ table'",
                 "index _ provides _ order": false,
                 "order _ direction": "undefined",
                 "index": "idx _ 1",
                 "plan _ changed": false
               }
            }
          }
        ]
      }
    },
    {
      "join_explain": {
        "select#": 1,
        "steps": [
        ]
      }
    }
  ]
}
MISSING_BYTES_BEYOND_MAX_MEM_SIZE : 0
          INSUFFICIENT_PRIVILEGES : 0

--- 135 的结果
QUERY : explain select id from sample_table where sample_id in(135) and
'status' = 1 ORDER BY id asc LIMIT 1
```

```
TRACE: {
  "steps": [
    {
      "join_preparation": {
        "select#": 1,
        "steps": [
          {
            "expanded_query": "/* select#1 */ select 'sample_table'.'id' AS
'id' from 'sample_table' where (('sample_table'.'sample_id' = 135) and
('sample_table'.'status' = 1)) order by 'sample_table'.'id' limit 1"
          }
        ]
      }
    },
    {
      "join_optimization": {
        "select#": 1,
        "steps": [
          {
            "condition_processing": {
              "condition": "WHERE",
              "original_condition": "(('sample_table'.'sample_id' = 135) and
('sample_table'.'status' = 1))",
              "steps": [
                {
                  "transformation": "equality_propagation",
                  "resulting_condition": "(multiple equal(135,
'sample_table'.'sample_id') and multiple equal(1, 'sample_table'.'status'))"
                },
                {
                  "transformation": "constant_propagation",
                  "resulting_condition": "(multiple equal(135,
'sample_table'.'sample_id') and multiple equal(1, 'sample_table'.'status'))"
                },
                {
                  "transformation": "trivial_condition_removal",
                  "resulting_condition": "(multiple equal(135,
```

```
'sample_table'.'sample_id') and multiple equal(1, 'sample_table'.'status'))"
                }
              ]
            }
          },
          {
            "table_dependencies": [
              {
                "table": "'sample_table'",
                "row_may_be_null": false,
                "map_bit": 0,
                "depends_on_map_bits": [
                ]
              }
            ]
          },
          {
            "ref_optimizer_key_uses": [
              {
                "table": "'sample_table'",
                "field": "sample_id",
                "equals": "135",
                "null_rejecting": false
              },
              {
                "table": "'sample_table'",
                "field": "sample_id",
                "equals": "135",
                "null_rejecting": false
              }
            ]
          },
          {
            "rows_estimation": [
              {
                "table": "'sample_table'",
                "range_analysis": {
```

```
"table_scan": {
  "rows": 25093819,
  "cost": 5.11e6
},
"potential_range_indices": [
  {
    "index": "PRIMARY",
    "usable": false,
    "cause": "not_applicable"
  },
  {
    "index": "idx_1",
    "usable": true,
    "key_parts": [
      "sample_id",
      "code_id",
      "tpl_id"
    ]
  },
],
"setup_range_conditions": [
],
"group_index_range": {
  "chosen": false,
  "cause": "not_group_by_or_distinct"
},
"analyzing_range_alternatives": {
  "range_scan_alternatives": [
    {
      "index": "idx_1",
      "ranges": [
        "135 <= sample_id <= 135"
      ],
      "index_dives_for_eq_ranges": true,
      "rowid_ordered": false,
      "using_mrr": false,
      "index_only": false,
```

```
              "rows": 6273,
              "cost": 7528.6,
              "chosen": true
            }
          ],
          "analyzing_roWorder_intersect": {
            "usable": false,
            "cause": "too_few_roWorder_scans"
          }
        },
        "chosen_range_access_summary": {
          "range_access_plan": {
            "type": "range_scan",
            "index": "idx_1",
            "rows": 6273,
            "ranges": [
              "135 <= sample_id <= 135"
            ]
          },
          "rows_for_plan": 6273,
          "cost_for_plan": 7528.6,
          "chosen": true
        }
      }
    }
  ]
},
{
  "considered_execution_plans": [
    {
      "plan_prefix": [
      ],
      "table": "'sample_table'",
      "best_access_path": {
        "considered_access_paths": [
          {
            "access_type": "ref",
```

```
                    "index": "idx_1",
                    "rows": 6273,
                    "cost": 7527.6,
                    "chosen": true
                  },

                  {
                    "access_type": "range",
                    "cause": "heuristic_index_cheaper",
                    "chosen": false
                  }
                ]
              },
              "cost_for_plan": 7527.6,
              "rows_for_plan": 6273,
              "chosen": true
            }
          ]
        },
        {
          "attaching_conditions_to_tables": {
            "original_condition": "(('sample_table'.'status' = 1) and
('sample_table'.'sample_id' = 135))",
            "attached_conditions_computation": [
            ],
            "attached_conditions_summary": [
              {
                "table": "'sample_table'",
                "attached": "('sample_table'.'status' = 1)"
              }
            ]
          }
        },
        {
          "clause_processing": {
            "clause": "ORDER BY",
            "original_clause": "'sample_table'.'id'",
```

```
              "items": [
                {
                  "item": "'sample_table'.'id'"
                }
              ],
              "resulting_clause_is_simple": true,
              "resulting_clause": "'sample_table'.'id'"
            }
          },
          {
            "refine_plan": [
              {
                "table": "'sample_table'"
              }
            ]
          },
          {
            "added_back_ref_condition": "(('sample_table'.'sample_id' <=> 135)
and ('sample_table'.'status' = 1))"
          },
          {
            "reconsidering_access_paths_for_index_ordering": {
               "clause": "ORDER BY",
               "index_order_summary": {
                 "table": "'sample_table'",
                 "index_provides_order": true,
                 "order_direction": "asc",
                 "index": "PRIMARY",
                 "plan_changed": true,
                 "access_type": "index_scan"
               }
             }
          }
        ]
      }
    },
    {
```

```
      "join_explain": {
        "select#": 1,
        "steps": [
        ]
      }
    }
  ]
}
MISSING_BYTES_BEYOND_MAX_MEM_SIZE : 0
          INSUFFICIENT_PRIVILEGES : 0
```

我们会发现，优化器一开始都想使用 idx_1 的 ref 请求，但是在 sample_id=135 的执行计划中，因为这样做成本较高，所以优化器决定改使用主键，原因如粗体字代码所示，优先考虑排序。

事实上，我们发现，优化器对主键的评估是有问题的，它评估的主键访问行数（estimated rows）只有 4000 行（前文执行 explain 的结果）。实际上，在优化器 trace 中，二级索引任务的访问行数应该有 6000 行。很多时候，“LIMIT 1”会给优化器一些误导，让它总觉得可以选择主键，笔者在多个案例中也看到过这种情况。

那么，这个问题有没有办法解决呢？

办法肯定是有的。但是要想从根源上解决这个问题，有两个选择：一是从索引上解决，这里的索引没有做到全覆盖，而且返回条件和排序条件是一致的，可以考虑强制做索引覆盖。

```
Create index idx_2 on sample_table (sample_id,status);
```

id 是主键，可加可不加。

二是使用 Hint，绑定索引。

```
explain select id from sample_table use index(idx_2) where sample_id in(135)
and `status` = 1 ORDER BY id asc LIMIT 1
```

这时可能有读者会问，Hint 到底好不好呢？

Hint 的好处显而易见，它让优化器不要再做其他挣扎，按照我们的指定来执行就行了。但是 Hint 也有缺点——如果创建的索引失效了，那么这个执行计划会变成使用主键，执行速度会非常慢。

索引失效的场景并不太多，主要有如下两个场景。

场景一：使用 DDL 删除了索引，这就需要在线上对 DDL 有良好的管控。关于如何有效管理线上 SQL 语句的审计，我们会在第 5 章中讲述最佳实践。

场景二：表的数据分布发生了很大变化，使用索引可能还不如使用全表来得快，就如我们前面讲到的第一个例子。本质上，Hint 发挥的功效和缓存执行计划相同，所以它也要承担相同的风险。

最新版本的 MySQL 8.0 提供了一个新的参数，即 prefer_ordering_index，允许不考虑排序对索引选择的影响。其优点是能够稳定地通过谓词判断索引；其缺点是，以前也许能够快速凑齐第一个分页的执行计划，带有很强的运气色彩，现在关闭后，性能会趋于平均。

可以说，优化器并不是 MySQL 的强项，在 1.3 节中，当我们讲到 PGSQL 的优化器时，读者可以再对比一下。但在 MySQL 的一系列发展过程中，我们能够明显地看到类似于 MySQL 5.6 中存在的这样的问题越来越少。在 MySQL 8.0 中，不仅引入了 Hash Join 这样的新特性，同时还增加了很多令人翘首以盼的加强功能，比如并行扫描（Parallel Scan）的引入，虽然目前它可能只能在 select count 的场景下使用，但其趋势是看好的。

1.1.3 slowlog 与 binlog

前面就 MySQL 服务层中几个重要组件做了讲解，并重点讲解了整个执行过程。在执行过程中，最重要的两个日志是 slowlog 和 binlog。

前面也提到，slowlog 有两个函数，其中一个是 thd->update_slow_query_status()；另一个是 log_slow_statement(thd, query_start_status_ptr)。为什么需要这两个函数呢？

因为第一个函数用于判断查询时间是否超过了 long_query_time 的阈值；而第二个函数是真正写 slowlog 的函数，相对比较复杂，它会先判断是否启用了无索引告警，然后判断是否开启了超时标志位。

说明

在代码中，确实会分开记录两个标志位，用于判断是否有 long_query_time 超时和 no_index 命中。

```
log _ slow _ applicable(THD *thd) {
 ......
  if (thd->enable_slow_log && opt_slow_log) {
    /* 判断是否有索引 */
    bool warn _ no _ index =
        ((thd->server_status &
          (SERVER_QUERY_NO_INDEX_USED | SERVER_QUERY_NO_GOOD_INDEX_USED)) &&
        opt_log_queries_not_using_indexes &&
        !(sql_command_flags[thd->lex->sql_command] & CF_STATUS_COMMAND));
    /* 判断是否是超阈值标志位 */
    bool log _ this _ query =
        ((thd->server_status & SERVER _ QUERY _ WAS _ SLOW) ||
          warn_no_index) &&
        (thd->get_examined_row_count() >=
          thd->variables.min_examined_row_limit);
```

接下来会判断语句的耗时，它也是会被计入 slowlog 的时间开销。

```
bool Query_logger::slow_log_write(
    THD *thd, const char *query, size_t query_length,
    struct System_status_var *query_start_status) {
......
  ulonglong current_utime = my_micro_time();
  ulonglong query_utime, lock_utime;
  if (thd->start_utime) {
    query _ utime = (current _ utime - thd->start _ utime);
    lock _ utime = (thd->utime _ after _ lock - thd->start _ utime);
  } else {
    query_utime = 0;
    lock_utime = 0;
  }
......
  mysql_rwlock_rdlock(&LOCK_logger);
```

```
  bool error = false;
  /* 调度 Handler，调用存储引擎写记录 */
  for (Log _ event _ handler **current _ handler = slow _ log _ handler _ list;
       *current _ handler;) {
    error |=
        (*current_handler++)
            ->log_slow(
                thd, current_utime,
                (thd->start_time.tv_sec * 1000000ULL) + thd->start_time.tv_usec,
                user_host_buff, user_host_len, query_utime, lock_utime,
                is_command, query, query_length, query_start_status);
  }

  mysql_rwlock_unlock(&LOCK_logger);

  return error;
}
```

slowlog 在 RDS 中配置的表引擎是 CSV 引擎，这个引擎的特点是简单、好读取，缺点是不支持行锁，只有表级锁。对应的 Handler 会请求到这个引擎的函数上。

```
bool Log_to_csv_event_handler::log_slow(
    THD *thd, ulonglong current_utime, ulonglong query_start_arg,
    const char *user_host, size_t user_host_len, ulonglong query_utime,
    ulonglong lock_utime, bool, const char *sql_text, size_t sql_text_len,
    struct System_status_var *) {
  ...... /* 省略部分判断出错条件，开始填充字段 */

  table->field[SQLT_FIELD_START_TIME]->store_timestamp(&tv);

  table->field[SQLT_FIELD_USER_HOST]->store(user_host, user_host_len,client_
cs);

  if (query_start_arg) {
    ha_rows rows_examined;

    /*
```

```
    A TIME field can not hold the full longlong range; query _ time or
    lock _ time may be truncated without warning here, if greater than
    839 hours (~35 days)
  */
  /* 这段注释说明一个 Bug，这是我们发现并复现的一个 Bug，并且提出了修复方案。原因
    是，字段本身是 longlong 型的，这个范围可能超出了 CSV 表的列宽，于是就会出现
    slowlog crash */
  MYSQL_TIME t;
  t.neg = 0;

  /* fill in query_time field */
  calc _ time _ from _ sec(&t,
           static _ cast<long>(min((longlong)(query _ utime / 1000000),
           (longlong)TIME _ MAX _ VALUE _ SECONDS)),
           query _ utime % 1000000);
  table->field[SQLT _ FIELD _ QUERY _ TIME]->store _ time(&t);
  /* lock_time */
  calc_time_from_sec(&t,
           static_cast<long>(min((longlong)(lock_utime / 1000000),
           (longlong)TIME_MAX_VALUE_SECONDS)),
           lock_utime % 1000000);
  table->field[SQLT_FIELD_LOCK_TIME]->store_time(&t);
  /* rows_sent */
  table->field[SQLT_FIELD_ROWS_SENT]->store(
     (longlong)thd->get_sent_row_count(), true);
  /* rows_examined */
  rows_examined = thd->get_examined_row_count();
  DBUG_EXECUTE_IF("slow_log_table_max_rows_examined",
           { rows_examined = 4294967294LL; });  // overflow 4-byte int
  table->field[SQLT_FIELD_ROWS_EXAMINED]->store((longlong)rows_examined,
                                                  true);
} else {......

/* 这里开始写文件 */
/* log table entries are not replicated */
if (table->file->ha _ write _ row(table->record[0])) {
  reason = "write slow table failed";
```

```
    goto err;
  }
......
}
```

binlog 则是 MySQL 服务层最重要的复制日志，很多图书和文献在解释 binlog 时都做了非常全面的介绍，尤其是 MySQL 5.6 和 MySQL 5.7 中半同步 / 增强半同步的区别，因此这里就不做过多介绍了。但是有一个复制的区别要注意，就是阿里云 RDS for MySQL 5.6 版本已经支持表级别的并发复制，而 MySQL 社区版是从 5.7 版本才开始有这个特性的。

binlog 本身的好处就是易于解读，所以下游生态非常丰富。但作为复制日志，却不是多么先进的设计，因为基于 binlog 的复制，本质上就是逻辑复制，基本等价于 Oracle Logical DataGuard，稳定性不能和物理复制相比。它的主要缺点如下：

- 在复制可靠性方面，因为不是物理复制，所以 Master 和 Slave 节点的空间不一样大，无法做页面级别的校验。
- 在复制性能方面，因为 Slave 节点还是要执行 SQL 语句的，所以可能会出现用错索引的情况。因此，RDS 做了优化，加了隐式主键。即便这样，在某些极端场景下，比如 UK 有大量空值时，还是会出现复制性能问题。
- 在 I/O 影响方面，因为 binlog 文件是自然增长的，并不像 redo 日志文件天然就固定大小，所以写 redo 日志文件是 Replace I/O，不需要更新文件系统的元数据；而写 binlog 文件则会带来元数据更新的 Append I/O。这个细微差别，在 I/O 密集以后，容易导致文件系统抖动，jbd2 进程容易 hang 住，这时候 MySQL 就会秒级响应异常。

关于如何彻底解决这个问题，将在 2.3.2 小节中再和大家探讨。

综上所述，我们要辩证地看待 MySQL binlog，虽然在性能上存在一定程度的瓶颈，但正是因为 binlog 的易用性、易读性，才造就了 MySQL 生态圈的繁荣，这也是不可否认的事实。

1.1.4 InnoDB 的 MVCC

MVCC 是实现一致性读的必要条件，它是在并发访问数据库时，通过对数据的版本控制来实现事务内结果集的一致性的；它有别于锁，极大地提升了数据库的并发性能。

在 MySQL 中，MVCC 支持两种事务隔离级别，即 RR（可重复读）和 RC（提交读）。在事务中执行 SQL 语句时，如果数据库设置的隔离级别为 RR，则事务中每次 select 都会使用相同的快照，保证在事务内看到的结果集是一致的；如果设置的隔离级别为 RC，则每次都会使用当前最新的快照，保证在事务内看到的是最新的提交记录。

我们先来了解一下 MVCC 的基本实现原理。MVCC 通过对比数据库行事务 ID 与快照事务 ID 来判断数据的可见性，根据数据行上的回滚指针来寻找 undo 日志中的旧版本数据。这里假设事务隔离级别为 RR，如图 1-6 所示。我们来了解它的基本实现逻辑。

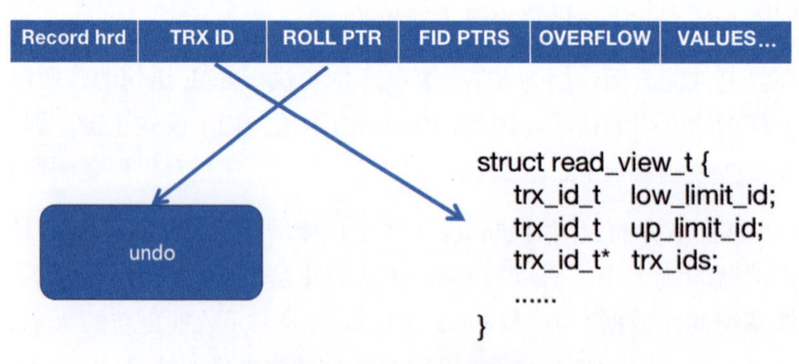

图 1-6 事务的 MVCC 实现

每个事务开始前都会申请一个 ReadView 结构，ReadView 主要有 low_limit_id、up_limit_id、trx_ids 这几个比较重要的字段，它们分别是当前活跃事务中最大、最小的事务 ID 和数据行事务 ID。接下来会通过数据行上的 TRX_ID 与 low_limit_id、up_limit_id、trx_ids 进行比较，判断当前事务是否对数据行可见，我们会根据可见性来执行不同的数据获取流程：对于可见的数据行，直接从行数据获取；对于不可见的数据行，需要通过数据行上的 RollPtr 回滚指针找到相应的回滚段，获取最近一次提交的版本来实现一致性读。

1.1.5　InnoDB redo 日志

在 InnoDB 存储引擎中，数据库是通过 WAL（Write-Ahead Logging）技术来保证事务持久性的。在数据刷盘前，日志会先行被刷入磁盘，如果数据在从 Buffer 落盘之前数据库意外宕机，我们可以使用 redo 日志来进行数据的恢复，所以 redo 日志在数据持久化中起到了非常关键的作用，如图 1-7 所示。

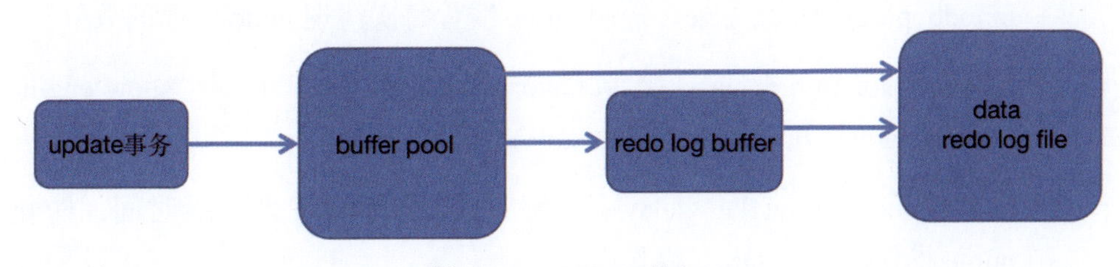

图 1-7　InnoDB redo 日志

1.1.6　InnoDB Mini-Transaction

redo 日志会记录数据页的变化，一条 SQL 语句在执行时可能会修改若干个页面，会产生多条 redo 日志。这些 redo 日志会被分成多个 log-group，每一组都被称作 Mini-Transaction（MTR），它也是 InnoDB 最小的原子单元，保证了页面级别操作的原子性，即要么都完成，要么都不完成。假设没有 MTR，B+Tree-split 会涉及多个页面的修改，如果中途有异常操作，则会破坏整体的原子性，所以 InnoDB 在 log-group 最后加了一条带有特殊标记的日志。在实例恢复重做时，只有解析到末尾的标记才被认定是完整的一组日志；否则，丢弃之前解析到的无效日志。

1.1.7　InnoDB undo 日志

前面我们讲过，执行某个事务做数据变更时，会把页面的变化写入 redo 日志中。此时，若不想继续提交，而是想回滚之前的操作，怎么办呢？这时候就需要用到 undo 日志了。undo 日志用来记录页面修改前的值，其作用有两个：

- 保证事务原子性，在回滚或事务异常时可以回溯到历史版本。
- undo 日志是实现 MVCC（多版本并发控制）的必要条件。

InnoDB 中的 undo 日志有两种分类格式，它们的 purge 机制不同。其中一种是 insert undo log，它是插入操作产生的 undo 日志，事务提交后即可删除；另一种是 update undo log，它是更新操作产生的 undo 日志，是实现 MVCC 机制的基础条件，事务提交后它会被挂到 purge 链表上等待清理。在线上，我们经常会遇到 undo 日志清理过慢导致空间上涨的问题，除非正常大事务未提交外，我们可以通过调整以下参数来加速清理。

- innodb_purge_batch_size：控制 purge 线程每次清理 undo 页面的数量。
- innodb_max_purge_lag：控制 history list 的长度，通过"show engine innodb status"可以查看当前 history list 的长度值。
- innodb_max_purge_lag_delay：控制 DML 操作的最大延缓时间，防止 purge 操作赶不上 DML 操作。

1.1.8 内部 XA 二阶段提交

MySQL 有两种 XA，即外部 XA 和内部 XA。外部 XA 一般指分布式一致性事务，这里暂不讨论；内部 XA 就是指将事务分为两个阶段来实现引擎层和服务层的一致性。我们可以设想一下，假如没有 XA，redo 日志提交失败，而 binlog 提交成功，这样 binlog 和 redo 日志就不一致了，当备库回放同步过来的 binlog 后，最终会导致主备数据不一致，所以保证 redo 日志和 binlog 的一致性至关重要。让我们先来看看二阶段提交的阶段过程。

二阶段提交分为两个阶段。

- Prepare 阶段：包括 InnoDB Prepare（记录 redo 日志）和 binlog Prepare（此阶段什么都不做）。
- Commit 阶段：包括 Flush（记录 binlog）、Sync（由 binlog 缓存同步至磁盘）和 Commit（InnoDB Commit）。

如果事务在这两个阶段期间数据库意外宕机，那么 redo 日志和 binlog 之间应该如何保证一致呢？数据库重启后，MySQL 会对比 binlog 和 redo 日志中 XID 一致的事务，最终以 binlog 中提交的事务为准进行重做和回滚。我们来看如下几种情况。

- 在 Prepare 阶段数据库宕机，这时 binlog 还没有被写入，数据库重启后回滚事务。

- 在 Flush 阶段数据库宕机，这时 binlog 还没有被刷新至磁盘，数据库重启后回滚事务
- 在 Sync 阶段数据库宕机，这时 binlog 已被刷新至磁盘，数据库重启后会对比 binlog 和 redo 日志中 XID 一致的事务，如果双方都存在该事务，则会进行 InnoDB Commit。

1.1.9　半同步复制

半同步复制相比异步复制，主库需要等待至少一个备库节点接收到 binlog 并将其转存到 relay log 后，主节点才能返回客户端提交成功的消息，此时如果超过了 rpl_semi_sync_master_timeout 设置的超时时间，依然没有接收到来自备库节点的 ACK，那么其将自动降级为异步复制，直到异常修复后又会自动变为半同步复制，如图 1-8 所示。

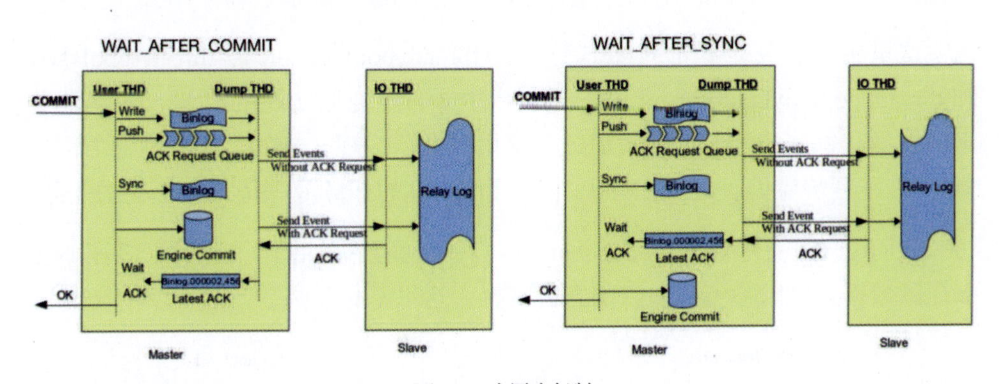

图 1-8　半同步复制

半同步主要有两种模式：after_commit 和 after_sync。我们先看一下 after_commit。前面讲到，二阶段提交分为几个阶段，即 Prepare → Flush → Sync → InnoDB Commit，半同步的 after_commit 是指在 Commit 阶段后将 binlog 发送到 Slave 节点并等待该节点的确认；after_sync 则是指在 Sync 阶段后、Commit 阶段前将 binlog 发送到 Slave 节点。由于 after_commit 在 Commit 阶段后推送 binlog，所以在主备故障切换场景下有概率出现幻读，虽然 after_sync 可以避免这种场景的幻读，但在这种模式下依然有数据不一致的情况存在，这

里我们不过多阐述细节。

下面介绍几个 RDS 特有的特性。

1.1.10 线程池

谈到数据库池（Pool），大家最熟悉的应该是缓冲池（Buffer Pool）；如果谈到与数据库连接相关的池，可能最容易想到的是连接池（Connection Pool）。实际上，Oracle 的 MySQL 企业版有一个核心卖点就是线程池（Thread Pool），而 RDS for MySQL 已经带了这个功能。

线程池的主要作用就是当连接非常多时，能够强迫这些连接在线程池中排队，从而避免数据库被突发的“洪水”流量打爆。前面 1.1.1 节阐述的自旋锁引发的竞争例子，正是在独占线程的场景下发生的。

在正常场景下，我们发现连接池的效率要高于普通线程响应模型的效率，这是因为针对不同的请求做了级别设置，尽可能避免复杂查询争用。

这里主要有三个核心参数，分别是 thread_pool_enabled、thread_pool_size 和 thread_pool_oversubscribe，它们分别对应于连接池功能的启停、连接池分组的数量和每个分组的活跃线程数。这里的活跃线程，指的是有实际任务需要 MySQL 线程响应处理的（pick up），而非等待 I/O 的任务或等待事务提交的任务。

我们也做了一些常规的 Sysbench 压测，压测数据如图 1-9 所示。要了解更多压测数据，可以参考阿里云的官方文档，这里不再赘述。

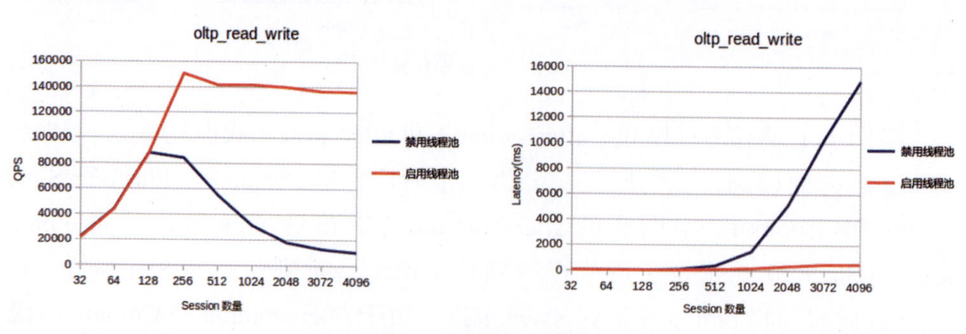

图 1-9 线程池压测数据

1.1.11 X-Engine

MySQL 经过多年发展，一直以支持事务的 InnoDB B+ 树作为自己的主力引擎，尤其到了 8.0 版本后，对元数据进行了重构，使用数据字典（Data Dictionary，DD）代替了之前 MyISAM 的 .frm 文件，彻底变成了 InnoDB 的天下。InnoDB 的优点毋庸置疑，它是目前版本中最稳定、最平衡的事务存储引擎。

但随着数据的增长，我们不得不面对数据膨胀的问题。比如某些业务表，随着业务的增长，不断有新增写入，导致数据文件大小不断攀升。关于这个问题，有一个非常重要的解决思路就是做数据压缩。

当前 InnoDB 的数据压缩，主要是基于 zlib 的压缩，但有时候 zlib 压缩会遇到问题。此外，InnoDB 自带压缩的性能和压缩率，因为 B+ 树本身的结构设计，都很难再有提高。Percona 曾推出过一个 TokuDB 引擎，但它已于 2020 年结束维护。

目前 AliSQL 提供了除 InnoDB 以外的另一个选择，就是允许在 RDS for MySQL 8.0 版本中使用 X-Engine 压缩引擎。这个压缩引擎究竟是什么来头？其实现原理是什么？

首先在阿里巴巴内部，尤其是在淘系生产线上，X-Engine 从 MySQL 5.5 版本开始就已经投入使用，经过多年的实际使用和重大场景磨炼，引擎本身已经十分成熟。在 2019 年的 SIGMOD 会议上，AliSQL 还发表了相关论文——“X-Engine: An Optimized Storage Engine for Large-scale E-commerce Transaction Processing”。

X-Engine 的核心原理是，依赖 LSM 树做多层压缩，冷热数据分离，在内存中不断地进行数据筛选，将热数据留在内存，将冷数据通过分层即 L0、L1、L2 进行刷盘——将暖数据（Warm Data）存储到 NVM/SSD 上，将冷数据（Cold Data）存储到 SSD/HDD 上，如图 1-10 所示。这个引擎甚至可以支持物理硬件 FPGA 的加速，不过目前的公共云上没有提供这个版本。

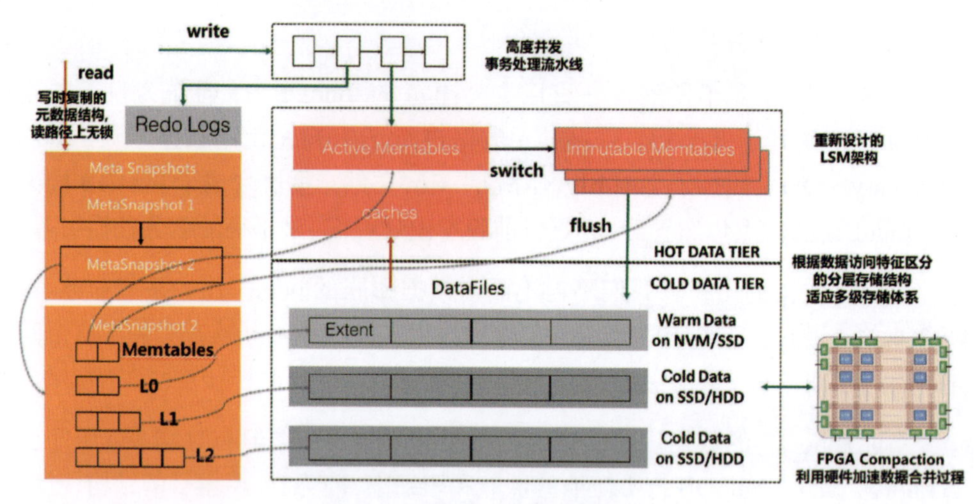

图 1-10　X-Engine LSM 实现方式

LSM 树的刷新是一个非常复杂且持续的过程，因此控制好刷新频率，既能有效进行数据分层，又能控制分层本身对 CPU 的开销。所以在实际执行时，我们会使用流控（Flow Control）的方式。

刷新本身是先刷新日志，后刷新 Memtables。为了保证并发性，X-Engine 允许多版本刷新，如图 1-11 所示。

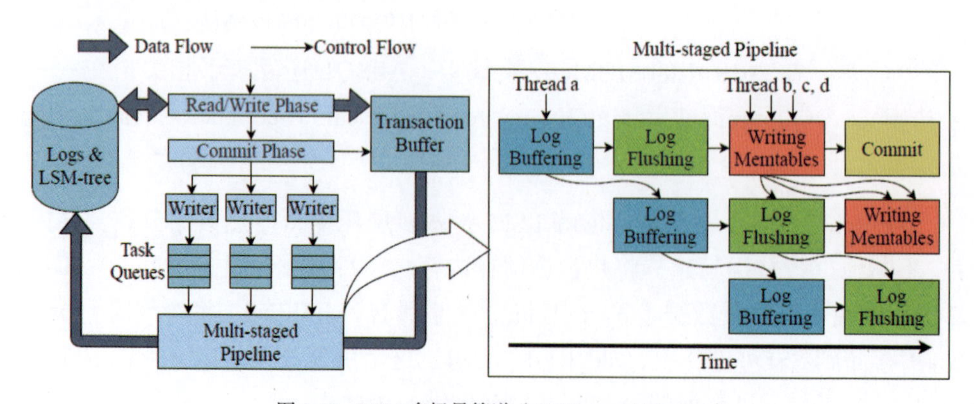

图 1-11　LSM 多场景管道（Multi-staged Pipeline）

我们知道，InnoDB 的文件本身是一个稀疏文件（Sparse File），这和大部分数据库存储引擎一样，稀疏文件非常适合堆（Heap）和 B+ 树的存储，只需要维护少量的 Metadata 即可。但考虑到磁盘空间有限，使用稀疏文件是一件非常奢侈的事情，一边要进行压缩，一边还在使用稀疏文件写入数据，则有些矛盾。因此，X-Engine 抛弃了传统的稀疏文件，改用紧凑文件写入方式，减少了文件碎片，如图 1-12 所示。

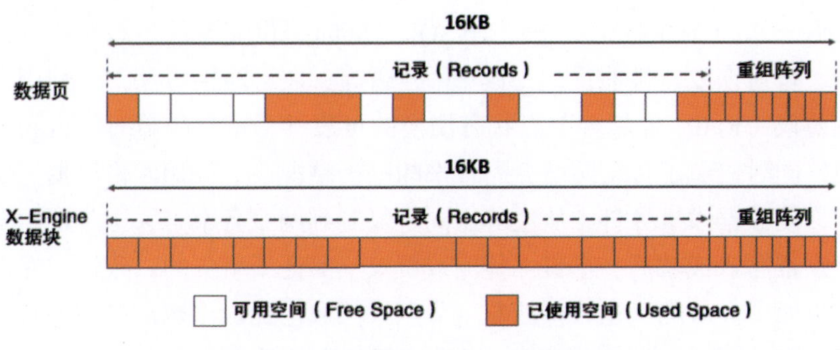

图 1-12　稀疏文件和 X-Engine 的紧凑文件

我们对 InnoDB 引擎和 X-Engine 引擎做了测试，发现 X-Engine 引擎的写入速度远高于 InnoDB 引擎，如图 1-13 所示；而在压缩率上，X-Engine 引擎的压缩率大约是 InnoDB zlib 压缩的 2 倍。

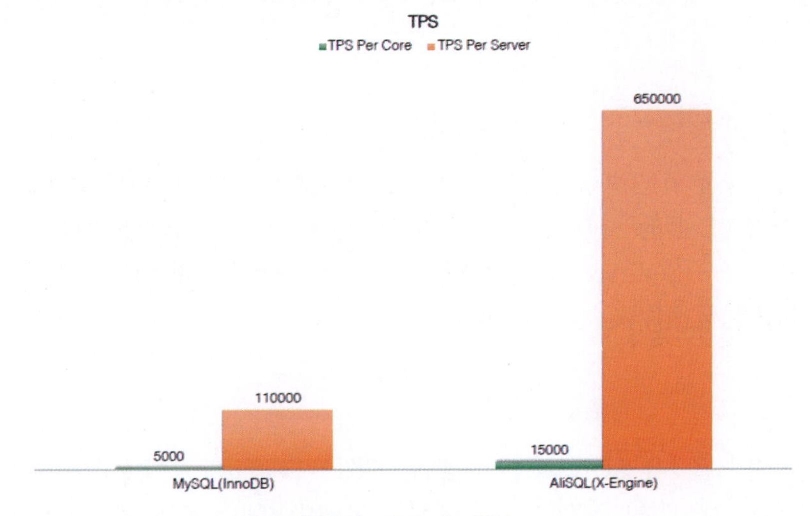

图 1-13　X-Engine TPS

后续 X-Engine 还会被投入分布式引擎中，目前还处于开发阶段，如果有磁盘空间压缩需求，则可以考虑使用 X-Engine。

1.1.12 RDS 三节点企业版

RDS 三节点企业版是面向高端企业级用户的云数据库系列，采用一主两备的三节点架构，确保数据的强一致性，提供金融级的可靠性。

RDS 三节点企业版完全兼容 MySQL，同时提供完整的生态功能，包括弹性伸缩、备份恢复、性能优化、读 / 写分离等。在可靠性方面，它利用分布式一致性协议（Raft）保障多节点状态切换的可靠性，可在故障时期自动实现秒级切换，同时避免了传统网络分隔带来的脑裂情况。它采用两份数据三份日志的方案，使数据库事务日志从主节点同步复制到两个备节点，当集群中至少有两个节点都写入成功后，事务才能完成提交，保证了事务的一致性。在性能方面，它也做了大量的优化，包括非主节点只回放已达成多数派的事务日志，利用并行复制（Parallel Replication）提升应用日志的效率，支持库级别、表级别、Logical Clock 以及 WriteSet 的并行算法，降低故障恢复时间（RTO）等。

总体来说，RDS 三节点企业版是一套完善可靠的高可用数据库解决方案。它通过多副本同步复制确保数据的强一致性，提供金融级的可靠性，为业务数据保驾护航。想了解更多细节，请关注阿里云 RDS 官方文档。

1.2 RDS for SQL Server

通过前面章节的讲解，我们知道了最流行的 MySQL 内核的设计，以及阿里云在 MySQL 上的一些改进。本节我们将讲解一个和 MySQL 对比性很强的商业数据库——SQL Server 的内核结构。在这一节中，我们将重点对比 SQL Server 和开源数据库极大不同的地方。

1.2.1 SQL Server 的架构

我们先来看一下 SQL Server 的架构，如图 1-14 所示。从这个图中可以看到，服务层的三大组件和 MySQL 没有区别，存储引擎也是存在的。但和 MySQL 不同的是，存储引擎下层有一个非常大的 SQLOS。实际上，SQLOS 做了很多存储引擎的工作，我们从 SQLOS 也可以看出，以操作系统起家的微软是如何理解数据库的。SQLOS 的主要作用就是为了管理 CPU 和内存，读者可以将它和 MySQL 重点对比一下。

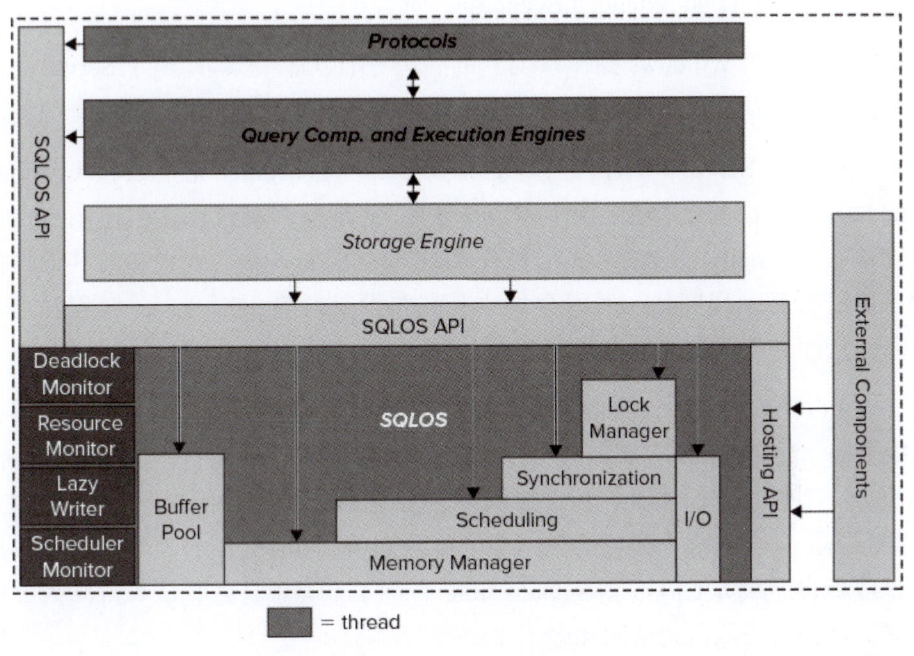

图 1-14　SQL Server 的架构

1.2.2　SQLOS

很多有 SQL Server 经验的读者可能会问，使用了这么久 SQL Server，怎么从来没听说它还有 OS？实际上，在使用 SQL Server 的过程中，我们早已接触到 OS，只是没有察觉。比如有一套常用的系统视图，叫作 sys.dm_os_xxxx，这里的 sys 即 System Schema，dm 即 Dynamic Management（动态管理），os 即 SQLOS。

现在我们对照图 1-14，看一下 dm_os_threads、dm_os_workers 等视图。这些视图其实都是在反馈 SQLOS 的内在情况。

当然也有非常难以解决的 SQLOS 问题，比如 SOS_WAITING，这里的 SOS 也是 SQLOS 的缩写。

SQLOS 存在的主要目的就是为了管理底层 OS 的资源，其中最重要的两个资源是 CPU 和内存。SQLOS 从 SQL Server 2005 版本开始被引入，作为一个抽象层，后来随着版本的迭代，这个 OS 的功能被不断扩充，添加了很多新的资源调用关系，比如 Extended Event 等。

为什么要在 Windows 操作系统上再搭建一个 “OS” 来运行 SQL Server 呢？让我们一起来看看在引入 SQLOS 之前，SQL Server 是如何请求 CPU 资源的。

早在 SQL Server 7.0 时，当时的 SQL Server Scheduler 完全依赖 Windows Scheduler。CPU 调度存在一个巨大的问题，就是操作系统经常会使用抢占式调度器（Preemptive Scheduler）。操作系统对 SQL Server 的线程和对其他任何程序的线程都一视同仁，所以会导致有高并发要求的 SQL Server 线程经常被打断，从而导致预期外的中断和上下文切换。

SQLOS Scheduler 最大的不同在于它被设计成协作式调度器（Cooperative Scheduler）。举例来说，假如有一个 SQL Server 线程正在运行，但操作系统需要执行一个更紧急的 Task，所以中断了 SQL Server 线程，而现在有了 SQLOS Scheduler，它会把这个线程放到一个等待队列中，4ms 之后，再重新申请。这就是线程自愿放弃 CPU，等到 Scheduler 有空了，会重新把它从等待队列中取回来，这相对于抢占式就温和多了。

SQLOS 有几个基本概念，比如在 CPU 方面，把 CPU Processor（包括 Hyperthread 和物理的 Core）抽象成 Scheduler，而 Scheduler 采用 yield 的方式访问线程，线程被抽象成 Worker。所以在 SQL Server 内部，使用 Scheduler 和 Worker 来描述实际的 CPU 调度。每个 Worker 的调度单位都是 Request，但并不代表一对一的关系。一个 Request 又会被拆分成多个 Task，然后由具体的 Worker 来执行，可以参考表 1-1。

表1-1　SQLOS的基本概念

概　念	说　明
Connection	以什么方式连接到SQL Server
Session	通过什么Authentication登录
Request	运行什么样的Batch，是Procedure还是Ad-Hoc
Task	一条语句会被打散，比如Index Scan是一个Task，Sort是另一个Task，Nested Loop又是一个Task
Worker	Task可能会被Worker串行执行，也可能会被并行执行，比如Full Scan

Scheduler 的奥秘在于它独特的等待队列，因为普通 CPU 是不知道一条 SQL 语句下一步要等待什么的，并不能有效建立队列，开源数据库往往使用 Mutex 等方式尝试访问 CPU，用以判断是否忙碌（后文再展开介绍），而有了 Scheduler，就能有效地通过串行来完成并发任务的组织。

SQL Server 队列的三种状态切换如图 1-15 所示。

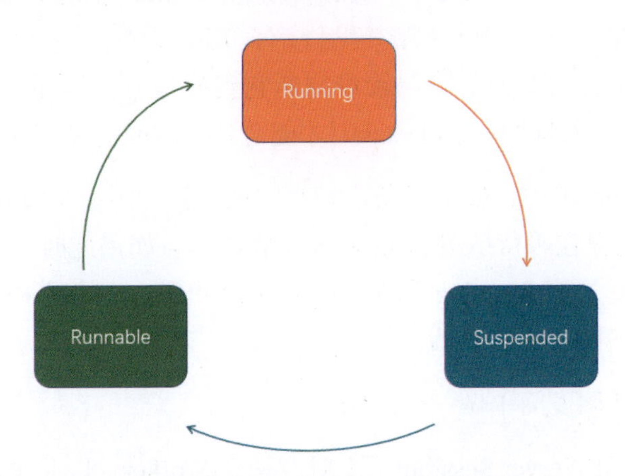

图 1-15　SQL Server 队列的三种状态切换

SQL Server 队列的三种状态说明如表 1-2 所示。

表1-2　SQL Server队列的三种状态说明

状　态	说　明
Running	Worker正在Scheduler上运行，占用CPU，同一时刻，一个Scheduler只能运行一个Worker
Runnable	Worker已经在Scheduler准运行队列（Runnable Queue）中排队，等待CPU。此队列为排序队列
Suspended	Worker缺少必要的资源，但不是CPU资源，在等待队列（Waiting Queue）中排队。此队列为非排序队列，谁先完成，谁就可以进入准运行队列

举例来说，SPID 100 进程正在运行占用 CPU，这时候它需要 I/O 操作，出现了新的 Waiting Event——IO_COMPLETION，Scheduler 会把它放到等待队列中，状态标记为 Suspended。

准运行队列遵循 FIFO 原则，SPID 101 进程会被推到 Scheduler 上运行占用 CPU。

因为等待队列是非排序队列，这时候 SPID 110 进程原本等待的 LCK 已经拿到了，那么 SPID 110 进程也会被推到准运行队列中，但排在该队列的最后。

讲完了 SQLOS 的 CPU 调度原理后，我们来简单对比一下 MySQL 和 SQL Server。

在 MySQL 中，如果一条 update 语句在 processlist command 状态下显示为 updating，那么是否真的在更新呢？我们并不知道，有可能它已经在等待锁了，并没有在运行占用 CPU，所以比较难判断它到底是否在消耗 CPU，只有通过其他视图，或者抓取堆栈（Callstack）才能看到实际的情况。

而在 SQL Server 中，如果一条语句真的被标记为阻塞（Suspended），那么就意味着这个线程在等待队列，完全不占用 CPU。如果此时实例的 CPU 开销很高，则只需要关注 Running 和 Runnable 的 SPID，尤其是 Running 的会话，它们才是真正消耗 CPU 的会话。

下面对 CPU 调度简单做一个总结。

- 每一个 SQL Server Session 至少对应一个 Worker，以此来访问 CPU。
- 一个 CPU Core/Scheduler 在 1s 的时间内，可以提供 1s 的 CPU 时间。
- CPU Core 按时间片调度任务，假设一个 Worker 的某个 Task 在 Scheduler 上占据了完整 1s 的时间，在这自然时间的 1s 里，这个 CPU Core 的 CPU TIME 就是 100%。
- SQL Server 使用 SQLOS 中的 Scheduler 和 Worker，通过三种状态队列，即运行中队列（Running Queue）、可运行队列（Runnable Queue）和等待队列（Waiting Queue）的轮巡方式，实现高效地处理多任务请求。

这样的 CPU 管理比 MySQL 要高明得多，从本质上说，SQL Server 使用了带权重的队列，CPU 的上下文切换变得非常准确。而 MySQL 在高并发下很难准确切换线程，带来的结果就是并发度越高，CPU 空转的可能性越大。

内存管理也是一个非常大的话题，有着诸多挑战。下面我们先来了解 Windows 的内存分配方式。

从图 1-16 中可以看到，应用程序在请求内存时，是无法知道自己的数据是存在于 RAM 中还是存在于虚拟内存中的，也无法保证自己的数据一定在 RAM 中。整个调度过程完全由 Windows Memory Manager 决定。

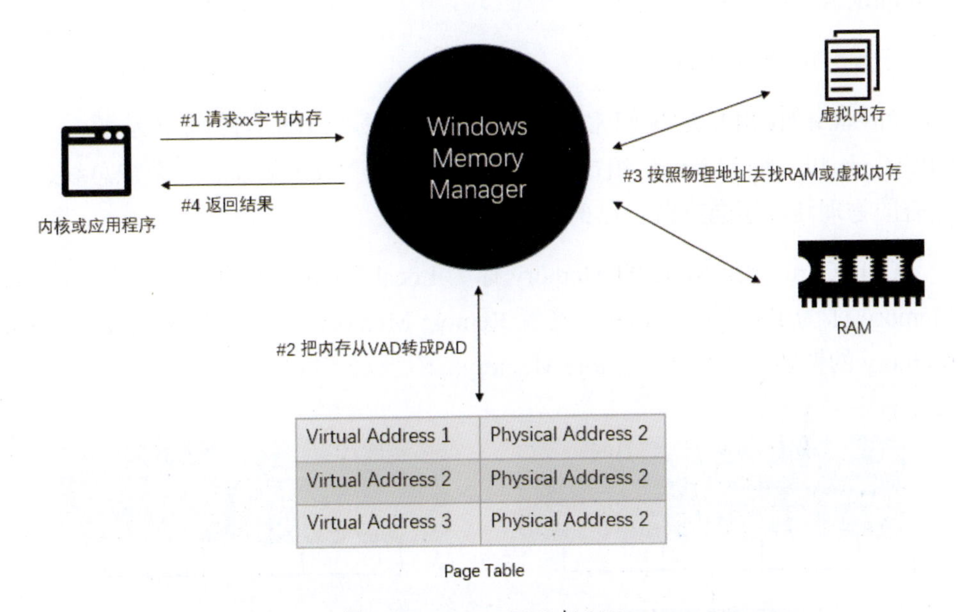

图 1-16　Windows VAD 与 PAD

这里有一个非常重要的概念必须要提一下，它就是 NUMA（Non-Uniform Memory Access），如图 1-17 所示。

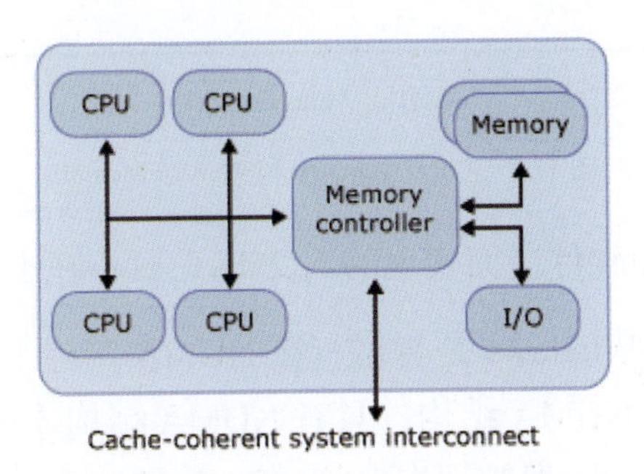

图 1-17　NUMA 示意图（引用自微软官方文档）

在讨论 NUMA 之前，我们还是先了解一下历史——在 NUMA 出现之前，OS 的 CPU 和内存是如何工作的。

假设有一个 4 核的 CPU 和一个 4GB 的内存条，4 核的 CPU 在访问这个内存条时，走的是一根总线（BUS）。如果是64核的CPU，还是访问这个内存条，走的还是一根总线的话，我们就会发现，总线成为SMP（Symmetric Multiprocessing）系统的瓶颈。

于是，NUMA出现了。

Physical NUMA是我们常说的NUMA方式。即图1-17所展示的，多个CPU Core和一组Memory组成一个Node，这个Node有自己的系统总线，甚至有的物理硬件还会支持自己的I/O通道。

CPU Core所在Node的Memory称为Local Memory，"隔壁"的Node的Memory称为Foreign Memory或者Remote Memory。如图1-18所示，Local Memory的性能显然优于Remote Memory。

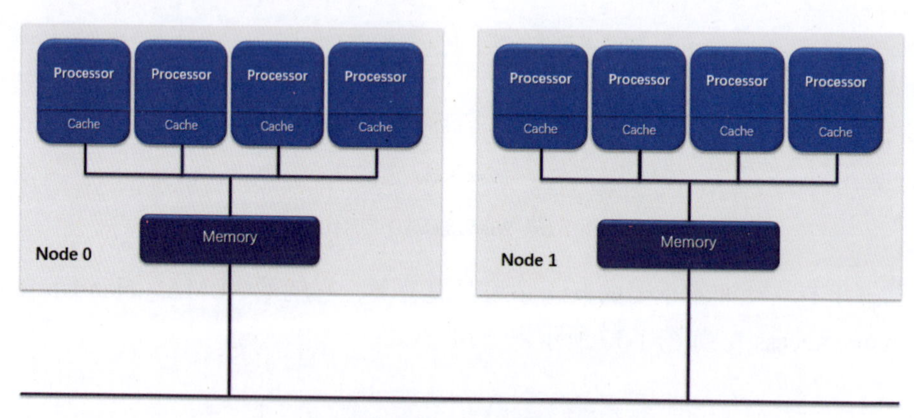

图1-18　Local Memory和Remote Memory

Logical NUMA即软件层面实现的NUMA，就不在本例中展开讨论了。

想要确认自己的Windows是否运行在NUMA结构下，可以在任务管理器中轻松地查看是否是NUMA结构，只有NUMA结构才可以展示NUMA节点负载，如图1-19所示。一般笔记本电脑、PC的硬件都不支持NUMA，而服务器支持NUMA。

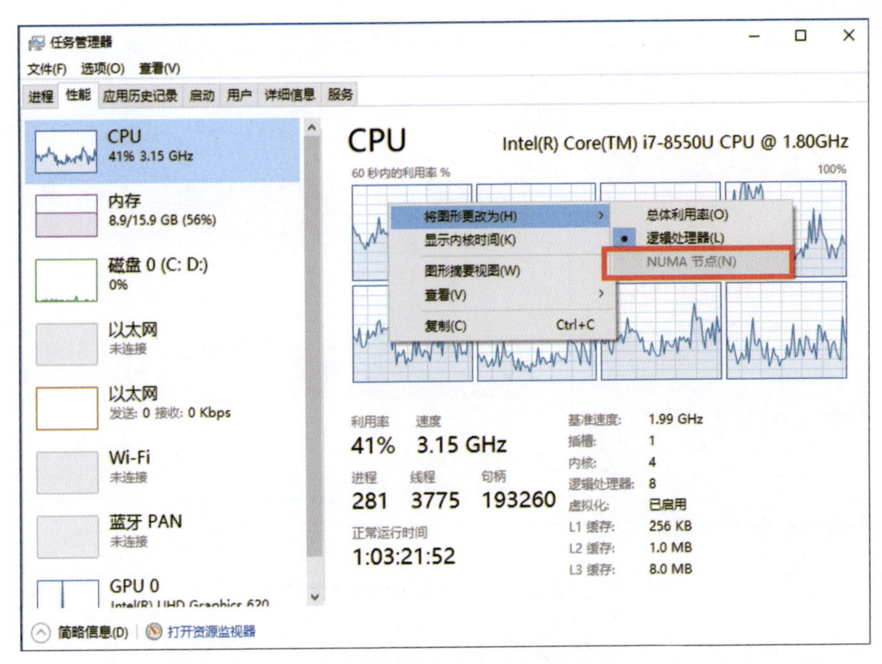

图 1-19　任务管理器中的 NUMA 选项

所以说并不是所有应用程序都能有效支持 NUMA，或者说有效使用 Local Memory。而 SQL Server 在这一点上做到了自动适配，在 SQL Server 的 Errorlog 中，我们会看到关于 NUMA Mask 的适配情况。

```
Node configuration:
node 0: CPU mask: 0x000000000000000f:0
Active CPU mask: 0x000000000000000f:0.
```

怎么看这个 Mask 呢？这里的 f 是十六进制的，转换成二进制的，就是：

1111 1111 1111 1111

这就表示 16 个 Core Socket，进而表示 16 个插槽都有 Core，所以是一个 16 核的 Node。

在 SQL Server 2005 至 2008R2 版本中，single-page 和 multi-page 是分开使用的，其中 single-page 全部来源于缓冲池（Buffer Pool），所以受控于“max server memory”参数；而 multi-page，即请求大于 8KB 的页，是从外部获取的。这也是使用 2008R2 以前的版本可能会遇到内存泄漏（Memory Leak）或内存

溢出（Out of Memory，OOM）的一些场景的原因之一，SQL Server 对这部分内存缺少管控力。请参考图 1-20。

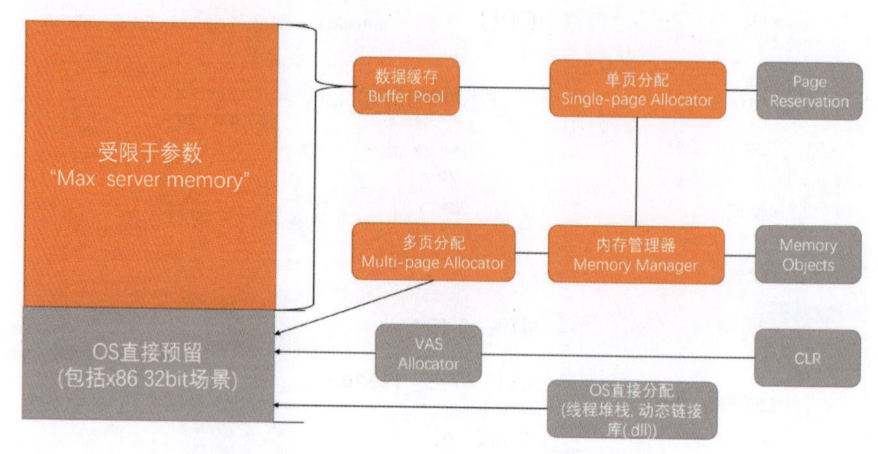

图 1-20　SQL Server 2012 以前的内存管理示意图

SQL Server 经过多个版本的迭代，从 SQL Server 2012 开始，正式将 single-page 和 multi-page 的使用合并到统一的内存管理中，但 CLR type 依然游离在内存管理之外，因为 CLR 使用的是 Hosting API，并不在内存管理范围内。请参考图 1-21。

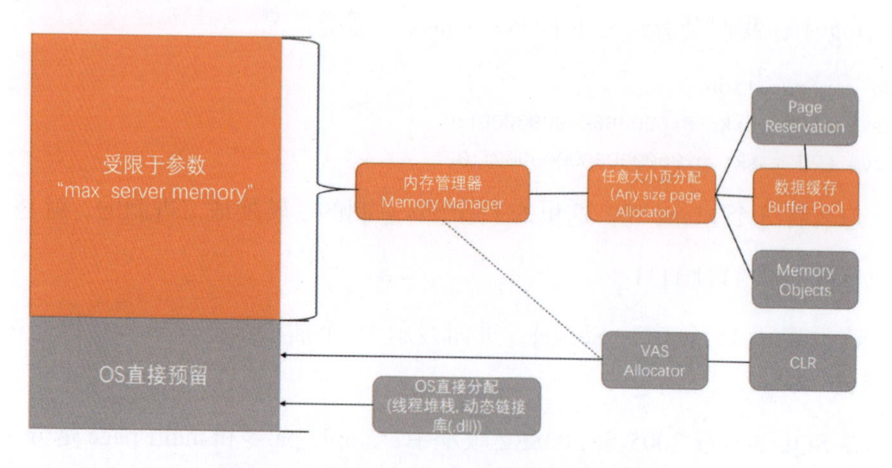

图 1-21　SQL Server 2012 以后的内存管理示意图

在 SQL Server 中，这些内存是如何分配和追踪的呢？我们需要拆解内存管理。SQL Server 一共有 4 个层级的组件来实现分配和追踪内存，它们分别是

Memory Broker、Memory Clerk、Memory Node（即 NUMA Node）和 Memory Pool（Resource Governor 内的）。

Memory Broker 用来监听和响应各种内存请求的事件，比如在一条 SQL 语句的生命周期中，需要消耗内存的地方有：

- Optimizing：解析和优化执行计划时。
- Execution：执行具体的 SQL 语句时。
- Data：热数据处理时。

Memory Broker 的意义在于打通不同类型的内存分配和调度。Memory Clerk 则根据不同的内存类型加以分类管理和追踪，属于接口层。Memory Clerk 有非常多的 Clerk type，读者可以在 sys.dm_os_memory_clerks 中探索和发现更多的 Clerk，如图 1-22 所示。

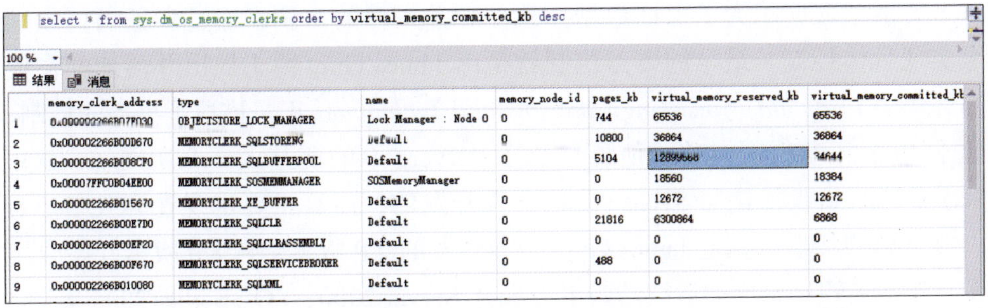

```
select * from sys.dm_os_memory_clerks order by virtual_memory_committed_kb desc
```

100 %

结果　消息

	memory_clerk_address	type	name	memory_node_id	pages_kb	virtual_memory_reserved_kb	virtual_memory_committed_kb
1	0x000002266B07F030	OBJECTSTORE_LOCK_MANAGER	Lock Manager : Node 0	0	744	65536	65536
2	0x000002266B00D670	MEMORYCLERK_SQLSTORENG	Default	0	10800	36864	36864
3	0x000002266B008CF0	MEMORYCLERK_SQLBUFFERPOOL	Default	0	5104	12899568	34644
4	0x00007FFC0B04EE00	MEMORYCLERK_SOSMEMMANAGER	SOSMemoryManager	0	0	18560	18384
5	0x000002266B015670	MEMORYCLERK_XE_BUFFER	Default	0	0	12672	12672
6	0x000002266B00E7D0	MEMORYCLERK_SQLCLR	Default	0	21816	6300864	6868
7	0x000002266B00EF20	MEMORYCLERK_SQLCLRASSEMBLY	Default	0	0	0	0
8	0x000002266B00F670	MEMORYCLERK_SQLSERVICEBROKER	Default	0	488	0	0
9	0x000002266B010080	MEMORYCLERK_SQLXML	Default	0	0	0	0

图 1-22　sys.dm_os_memory_clerks 相关信息

从图 1-22 中也可以看出，reserved memory size 完全不等于 committed size，commit 的大小才是真实的内存开销。

而且从 SQL Server 2012 开始，企业版引入了 Resource Governor 的概念，即使不配置 Governor，在默认情况下，SQL Server 也会设置两个 Pool，其中一个是 Internal Pool；另一个是 Default Pool。

Internal Pool 主要用来存放 SQL Server 自己的 Backend 系统线程的资源；Default Pool 主要用来存放默认的用户线程的资源。

现在我们重新看一下 SQL Server 的内存分配，如图 1-23 所示。

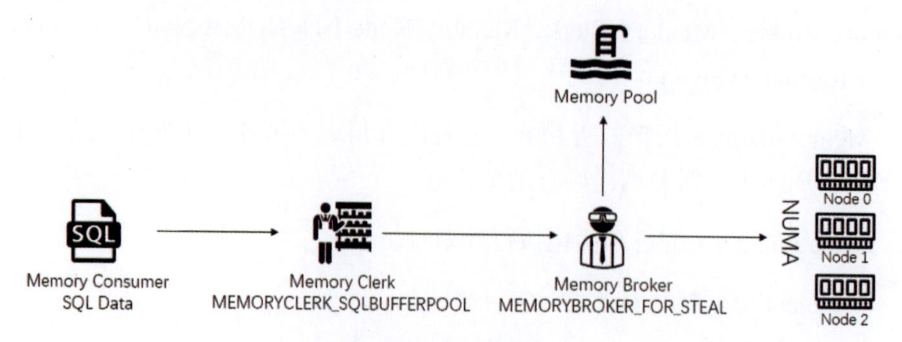

图 1-23 内存管理过程

现在的 SQL Server 已经很少遇到内存泄漏的场景了，在内存管理上，对比 MySQL 的开源 malloc 的使用，SQL Server 确实做得比较成熟。

1.2.3 SQL Server 的并发

关系型数据库为了保证数据一致性和并发性的协调，通过事务隔离级别来实现具体控制。最早的事务机制就是由 James Gray 博士提出并落地的，他的著作 *Transaction Processing:Concepts and Techniques* 正是描述了事务的控制，他于 1998 年获得图灵奖。他也是 SQL Server 7.0 的奠基人。众所周知，SQL Server 的原始版本是与 Sybase 公司合作开发的，而真正奠定现在 SQL Server 内核基础的版本，就是 James Gray 领导开发的 7.0 版本，从 8.0 版本开始改用发行年命名规则，比如后续的版本为 SQL Server 2000、SQL Server 2005 等。

关于事务的 ACID 四属性，有数据库基础的读者肯定都已经知道了。1.1 节介绍 MySQL 时也提到过，此处不再赘述。

这里我们重点说一下 Lock 和 Latch 的主要区别。

Lock 是逻辑概念，比如表锁、行锁、X 锁、S 锁、IX 锁、IS 锁。

Latch 是物理概念，它是实际存在的内存地址，用于处理页的隔离操作。

Mutex 比 Latch 更轻（字节少），Mutex 时常会使用自旋锁。

在 SQL Server 中很少会使用自旋锁，因为自旋会导致产生 CPU 开销。SQL Server 只有在很短的时间内，为了锁住某个对象名称，才会使用自旋锁；而其他开源数据库在这一点上缺乏规避的能力，比如 MySQL 经常会遇到大量自旋导致 CPU 跑高的情况，这与其本身并发调度方式设计有很大的关系。

关于 SQL Server 的并发，有两个常见误区。

误区一：SQL Server 的写阻塞读。

下面是 Oracle 培训班里的一个经典案例，为了展示 Oracle 的多版本读特性。

Session #1　执行一条 update id=1 语句（Oracle 默认隐式事务）。

Session #2　执行一条 select id=1 语句，因为读取了回滚段的最后提交版本数据，可以返回结果，所以 Oracle 写不阻塞读。

同样的方法，在 SQL Server 的测试中，我们看到 Session #2 会被阻塞。

Session #1　需要手动启动显式事务。

```
begin tran
update t1
set name='tommy'
where id=2
```

Session #2　查询 id=2 的行，会被阻塞。

```
select * from t1
where id=2
```

这种读被写阻塞的锁，我们称之为“悲观锁”，如图 1-24 所示。不被阻塞的锁，我们称之为“乐观锁”。

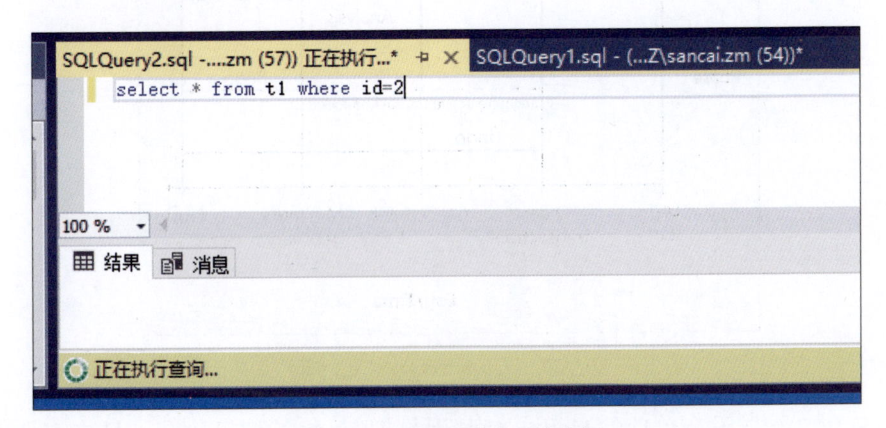

图 1-24　在悲观锁情况下被阻塞

通过查询锁可以看到，确实是 Session #1 持有了 id=2 的 X 行锁，Session #2 拿不到 S 锁，如图 1-25 所示。

SQLQuery3.sql - (...Z\sancai.zm (55))*　SQLQuery2.sql -....zm (57)) 正在执行...*

```
sp_lock
```

100 %

结果　消息

	spid	dbid	ObjId	IndId	Type	Resource	Mode	Status
1	54	7	0	0	DB		S	GRANT
2	54	7	901578250	1	PAG	1:376	IX	GRANT
3	54	7	901578250	1	KEY	(61a06abd401c)	X	GRANT
4	54	7	901578250	0	TAB		IX	GRANT
5	55	1	1787153412	0	TAB		IS	GRANT
6	55	32767	-571204656	0	TAB		Sch-S	GRANT
7	57	7	901578250	0	TAB		IS	GRANT
8	57	7	0	0	DB		S	GRANT
9	57	7	901578250	1	KEY	(61a06abd401c)	S	WAIT
10	57	7	901578250	1	PAG	1:376	IS	GRANT

session #1

session #2

图 1-25　悲观锁——锁等待

这里的行锁是符合 X 锁和 S 锁不兼容的隔离级别要求的，所以和 Oracle 最大的区别在于，SQL Server 默认没有使用回滚段。为什么 SQL Server 默认不使用回滚段呢？这时就要考虑 SQL Server 是否有“回滚段”了。请参考图 1-26。

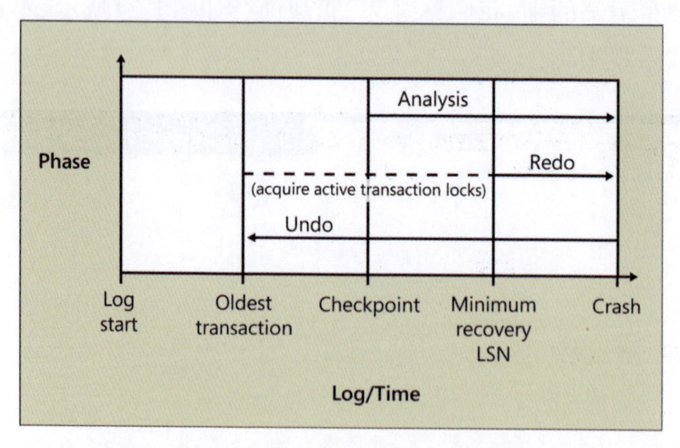

图 1-26　SQL Server Redo 与 Undo

SQL Server 没有单独的 Undo 空间，而是把 Undo 的信息放在了日志文件里。

在 SQL Server 的白皮书里，官方介绍过 SQL Server 的日志和恢复（Logging & Recovery）三个阶段：Analysis、Redo、Undo。

所以，如果想要像 Oracle 一样维护数据行的多版本，也需要一个专门的空间来支持。在 SQL Server 中，这个空间就是 tempdb，当启用了 Read-Committed Snapshot 时，这个快照（Snapshot）就会在 tempdb 中维护多版本的数据，实现写不阻塞读。

误区二：SQL Server 的并发不行。

我们时常能够听到关于 SQL Server 的并发不行的传言。经过和一些工程师的交流了解到，他们所抨击的正是 SQL Server 锁的实现方式。

在 Oracle 中，事务锁是存储在文件头部的；在 MySQL 中，事务锁是存储在 THD 的结构体里的；在 PGSQL 中，事务锁是存储在 Tuple 内的。这几种方式有一个天然的好处，就是锁的内存开销非常小。

而 SQL Server 的锁被维护在内存系统表中，每一个 lock 对象虽然是逻辑的，但物理内存成本是比较高的。为了应对突发性的对大量行锁的请求（row lock count>5000），SQL Server 会直接进行锁升级（Lock Escalation），以实现节省内存 + 大批优先。当然，锁升级可能会导致同一时刻其他 Session 的请求被阻塞。

举例来说：SPID 100 进程，需要更新 10 000 行数据，在正常情况下应该申请 10 000 个行锁。因为锁升级，现在变成了 1 个表锁。

同一时刻，SPID 101 进程，需要更新 1 行数据，和 SPID 100 进程有重复，原本会因为行锁被阻塞，而此时会因为表锁被阻塞。

SPID 102 进程，需要更新 1 行数据，和 SPID 100 进程无重复，原本不会被阻塞，而此时会被阻塞。

从本质上说，如果表没有大量并发，锁升级并不会太影响并发度。而真正的热点表，也不应该有大量行锁；否则，类似于 SPID 101 进程的情况，也会因为 SPID 100 进程执行慢而导致等待的会话累积变多。

那么，SQL Server 把锁放在内存中有没有好处呢？

当然是有好处的，最大的好处就是 SQL Server 的锁跟踪非常方便，可以通过 sp_lock、sys.dm_tran_locks 等系统视图进行实时查询。

而类似于 MySQL 的锁跟踪会比较麻烦，尤其是 MDL，需要打开 Performance Schema 专门的跟踪器（Counter）才可以跟踪到。

关于锁升级的一些跟踪标记（Trace Flag），请查看微软官方手册。如果系统对并发性能很敏感，则可以弱化锁升级的行为。

1.2.4 SQL Server 的优化器

SQL Server 的优化器往往很容易被人忽视，事实上，它可能是目前最先进的数据库优化器。在流程上，SQL Server 不同于 MySQL，因为它要缓存结果，所以会多一些步骤，比如绑定，会自动绑定变量。SQL Server 优化器的优化过程如图 1-27 所示。

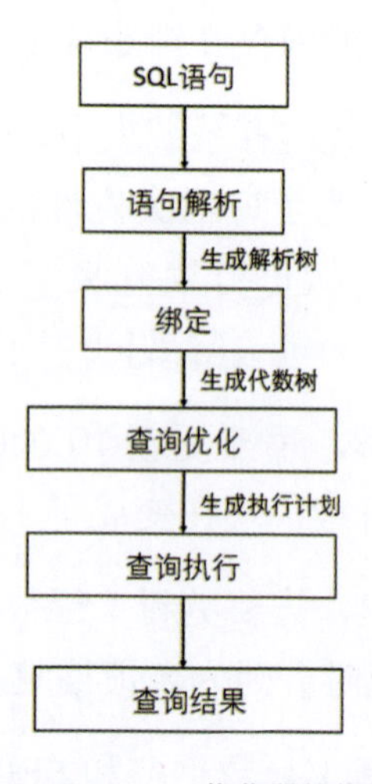

图 1-27　SQL Server 优化器的优化过程

SQL Server 优化器的第一步是简化（Simplification），这一步的作用有点类似于 MySQL 的 JOIN::prepare 函数，但不同于 prepare 主要是展开子查询，Simplification 还会重写 SQL 关系，只是逻辑上的，比如把子查询改写成 join，改写等价关系，把 join 的表但没有参与谓词过滤或者没有参与返回的无效 join 去除，等等。

举例来说：select a.xx, b.xx from a join b on xx join c on xxx where a.xx = x and b.xx=xx，这里的 c 表就毫无用处，会被裁剪掉。

其实 MySQL 在解析（Parse）阶段也会重写 SQL 关系，但主要功能比较弱，而且是为了适配 Performance Schema，所以前文没有提。

之后就开始计算统计信息（Derive Cardinality），初始化 join。接下来开始第一次优化，更准确的说法叫探测（Exploration）。这时可能有读者会问，SQL Server 会进行多次优化吗？这个问法不准确，实际上 SQL Server 有三种执行计划级别，分别是微计划（Trivial Plan，又称 Search 0）、快速计划（Quick Plan，又称 Search 1）和全计划（Full Plan，又称 Search 2）。

对于特别简单的单表谓词查询，一般会直接执行 search 0，默认 maxdop =0，优化器的开销很小，且优化结果非常可信。对于相对复杂的 SQL 语句，会依次尝试各 Search 级别。每个 Search 级别都有一个预设的 Hard Code 阈值。例如，如果在 Search 1 中找到一个总成本（Cost）低于 Search 2 最小（Least）阈值的执行计划，则不会触发 Search 2，优化器认为这个执行计划已经足够好了。因此，对于简单的 SQL 语句，一般 Search 0 就能保证它的执行计划的成本低于 Search 1 的最小阈值。

在 XML 版本的执行计划中会看到相关标志，表明当前的执行计划到底是什么级别的。

```
<StmtSimple StatementOptmLevel="TRIVIAL" StatementSubTreeCost="0.482654"
   StatementText="SELECT * FROM dbo.test1;" StatementType="SELECT">
```

在实际优化中，优化器也会遵循一些策略（Implementation Rule），即我们熟悉的三种连接方式——递归循环（Nested Loop）、哈希连接（Hash Join）和合并连接（Merge Join）、两种聚合——流式聚合（Stream Aggregate）和哈希聚合（Hash Aggregate）、两种查找方式——点查（Seek）和扫描（Scan）。而且 SQL Server 是支持并行执行的，所以优化器也会判断是否需要并行执行。

其他一些优化器语法变形，包括 SQL Server 2019 开始支持的全新的 Eager Index Spool 以优化新的场景，请参考微软官方手册，查看具体范例，这里不做过多介绍。总体来说，SQL Server 的优化器一直在提供全新的优化思路和功能，并且有非常好的投入产出考量，是一个非常优秀的优化器。

1.2.5 RDS for SQL Server 高可用实现

通过前面的介绍，想必大家对 SQL Server 的内核结构已经有了一定的了解。SQL Server 作为经典的商业数据库，在设计与实现上都具备高度的成熟性和艺术性，值得大家学习和使用。

作为 RDS 的一个引擎，我们也针对 SQL Server 的高可用特点进行了深度定制。

SQL Server 随着版本的迭代，提供了多种高可用方案。为了避免赘述，这里就不展开介绍各个技术的结构了。简单来看，按时间顺序，早在 SQL Server 2000 版本中，就已经提供了 Log Shipping 的方案来实现复制。这是一种纯粹的外部实现方式，SQL Server 通过配置几个 Agent Job 定时备份日志、传输日志、恢复日志，以实现容灾的目的，但实时性无法保证。

SQL Server 2005 版本提供了多种模式的复制（Replication）技术，堪称 ETL 的经典典范。其中用得比较多的是事务复制（Transactional Replication）、点对点复制（Peer-to-Peer Replication）和合并复制（Merge Replication），其最大的特点是复制灵活和副本集可（双 / 多）写。在多活场景中，它们依然是典范。

SQL Server 2005 版本还提供了第一个 Share Everything 方案，即 Failover Cluster Instances（FCI）。这个方案需要使用 Windows 故障转移集群（Failover Cluster）底座，同时，在硬件上还需要共享存储（Shared Storage）来提供支持，当遇到问题时，IP、存储、Instance 全部作为资源进行故障转移。

SQL Server 2008 版本提供了一个 Mirroring 方案，即 Share Nothing、Master 和 Standby 均使用本地磁盘代替共享存储，通过日志传递的方式进行数据复制。

在 SQL Server 2012 版本中，微软基于上述两个版本的方案，做了一个新型的融合方案，即大名鼎鼎的 AlwaysOn Availability Groups（AG）。该方案结合了 FCI 的集群故障转移优势，同时允许使用本地磁盘廉价存储，以日志复制代替共享存储。一经面世，它就成为 SQL Server 绝对主力的高可用方案。

SQL Server 原生提供的高可用方案的基础属性如表 1-3 所示。

表1-3　SQL Server 高可用方案的基础属性一览

技 术 点	Failover Cluster Instances（FCI）	AlwaysOn Availability Groups（AG）	Database Mirroring	Log Shipping	Replication
零数据丢失	√*	√**	√**		
实例副本	√				
数据库副本		√	√	√	
自动切换（Failover）	√	√**	√**		
可读的数据库副本		√	√***	√****	√
多个备节点	√*	√		√	√
可写的副本集					√

注：

* FCI，如果要实现零数据丢失保护，则需要绑定AG或者底层SAN存储有实时同步副本。

** AG和Database Mirroring，需要配置自动切换的模式才会自动切换。

*** Database Mirroring，镜像节点本身不可读，但可以用快照方式打开只读。

**** Log Shipping，想要实现只读副本，需要打开“with standby option”。

在阿里云 RDS for SQL Server 2008R2 至 2017 高可用版本中，我们通过 Mirroring 实现了高可用方案，这也是非常成熟的方案。但我们没有使用 Witness Server，而是依托RDS 自身的HA组件进行探活和判断。关于HA的部分，可以参考本书 5.2 节的介绍。

而在 RDS for SQL Server 2017 集群版本中，我们首次使用了 SQL Server AlwaysOn 技术，并且采用了脱离 Windows Server Cluster 的技术，剥离了对 Windows Server Cluster 的依赖，而是依赖 RDS 自身的 HA 组件进行判断，帮助切换 AG。

1.3　RDS for PostgreSQL

PostgreSQL（以下简称 PGSQL）作为近几年逐步升温的开源关系型数据库，正在逐步被行业内所了解。行业内对它的厚望，并不是取代 MySQL，而是“去 O”。

正如前文所述，MySQL 固然是当前市场上最为流行的开源关系型数据库，但因为其平民化的架构设计，加上多种历史原因，先天性存在一些性能瓶颈。如今 MySQL 社区也是由 Oracle 所主导的，对于 Oracle 是否希望 MySQL 能够成长为一个类似于 Oracle Database 的当家产品，市场上众说纷纭，这样推测似乎也合情合理。所以，即便我们看见 MySQL 正在逐步向它的“老大哥”学习，但本质上，两者还是有较大的区别的。

PGSQL 具有学术背景，这一点在社区或科研单位也经常被提及。虽然 PGSQL 的生态圈、知名度、使用率可能远不及 MySQL，但这种学术出身也成为一种隐形优势。2019 年 MongoDB 社区就曾经状告各类云计算公司“吸血”，不能反哺社区，于是紧急更改了开源协议。类似的还有 Oracle 公司突然在 MySQL 8.0 中大刀阔斧地调整代码结构，无论出发点是什么，确实让第三方分支的代码难以跟进。正是因为如果一个产品有强力的主导,那么其他人（或组织）就难以左右产品的趋势,这对于投入数据库研发的公司是有巨大风险的。PGSQL 缺少统一的或者说强力的领袖，反而是目前最平稳、值得投入的数据库产品。这也是百花齐放的数据库“战国时代”，有非常多的基于 PGSQL 衍生的数据库，而不是清一色的 MySQL 系产品。

说完形势，我们再说说 PGSQL 的内核特点。相比于前面介绍的 MySQL 和 SQL Server，本节将对 PGSQL 的两个内核特点进行介绍：一是它的优化器；二是它的 MVCC 实现方式。

1.3.1 PGSQL 的优化器

PGSQL 最有名的应当是它的优化器，其除了很早就支持树形展示，还支持多线程扫描、多表连接优化、SQL 语句重写的能力，这些都比 MySQL 有明显的优势。其中 PGSQL 具备的两个重要算法功不可没，即遗传算法和动态评估算法。相比于以贪婪算法为主体的 MySQL，其有比较大的优势。

PGSQL 的优化历程和 SQL Server 的优化历程相似,大致分为如下几个步骤。

PGSQL 的分析器也是基于 Bison 分析的，这一点和 MySQL 类似，最终也会生成两个结构，即语法查询树和关系，其有点类似于 MySQL 的语法树和表列表（Table List）。不同的地方在于，PGSQL 的重写做得比较多。

PGSQL 优化器的第一步是进行 SQL 语句的逻辑优化，把之前的语法查询树匹配上代数关系，变成代数关系树。这里会做代数等价交换，比如 a.c1=b.c1 and a.c1>100;，根据代数等价交换，可以知道 b.c1 >100 肯定也是成立的。这些信息都会在这一步被展开。

然后优化器会进行物理优化，选择单表的访问方式和多表的连接方式。所谓选择，就是带上 CPU 和 I/O 的评估来计算哪种方式最好。对于单表的访问方式，评估比较简单，无非就是评估顺序扫描和索引扫描的成本，看哪一种方式成本最低。但多表的连接方式比较复杂，这里要说到 PGSQL 的两种多表连接评估方式。第一种是动态评估，简单地说，就是一种穷举的评估方式，把所有连接方式的结果分层计算一次。比如有 4 个表的有效连接，那么会分成 4 层来评估，看哪种组合最优。穷举的好处是一定可以求到最优解。但缺点也很明显，如果表的数量很多，排列组合就会非常多，这时候穷举的成本就会很高。

为了弥补这个不足，PGSQL 提供了第二种评估方式，叫作遗传算法评估。这是一个非常特殊的算法，其原理对于非优化器开发人员来说，晦涩难懂。

P(*t*)	时刻 *t* 的祖先代
P"(*t*)	时刻 *t* 的后代

```
+=========================================+
|>>>>>>>>>>>  Algorithm GA  <<<<<<<<<<<<<<  |
+=========================================+
| INITIALIZE t := 0                        |
+=========================================+
| INITIALIZE P(t)                          |
+=========================================+
| evaluate FITNESS of P(t)                 |
+=========================================+
| while not STOPPING CRITERION do          |
|   +-------------------------------------+
|   | P'(t)  := RECOMBINATION{P(t)}        |
|   +-------------------------------------+
|   | P''(t) := MUTATION{P'(t)}            |
|   +-------------------------------------+
|   | P(t+1) := SELECTION{P''(t) + P(t)}   |
|   +-------------------------------------+
|   | evaluate FITNESS of P''(t)           |
```

```
|    +---------------------------------------+
|    | t := t + 1                            |
+===+=======================================+
```

按照 PGSQL 官方文档的说明，遗传算法的精髓在于，它使用了一个非穷举的算法，根据随机的初始表连接关系，依托多轮杂交、变异，可以获得一个置信度很高的局部最优解。也就是说，在循环验证过程中，可以提前退出。这在表连接数量非常多的情况下，显然有比较大的好处。这是一个典型带有 AI 训练影子的算法，因此需要一定的基数和迭代数，才能保证结果的稳定。当表的数量很多时，就非常适合使用这种算法，但该算法学术性过强，不容易理解。

如果和 SQL Server 进行对比，PGSQL 的优化器依赖穷举的方法寻找多表连接的全局最优解，显然是稳重的，但不够智能。为了弥补这个缺陷，它又引入了一个非穷举的算法，在表连接数量非常多的时候，可以提高性能。

PGSQL 还有一个非常好用的功能，就是 auto_explain，它可以把一些不符合预期的慢 SQL 语句当时的执行计划和统计信息记录下来，这样就可以非常好地分析是否是执行计划的问题。类似于 1.1.2 节提到的变量嗅探导致的问题，在 PGSQL 中，如果遇到类似的因为特殊变量或者索引倾斜等导致的问题，就可以依赖 auto_explain 的记录来分析对应的慢 SQL 语句。

在 PGSQL 中有两种执行计划，即 Custom Plan（定制执行计划）和 Generic Plan（通用执行计划）。对应到 SQL Server 或者 Oracle 中的概念，就是 Ad-Hoc（动态 SQL）和绑定变量。

按照 PGSQL 的说法，如果执行了 5 次相同的 Custom Plan，就会武断地（Arbitrary）改成 Generic Plan。但是，如果字段的数值选择度非常高，或者有了索引，那么情况可能会有所变化，因为优化器会发现 Custom Plan 的 Cost 远低于 Generic Plan 的 Cost，这时候又会跳回 Custom Plan。

因此，在 RDS 中，DAS 功能基于上述两种执行计划，提供了更加智能化的执行计划选择，通过采集执行计划和统计信息的快照，比较 Custom Plan 和 Generic Plan 的 Cost 差异来调优执行计划的选择。

说明

根据 src/backend/utils/cache/plancache.c 的代码定义，可以看到，如果执

行了 5 次相同的 Custom Plan，优化器会把它改成 Generic Plan。

```
/*
 * choose_custom_plan: choose whether to use custom or generic plan
 *
 * This defines the policy followed by GetCachedPlan.
 */
static bool
choose_custom_plan(CachedPlanSource *plansource, ParamListInfo boundParams)
{
    double avg_custom_cost;

    /* One-shot plans will always be considered custom */
    if (plansource->is_oneshot)
        return true;

    /* Otherwise, never any point in a custom plan if there's no parameters */
    if (boundParams == NULL)
        return false;
    /* ... nor for transaction control statements */
    if (IsTransactionStmtPlan(plansource))
        return false;

    /* See if caller wants to force the decision */
    if (plansource->cursor_options & CURSOR_OPT_GENERIC_PLAN)
        return false;
    if (plansource->cursor_options & CURSOR_OPT_CUSTOM_PLAN)
        return true;

    /* Generate custom plans until we have done at least 5 (arbitrary) */
    if (plansource->num_custom_plans < 5)
        return true;
```

1.3.2 PGSQL MVCC 与锁

在介绍 MVCC 之前，我们先来看一下 PGSQL 的最小数据页单位——Tuple。Tuple 的结构，除了专业的数据库开发人员，一般人员不用太在意，无非就是有一个 Header，存一些元数据、Tuple 的内容对应的类型和具体的数据内容，如图 1-28 所示。

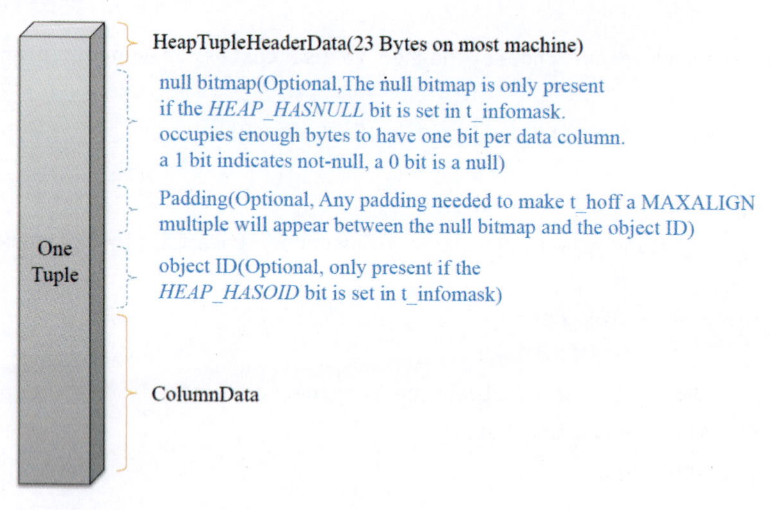

图 1-28 PGSQL 的 Tuple 结构

但有一点不一样的地方，就是 Tuple 的多版本，并不像 MySQL 一样实现行版本化（Row Versioning）。

大多数关系型数据库，都是想办法构造一个回滚段来实现 MVCC，这得益于 Oracle 的实现方式。即使如有些年头的 DB2，也是通过补丁（Patch）的补充，在不改动原始逻辑的场景下，提供一个构造回滚段的功能的，只不过如果在构造回滚段时已经等到锁，则放弃回滚段的构造。这说明 MVCC 的回滚段设计是非常符合大众需求的，也成为经典的做法。

PGSQL 是把数据直接多版本地写在 Tuple 里，这样冗余地写，直到事务提交，打上标记，由 vacuum 来做垃圾清理。所以在日志中经常会看到 vacuum 的汇报。

```
LOG: 00000: automatic vacuum of table
"testdb.public.elasticsearch_sync_error": index scans: 0 pages: 0 removed,
716 remain, 0 skipped due to pins, 170 skipped frozen tuples: 0 removed,
51692 remain, 1203 are dead but not yet removable, oldest xmin: 91349351
buffer usage: 4647 hits, 0 misses, 0 dirtied avg read rate: 0.000 MB/s,
avg write rate: 0.000 MB/s system usage: CPU: user: 0.00 s, system: 0.00 s,
elapsed: 0.00 s
```

这个设计会带来一个问题，就是复制冲突（Hot Standby Conflict）。

按照官方文档的记载，主要就是两类冲突：

- Master 节点删除类 DDL 锁导致的冲突。
- Master 节点 vacuum 清理过期 MVCC 记录导致的冲突。

从堆栈来看，主要是这两类函数阻塞关系。

- 堆栈中 heap_xlog_clean() 函数用于回放 XLOG_HEAP2_CLEAN 类型的 xlog。这是 vacuum（旧版本 Tuple 清理进程）产生的 xlog，物理删除旧版本 Tuple。所以要等待 Slave 节点访问到该旧版本 Tuple 的事务结束(事务级别结束，非单条 SQL 语句结束)。
- Master 节点上普通 SQL 进程 update、delete row，MVCC 机制产生新的 Tuple。xlog 类型是增加新版本 Tuple，与 Slave 节点的查询事务不会冲突，PGSQL 的 MVCC 也保证了查询和修改可以并行。

除了上述复制冲突，PGSQL 有非常好的锁跟踪设计，这一点对于 DBA 和数据库开发人员来说真的非常方便。PGSQL 会把超过 1s 的行锁打印到日志中，同时也会将 Blocking Chain（锁的等待队列）打印到日志中。此外，如果这个会话最终拿到锁，也会再打印一条日志记录。

```
LOG:  00000: process 6101 acquired ExclusiveLock on tuple (152519,70) of
relation 98384 of database 16394 after 163213.342 ms

2020-08-30 08:18:38.845
UTC,"xx_user","testdb",6101,"10.10.100.11:40001",5f4b57f2.f844,16327,"UPDATE",
2020-08-30 07:40:34 UTC,491/10464217,90035923,LOG,00000,
"duration: 165513.376 ms  execute <unnamed>: UPDATE testdb.customer SET
test_id = $1, time_tag = $2 WHERE (id = $3)

6101   10.10.100.11(40001) xx_user testdb  2020-08-30 08:18:38 UTC 00000
LOG:  00000: duration: 165512.230 ms plan:
    Query Text: UPDATE testdb.customer SET test_id = $1, time_tag = $2 WHERE
(id = $3)
```

```
   Update on customer  (cost=0.43..2.65 rows=1 width=467) (actual time=165512.228..165512.228 rows=0 loops=1)
      Buffers: shared hit=46 dirtied=6
      ->  Index Scan using customer_pk on customer  (cost=0.43..2.65 rows=1 width=467) (actual time=0.012..0.013 rows=1 loops=1)
         Index Cond: (id = 6420674)
         Buffers: shared hit=5

DETAIL: Process holding the lock: 6146. Wait queue: 6102, 6204, -->6101, 6259, 6968, 6099.
```

上述例子说明了这个 Blocking Chain，Blocking Header 是 会话 ID 6146，我们的长 SQL 语句来自会话 ID 6101，被 6146 阻塞了 163s，而实际上，这个执行计划只需要 0.01s 就可以执行完成，硬生生等了 165s 才完成。此例中，因为 Blocking Chain 非常清晰，所以会比较容易定位到业务上的交叉和冲突，方便进一步调优。

PGSQL 还有很多组件优势，因篇幅有限，就不在此处展开介绍了，请读者留意 RDS 官网上更多关于 PGSQL 组件和插件的最新应用情况。

1.3.3 PGSQL 复制与高可用

PGSQL 具备多种复制能力，其中包括从 PostgreSQL 9 系列开始实现的物理流复制和逻辑复制。同时，PGSQL 也具备多主复制能力，但多主复制还需要进行较多的可靠性探索，目前大规模应用不多。

流复制是目前 PGSQL 主力的物理复制方式，它通过传递日志内容来实现标准主备结构。值得注意的是，从 PostgreSQL 13 开始，在 pg_stat_wal_receiver 视图中，把原来的 received_lsn 替换成了 written_lsn 和 flushed_lsn，这样也就拆分成两个动作行为，即写入日志缓存和刷脏到磁盘。

因为 PGSQL 默认没有降级的设置，如果配置的是 sync（同步）模式，则一定要注意 Slave 节点因为 hang 住导致的 Master 节点持续等待，会造成 Master 节点假死。物理复制的好处非常明显，和所有物理复制一样，较小的物理日志，复制的时效性和可靠性都很好。但物理复制因为 PGSQL 的 MVCC 特点，可能会遇到阻塞，要合理配置好 hot_standby 等参数，这是 PGSQL 和其他数据库物理复制不一样的地方。

逻辑复制和 SQL Server 的 Replication（复制）很相似，物理复制是整实例级别的复制，而逻辑复制相对比较灵活，允许按库表级别进行复制，比如库表的映射、库表的汇聚、跨版本的库表同步。因此，逻辑复制一般在迁移和升级的场景中用得比较多，而物理复制在高可用场景中用得比较多。

综上所述，本章通过例子，主要从两个角度介绍了关系型数据库引擎的特点，即：

- 如何有效访问资源（如 CPU、Memory 等）。
- 如何有效访问数据结构（如优化器、事务设计等）。

同时简单介绍了各引擎高可用的设计和其他特点，希望读者能体会到各个数据库之间的微妙联系。如表 1-4 所示为主流关系型数据库的概念对比。

表 1-4　主流关系型数据库的概念对比

概　念	MySQL	Oracle	SQL Server	PostgreSQL
数据文件	支持单表 数据文件.idb 元数据 .frm	表空间对应文件 .dbf	数据库文件组对应文件 主要文件 .mdf 可选文件 .ndf	使用库/表的OID命名，默认1GB为一个Segment，会自动拆分文件
redo日志	redo日志	redo日志	LDF	WAL
undo空间	undo 日志/ibdata1.idb	undo日志/undo表空间	LDF内包含undo信息/tempdb	undo日志/旧Tuple/zheap格式
参数文件	my.cnf	spfile/pfile	Windows注册表	postgresql.conf, pg_hba.conf, pg_ident.conf
控制文件	启动参数指定 --datadir	控制文件	写在Master节点内	OID, pg_relation_filenode()
归档日志	redo日志不做归档，逻辑日志binlog复制	归档日志	日志备份 .trn；full模式，不做备份，redo日志会不断增长	WAL_archive
系统库	mysql库、information_schema库、performance_schema库、sys库	sys, sysaux	master, temp, model, msdb	postgres

续表

概　念	MySQL	Oracle	SQL Server	PostgreSQL
乐观锁	乐观锁	乐观锁	默认悲观锁，打开Read-Committed Snapshot后，支持乐观锁	乐观锁
行锁	线程自己维护	维护在文件中	维护在内存中，会有锁升级	维护在Tuple内
客户端	mysql	sqlplus	sqlcmd, ssms	psql
执行计划	不存储	存储	存储	存储
Hint	Hint	Hint、SQL基线（SQL Baseline）	Hint、计划引导（Plan Guide）	Hint
连接方式	递归循环	递归循环、哈希连接、合并连接	递归循环、哈希连接、合并连接	递归循环、哈希连接、合并连接
索引	主键等价于聚簇索引	大量堆表（Heap Table）	强烈建议使用聚簇索引	支持聚簇索引
物理复制	无，基于binlog的复制	Data Guard	Mirroring, AlwaysOn	流复制
集群	RDS双机/三节点；社区MGR	RAC、多节点读/写	AlwaysOn 单点写多点读	RDS/PolarDB一写多读；社区有多点写复制方案
物理备份	XtraBackup（Percona）	RMAN	自带备份命令	pg_basebackup
逻辑备份	mysqldump	expdp	bcp	pg_dump
ETL复制	DTS	Golden Gate	Replication	DTS

第2章 非关系型及新型云数据库技术特点

2.1 非关系型数据库

非关系型数据库的出现，其实是因为一些特殊场景，关系型数据库并不能很好地支持，比如开发人员希望存储文档，但传统的数据库是一个二维表，甚至还有范式要求，所以支持非结构化的 MongoDB 最先流行起来。后来，开发人员只是想在内存中保持一个数据，其他复杂的计算在程序里实现就好了，不需要复杂的 SQL 语句，而且也不是很熟悉，所以缓存型数据库也逐渐流行起来。

当然，在非关系型数据库家族中，还有其他各种各样数据库的存在，一般它们都有特定场景的需求，更像是特定场景的“特效药”。

2.1.1 Redis & Memcached 缓存型数据库

任何一个事物都不会凭空出现，缓存型数据库也不例外。随着互联网技术的普及，静态网页越来越少，大部分动态网站都需要挂载数据库才能完成交互。传统的关系型数据库，经过了轻量级 MySQL 挑战重量级 Oracle/SQL Server 的时代，大家认识到，易用、简单的数据库已经足以支撑起自己的站点。甚至，某些站点或某些应用的业务逻辑非常简单，根本不需要复杂的 SQL 语句，瓶颈往往是峰值流量，而这种场景对 MySQL 并不友好。很多新兴行业的出现，比如直播、游戏等，大家急需要一种极简、易用的数据库，帮助动态请求交互。这一切，就是以 Redis & Memcached 为代表的缓存型数据库出现的历史背景。

从历史上说，Memcached 出现得更早，大约在 2003 年就有了首个公开版本，它的开发者是前 Google 著名的程序员 Brad Fitzpatrick，他曾经也是 Golang 项目组成员之一。Redis 的出现则晚一些，2009 年，由来自意大利的开发者（网名 antirez）开发，现在由 Redis Labs 维护。

网上关于 Redis 和 Memcached 谁更优秀的讨论，比比皆是。Redis 与 Memcached 最重要的区别在于，Redis 提供了更丰富的 Value 类型，并且提供了持久化和数据复制的能力。从结果来看，Redis 正在逐步取代 Memcached，阿里云甚至开始使用 Redis 兼容 Memcached 协议，以保证一些老的应用依然可以使用 Memcached 服务。

2.1.1.1 Redis 单线程模型的实现方式

几乎所有的数据库（包括 Memcached）都是使用多进程或多线程的方式，来实现并发处理数据库请求的，但 Redis 最出名的，就是以单线程模型扛起了数以万计的请求。以阿里云 Redis 为例，一个 Redis 节点便能够扛起 8 万 QPS，企业版 TairDB 更是能扛起 10 万 QPS。为什么 Redis 的单线程这么厉害？

这其中有两个地方，决定了 Redis 能够按单线程处理。

第一，Redis 的命令，并不像 SQL 一样有非常长的谓词判断逻辑、表连接逻辑，动辄 10 行、20 行的 SQL 命令，在 Redis 命令中最多就是几个 option，解析器、优化器的处理难度大幅度降低。而且 Redis 的存储结构全部是 key-value 格式的，没有二维表的众多主外键约束、索引冗余空间，在原生设计上就极简。

第二，Redis 的类 I/O 操作全部是异步的。这也决定了执行器的链路被大大缩短，不再需要由主进程跟进存储引擎（这里也包括对内存的 I/O）。Redis 的类 I/O 操作全部丢给 epoll 来处理。Redis 6.0 Beta 提出的三线程模型，即 TairDB 5.0 增强性能版本，都是在保留经典的单工作线程模型的情况下，使用多线程 epoll 来做好响应和接待的，如图 2-1 所示。

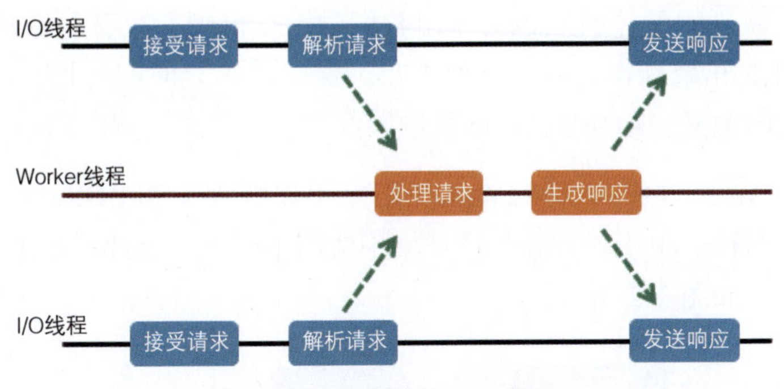

图 2-1　Redis 主线程与 I/O 线程

而在主进程内收到的并发请求命令，会按照时间戳进行拆分，串行地用单线程处理。换句话说，Redis 通过拆细时间片，把大量并发请求编排出串行。

这个模型的瓶颈也是显而易见的，即：一旦有任何一个命令处理慢了，比如 keys 命令或者上锁的命令（如 blpop），则会导致主进程卡顿，请求出现排队。所以说 Redis 的慢请求，其影响程度要远超过多线程模型的数据库。

Redis 社区，从 Redis 2.8 到 6.0 版本都在不断地迭代，其中一个核心提高点，就是提高慢请求的速度，比如使用 hgetall、zrange 等命令。甚至，为了避免超大 Hash，还推出了 Bloom Filter（布隆过滤器）。

因为极简、易用的特点设计，Redis 基本不写日志，在 server log 中只会记录一些关键任务，比如 AOF 的相关操作、启停等，所以对诊断和排查有较大的挑战。

2.1.1.2　Redis 持久化机制

Redis 的持久化主要依赖两个方面，即：类似于镜像技术的 RDB 和类似于逻辑日志的 AOF（Apend Only File）。AOF 承担了 Redis 主从复制的主要任务。

我们一般将 AOF 翻译为“追加式文件”，即 Redis 会持续地将 key 的变更操作追加写入文件内。随着时间的推移，这个文件会不断地增长。并且 AOF 文件用于恢复时，实际上是将文件内记录的 key 操作顺序重放一遍，当 AOF 文件中记录的冗余操作非常多（如某个 key 写入后发生了大量的变更，或者某些 key 当前已被删除或过期）时，Redis 需要将这些冗余的操作“不厌其烦”地重新执行一次，即便单次命令操作得很快（μs 级），当需要重放的操作数量级很大时，恢复的整体时间也会超出我们的承受范围。只有尽量减少 AOF 文件中不必要的冗余操作，降低文件大小，保证其恢复时间可控，AOF 持久化才有其存在的意义，AOF ReWrite 机制因此被设计出来以解决问题。

AOF ReWrite 主要分为 ReWrite（阻塞工作线程）和 BGReWrite（不阻塞工作线程）两种。由于前者在生产环境中使用率极低，因此这里主要介绍后者的实现细节，如图 2-2 所示。

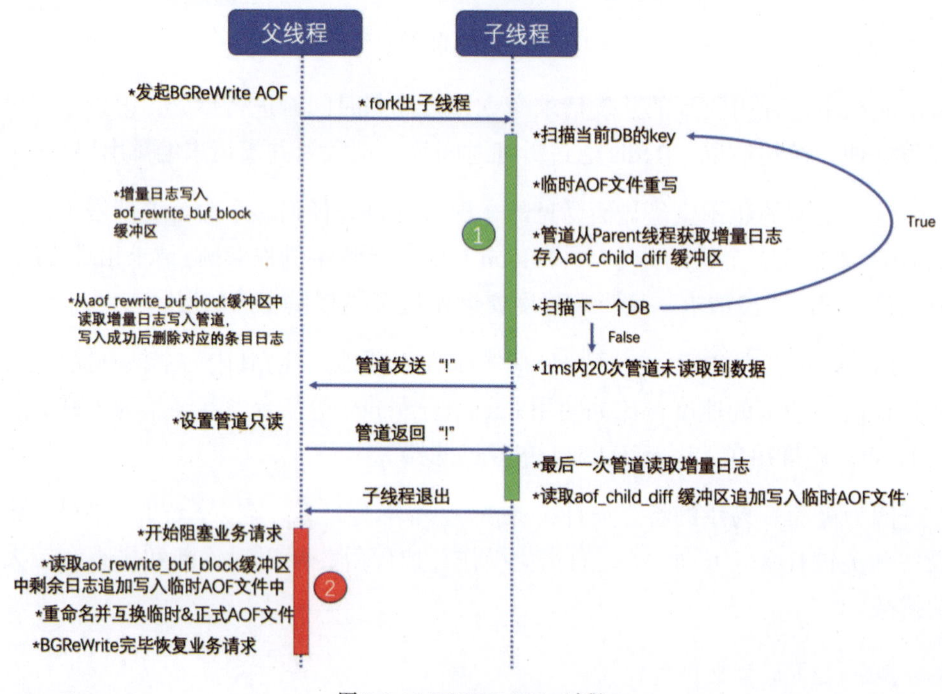

图 2-2　AOF BGReWrite 过程

说明

- 图中①标注的阶段，由于需要额外的内存区缓存子线程 diff_from_parent 的增量日志内容，当业务写操作 QPS 非常高时，这个内存开销会比较大。
- 图中②标注的阶段，由于需要短暂阻塞业务请求，阻塞时间一般受业务写请求的 QPS 和磁盘 I/O 影响，当业务写操作 QPS 非常高或 I/O 性能不理想时，可能会对业务造成较明显的影响。

当出现上述两种场景问题时，对 Redis Server 进行增加内存、使用性能更好的 SSD 存储等垂直扩展操作，往往较难线性地达到理想的预期效果，此时水平拆分（即 Redis 集群化拆分）也是一个不错的选择。

2.1.1.3 Redis 集群的实现原理

基于前面介绍的 Redis 线程模型可知，Redis 的扩展性主要体现在如下两个方面。

第一,垂直扩展。在单机环境中扩展 Redis 的内存,使它能存储更多的数据。但存在 QPS 瓶颈，因为单线程模型有固定的 QPS 上限。

还有一种思路是读 / 写分离，即扩展 Redis 的只读节点。这种读 / 写分离的场景，虽然不能提高写入的 QPS 水平，但是能针对热点 key，进行热点只读流量的对冲。毕竟选用 Redis 的场景，应该是多读少写的，这才符合缓存的设计要求。

第二，水平扩展，既能扩展内存，又能扩展计算节点。其中最流行的两种水平扩展方案是社区版 Redis Cluster 和阿里云选用的 Redis Sharding。

社区版 Redis Cluster 采用的是去中心化的集群，由节点自己去协商。假如请求在 A 节点上，而数据在其他节点上，则会由 A 节点去请求路由其他节点。但是其间可能会遇到重新分片（Reshard）的情况，所以在使用上有些麻烦。社区版 Redis Cluster 架构如图 2-3 所示。

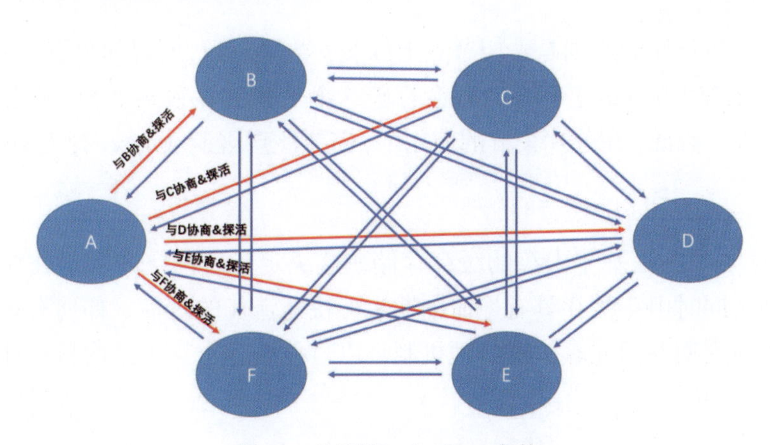

图 2-3 社区版 Redis Cluster 架构

阿里云采用的是类似于 Codis（但不支持 codis 命令）的 Sharding 设计，

如图 2-4 所示。数据被 Hash 计算后，平均分布到各个 Shard 上，每个 Shard 上的 key 的数量近似一致。其带来的好处是学习成本非常低，这个分布对于前台应用完全是透明的，且分散比较均匀，各个节点的压力也比较均衡。

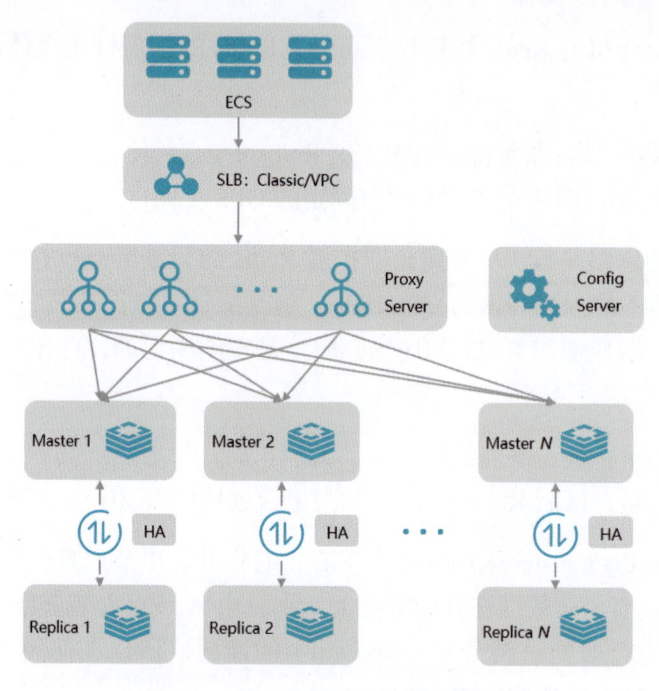

图 2-4　阿里云 Redis Proxy 透明集群结构

但是因为分片的原则是希望节点上的 key 数量一致，所以如果有大 key（即存储空间比较大的 key）存在，则会打破这个平衡，导致某个 Shard 上的内存开销比较大。因此，在分片集群的使用中，需要注意规避大 key，把大 key 拆小。

2.1.1.4　Redis 缓存空间管理

Redis 本质上是基于内存的缓存存储，这决定了它的空间容量往往有明显的局限性。同时由于缓存具有生命周期短、快速迭代的特性，如何有效地管理缓存的生命周期并建立有效的清理机制，以避免缓存击穿，是内核设计中需要考虑的首要问题。

1．生命周期管理

Redis 提供了 EXPIRE（TTL 秒级）、PEXPIRE（TTL 毫秒级）、EXPIREAT（指

定 TTL 至秒级时间戳）、PEXPIREAT（指定 TTL 至毫秒级时间戳）等命令，用于设置一个 key 的生命周期。

2．过期清理机制

对于超出生命周期的 key，一般被称为过期 key。对于过期 key，常见的清理策略有如下三种。

- 立即清理：key 过期后立即清理，CPU 开销较大。
- 惰性清理：从不主动清理，只有过期 key 被请求到时才触发清理，内存开销较大。
- 定时清理：按固定频率扫描并清理，清理效率和资源开销都处于前两种策略之间。

由于 Redis 单线程的特性，其进程大部分 CPU 时间都用于处理业务请求，选择立即清理策略会占用较多的 CPU 时间，对其高并发性能有明显的影响；而 Redis 的内存空间限制也决定了惰性清理策略不够友好，可见，能够利用较少的 CPU 时间尽可能多地清理掉过期 key 的清理机制才是最适合 Redis 的。Redis 内核最终选择了定时清理 + 惰性清理的组合策略来实现对过期 key 的清理。

Redis 内核会在 CPU 空闲时随机从数据库内选择一定数量有生命周期的 key，并清理掉已过期的 key，如果已过期的 key 占比超过 25%，则会再进行一轮 key 的选择和清理，单次清理动作最多重复 4 轮；清理动作的触发频率可以通过设置参数 hz 的值来调整，但不建议超过 100。

从定期清理策略可以看出，Redis 的过期 key 一般较难准确地彻底清理。如果内存水位高需要较为彻底的清理，则可以基于惰性清理策略，使用 scan 等命令分批全量扫描所有 key，扫描到的 key 会被清理掉。

3．满内存逐出机制

为了避免内存满业务不可用或内存溢出，Redis 提供了这样的功能：当内存满时，如果有新的写入操作，则按照一定的策略清理缓存释放内存空间。这个功能可以通过设置参数 maxmemory-policy 来实现，对应的策略及其说明如表 2-1 所示。

表1-5 Redis满内存逐出策略及其说明

策略名	策略说明
volatile-lru	只从设置生命周期（TTL）的key中选择最近最少使用的key进行删除
allkeys-lru	从所有的key中优先删除最近最少使用的key
volatile-lfu	只从设置生命周期的key中选择最不常用的key进行删除
allkeys-lfu	从所有的key中优先删除最不常用的key
volatile-random	只从设置生命周期的key中随机选择一些key进行删除
allkeys-random	从所有的key中随机选择一些key进行删除
volatile-ttl	只从设置生命周期的key中选择剩余时间最短的key进行删除
noeviction	不删除任何key，只是在写操作时返回错误

2.1.1.5 Redis 主从复制

一个成熟完备的数据库需要具备高可用的主从复制能力，以应对宕机、灾备等风险场景，Redis 同样提供了主从复制能力。

在讲解 Redis 主从复制过程前，我们需要先了解一下 Redis 的复制缓冲区（REPL_BACKLOG）。在默认情况下，REPL_BACKLOG 是一个 1MB 大小的先进先出定长队列，在 Master 节点上增量操作会被顺序记录到这个 backlog 中，当队列写满时后续记录会逐步推出之前的记录

说明

我们可以形象地将复制缓冲区比喻为羽毛球筒，在一个球筒只能放入 10 个球且已放满的情况下，塞入新的球，就会把最早放进去的球从另一侧顶出，由此可以理解为 repl_backlog_first_byte_offset 就是目前球筒里最早放进去的那个球，master_repl_offset 是球筒里最后放进去的那个球，repl_backlog_histlen 是球筒里放入的球的数量。

Redis 主从复制过程如下：

① Redis 主从复制环境搭建后，由于 Slave 节点初始并没有数据，因此是在 Master 节点上执行 bg save 命令生成全量 RDB 备份并传输到 Slave 节点恢复的，同时记录了初始 Offset（偏移位点）。

② Slave 节点上的 RDB 恢复完成后，它拿着初始 Offset 向 Master 节点请

求后续数据，Master 节点检查 REPL_BACKLOG，发现这个 Offset 还存在，于是将下一个 Offset 的操作发给 Slave 节点，Slave 节点追加完成后更新 Offset 并继续请求下一个 Offset 的操作（这个过程就是部分重同步）。如此循环，直至主从数据库同步。

③假如主从数据库之间的连接中断一段时间，恢复后 Slave 节点会用自身最后一次成功应用的 Offset 向 Master 节点请求数据，此时 Master 节点检查 Offset，如果发现它还在 REPL_BACKLOG 队列中，则按照步骤②循环；如果发现它已经不在队列中了，则新建主从链路，回到步骤①，从 RDB 开始重新传输。

最后，随着非易失性内存的普及，以及 PMem 的上线，阿里云已经拥有了 AEP 机型的 Redis，从而解决了之前断电内存数据失效的痛点，Redis 的泛用性可见地增强了。

2.1.2　MongoDB

MongoDB 是当前非常流行的文档型 NoSQL 数据库，因为其天然的 Free Schema、高可用、Sharding 等能力，被广泛应用在游戏、物流、IoT 等领域。文档型数据库天然支持 JSON 数据类型，并提供如 Aggregate 等丰富的查询分析语言，可以更快地适应业务的发展与迭代。下面分两节来详细介绍 MongoDB。

2.1.2.1　MongoDB 介绍

MongoDB 是目前业界流行的非关系型数据库之一，其天然具备分布式、高可用等特点，在使用上也易于扩展并具有丰富的功能。MongoDB 是文档型数据库，它面向文档而不是面向行的概念，其采用更为灵活的“文档”模式，通过在文档中嵌入文档和数组，仅用一条记录就能够表现复杂的层次关系。MongoDB 的设计采用横向扩展方式，面向文档的数据模型使它能很容易地在多台服务器之间进行数据分割。MongoDB 能自动处理跨集群的数据和负载，自动重新分配文档，以及将用户请求路由到正确的机器上。同时 MongoDB 也支持多种索引，例如二级索引、唯一索引、复合索引、地理空间索引、TTL 索引以及全文索引等，并能通过 Aggregate 来进行聚合分类、过滤等复杂操作。

这些特性，使得 MongoDB 非常适合在游戏、社交、IoT 等场景中使用。

表 2-2 中给出了 MongoDB 与 RDBMS 中常用概念的对应关系，方便大家能更快地理解 MongoDB 中文档、集合等概念。

表2-2 MongoDB与RDBMS中常用概念的对应关系

RDBMS	MongoDB
数据库	数据库
表	集合
行	文档
列	字段
表联合	嵌入文档
主键	主键（MongoDB提供的默认key为_id）

2.1.2.2 MongoDB 部署形态

目前 MongoDB 主要有三种部署形态，即单节点、副本集和分片集群模式，阿里云 MongoDB 具有云上独有的 Serverless 部署模式，接下来我们将逐一进行介绍。

1. 单节点模式

单节点模式，顾名思义，只有一个服务节点，即 Primary 节点。单节点架构只有一个副本，无法提供高可用服务，当发生故障时，在极端情况下会造成服务不可用超过 30 分钟，因此强烈建议在生产环境中使用副本集架构。

2. 副本集模式

MongoDB 副本集由一组 Mongod 实例（进程）组成，包含一个 Primary 节点和多个 Secondary 节点，MongoDB Driver（客户端）的所有数据都写入 Primary 节点，Secondary 节点从 Primary 节点同步写入的数据，以保持副本集内所有成员存储相同的数据集，提供数据的高可用性，如图 2-5 所示。

副本集通过 replSetInitiate 命令（或 mongo shell 的 rs.initiate()）进行初始化，初始化后各个成员之间开始发送心跳消息，并发起 Primary 选举操作，获得大多数成员投票支持的节点会成为 Primary，其余节点成为 Secondary。

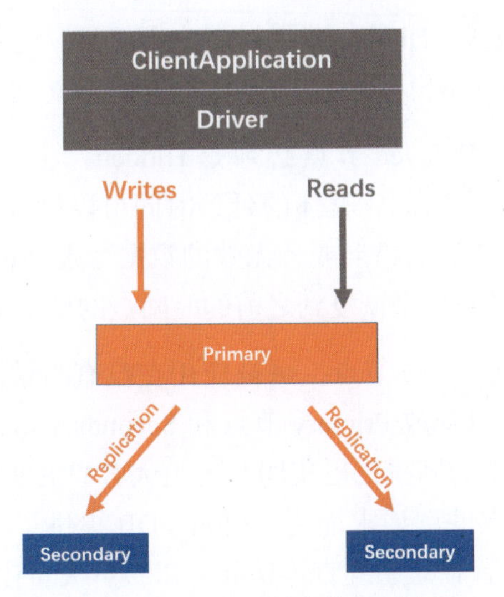

图 2-5 MongoDB 副本集模式示意图

除了 Secondary 节点，副本集中还有其他特殊的节点，如下所示。

- Arbiter 节点：Arbiter 节点本身不存储数据，是非常轻量级的服务，只参与投票，不能被选为 Primary，并且不从 Primary 节点同步数据。当副本集成员为偶数时，最好加入一个 Arbiter 节点，以提升节点集的可用性。很多公司都会选择 Primary 节点 +Secondary 节点 +Arbiter 节点的副本集部署架构，其带来的好处是既可以满足高可用的需要，又能降低节点存储和部署成本。
- Priority0 节点：Priority0 节点的选举优先级（Priority）为 0，不会被选为 Primary。
- Vote0 节点：在 MongoDB 3.0 中，副本集成员最多有 50 个，参与 Primary 选举投票的成员最多有 7 个，其他成员（Vote0 节点）的 vote 属性必须被设置为 0，即不参与投票。
- Hidden 节点：Hidden 节点不能被选为 Primary（Priority 为 0），并且对 Driver 不可见，因为 Hidden 节点不会接受 Driver 的请求，使用 Hidden 节点可以做一些数据备份、离线计算的任务，不会影响副本集的服务。阿里云 MongoDB 副本集模式以及分片集群中的 Shard 副本集节点即采用此种部署模式，Hidden 节点对用户不可见，通常备份也是在 Hidden 节点上进行的，备份不影响用户的正常读 / 写访问。

- Delayed 节点：Delayed 节点必须是 Hidden 节点，并且其数据落后于 Primary 节点一段时间，具体的延迟时间可以设置。该部署模式相对较少使用，主要用于当错误或者无效的数据写入 Primary 节点时，可通过 Delayed 节点的数据来恢复到之前的时间点的场景中。
- ReadOnly 节点：只读节点，可被应用在没有写请求，但是有大量读请求的场景中，以释放 Primary 节点和 Secondary 节点的访问压力。阿里云 MongoDB 结合阿里巴巴集团和云上大客户的实际使用诉求，为了扩展 Primary 节点的读请求能力，MongoDB 提供了具备独立连接地址的只读节点，适合独立系统直连访问，以缓解大量读请求给 Primary 节点造成的压力。在对数据库没有写请求，但是有大量读请求的应用场景中，数据库的主从节点可能难以承受读取压力，甚至对业务造成影响。为了分担主从节点的访问压力，我们可以根据业务情况创建一个或多个只读节点，来满足大量的数据库读取需求，提高应用的吞吐量，如图 2-6 所示。例如，在某个业务场景中，对数据库有更高的读取性能要求，如阅读类网站、订单查询系统等读多写少的场景或者有临时活动等突发业务需求，可以按需增删 Secondary 节点来弹性调整实例的读取性能。

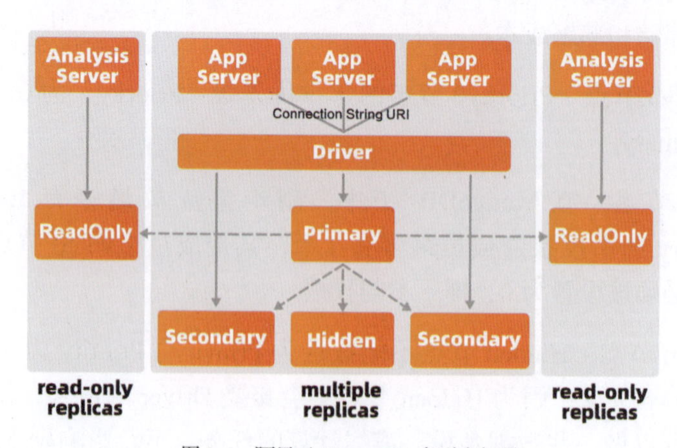

图 2-6　阿里云 MongoDB 多副本场景

3. 分片集群模式

MongoDB 分片集群由 Mongos、Shard 和 ConfigServer 三个组件组成，如图 2-7 所示。Mongos 节点负责将查询和写操作路由到对应的 Shard 节点中；Shard 节点负责存储与计算，可以通过增加 Shard 节点的方式来横向扩展集群的数据存储和读 / 写并发能力，单个分片集群最多支持 32 个 Shard 节点；ConfigServer 主要用于存储集群和 Shard 节点的元数据，即各 Shard 节点中包含哪些数据的信息。阿里云 MongoDB 分片集群中的 ConfigServer 采用副本集部署架构，由于 ConfigServer 不直接对外提供服务且不太可能存在性能瓶颈，所以其规格也无法改变（固定为 1 核 2GB）。

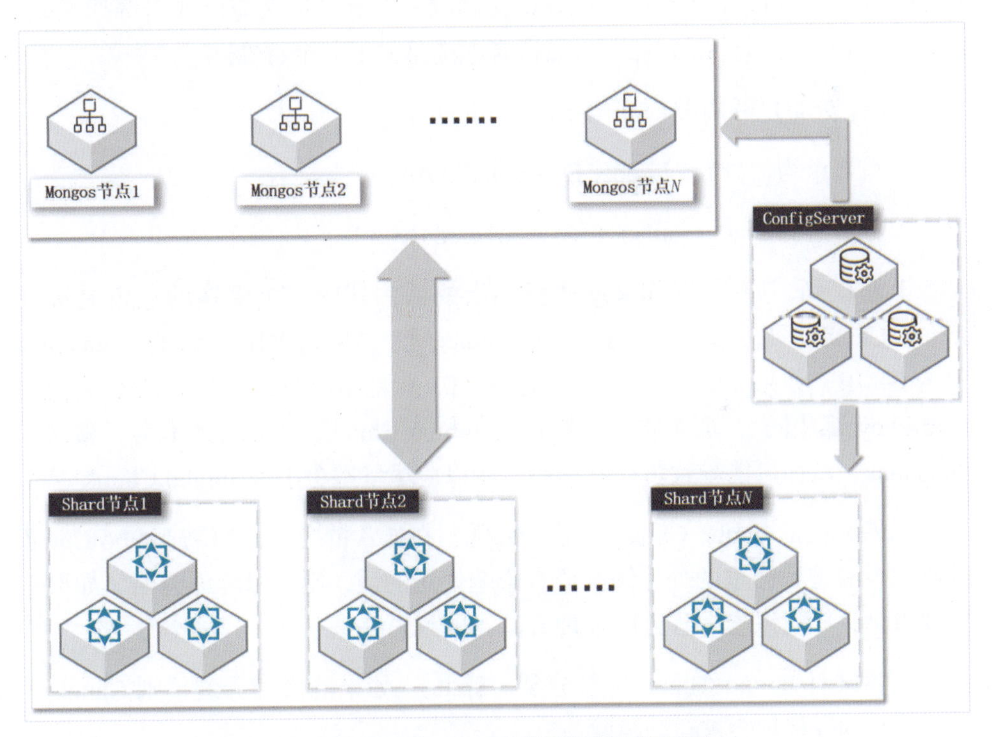

图 2-7　阿里云 MongoDB 分片集群模式示意图

通常，在存储容量受单机限制，即磁盘资源遭遇瓶颈，或者读 / 写能力受单机限制（读能力也可以通过在副本集里加 Secondary 节点来扩展），可能是 CPU、内存或网卡等资源遭遇瓶颈，导致读 / 写能力无法扩展等场景下，我们会选择使用分片集群模式。

如何选择Shard key至关重要，在MongoDB 4.4版本中的Refinable Shard Keys特性出现之前，Shard key一旦设定后期是无法修改的，如果早期Shard key设置有问题，导致出现了Jumbo Chunk或者热点分片等情况，调整Shard key需要重新创建集合并迁移数据，这将是一个非常复杂的过程。目前MongoDB支持两种分片方式：范围分片和Hash分片。范围分片通常能很好地支持基于Shard key的范围查询，Hash分片通常能将写入均衡地分布到各个Shard上。然而，在一些场景中，这两种分片方式并不能满足业务的诉求。例如，某个Shard key的某个值的文档特别多，将导致单个Chunk特别大（即Jumbo Chunk），影响Chunk迁移及负载均衡，或者根据非Shard key进行的查询、更新操作都会变成scatter-gather查询，影响效率等。那么应该如何选择Shard key呢？建议在选择Shard key时应该考虑满足如下三个特性。

- key分布足够离散（Sufficient Cardinality）。
- 写请求均匀分布（Evenly Distributed Write）。
- 尽量避免scatter-gather查询（Targeted Read）。

上面提到，如果Shard key选择不当的话，其中一个潜在的危害是出现Jumbo Chunk。那么，什么是Jumbo Chunk呢？MongoDB默认的chunk size值为64MB，如果Chunk的大小超过64MB并且不能分裂（比如所有文档的Shard key都相同），那么它会被标记为Jumbo Chunk，Balancer不会迁移这样的Chunk，从而可能导致负载不均衡，所以应尽量避免出现Jumbo Chunk。

如果出现了Jumbo Chunk该怎么办呢？在通常情况下，如果Jumbo Chunk的出现没有导致严重的分片倾斜或者影响使用的话，则可以考虑忽略；如果一定要处理，则可以参考官方的处理方法，大致思路是：

- 尝试对Jumbo Chunk进行分裂（Spilt），如果能成功分裂，则Chunk的Jumbo标记会被自动清除。
- 对于不可再分裂的Chunk，如果该Chunk已不再是Jumbo Chunk，则可以尝试手动清除Chunk的Jumbo标记（注意先备份config数据库，以免误操作导致config数据库损坏）。
- 调大chunk size的值，当Chunk的大小不再超过chunk size的值时，

Jumbo 标记最终会被清理。但是这个方法治标不治本，随着数据的写入仍然会出现 Jumbo Chunk，根本的解决方法还是合理地规划 Shard key。

4．阿里云 MongoDB Serverless 架构

Serverless 架构是阿里云 MongoDB 特有的一种部署架构，这种架构主要用于初学者学习或者调研等目的，其优势是开箱即用、按量计费，通过租户 ID（TenantID）和命名空间（Namespace）的方式在 Mongos 层面实现数据的逻辑隔离，如图 2-8 所示。

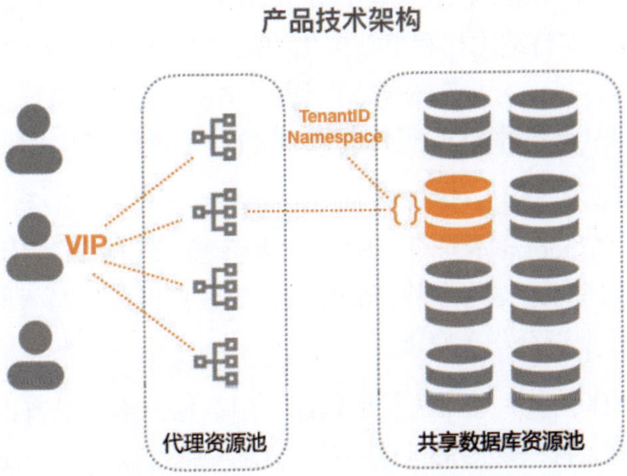

图 2-8　阿里云 MongoDB Serverless 架构

在创建实例后，系统会在 VPC 中为用户申请虚拟 IP 地址（VIP），并使用该虚拟 IP 地址随机绑定代理资源池内固定的两个 Mongos 节点，在提供服务时，仅连接其中一个 Mongos 节点，当该 Mongos 节点发生故障无法访问时，系统会自动切换到另一个 Mongos 节点，同时故障节点会被自动修复挂起备用，以保证服务的高可用。

2.2　数据仓库

数据库的规模提升以后，不可避免地会出现一个场景——对历史数据进行大规模分析计算，这就是最原始的 OLAP 场景。用于应对这个场景的数据库，

一般被称为数据仓库(Data Warehouse)或者分析型数据库(近几年流行的名词)。从这细微的差别可以看出，数据仓库在不断地证明自己其实不止可以做异步，也可以做一些实时性更强的大规模计算。

在实时数据仓库领域，阿里云最出彩的两个系列分别是 AnalyticDB（以下简称 ADB）和 HBase。ADB 是完全自主开发的实时数据仓库系统，有兼容 MySQL 和兼容 PGSQL 两个版本，它是典型的列存储数据库，因此对于处理大批量计算有很大的优势。

HBase 本质上是 NoSQL，但它更像是 MongoDB 的另一种形态，它不是列存，而是列簇数据库，支持结构化和半结构化的数据存储。HBase 的生态非常丰富，它的多模品种非常多，有全文检索、时序、时空、文件检索等多种能力。它本身不支持 SQL，但有各种 SQL 组件能力，比如 PhoenixSQL、CassandraSQL 等。

阿里云经过多年努力，终于把 HBase 生态整合到一个产品中，即 Lindorm（灵动数据库）。Lindorm 本身是 HBase 宽表引擎，支持全文引擎、时序引擎、文件检索引擎，同时还支持多种存储介质，冷数据可以被写入 OSS 廉价存储，直接和 DLA（数据湖分析）联动。

因此湖仓一体，也是非常流行的概念。但数据湖本身没有太多限制，非常容易接入，基本上有一套 OSS 归档数据，DLA 就可以分析。而数据湖的数据量往往很大，加工好的数据或者更适合线上的数据，会流转到数据仓库里，所以有一个名词叫“环湖生态”，指的是围绕数据湖的周边计算对接。

因为篇幅有限，本节只重点介绍这两个系列的代表产品：AnalyticDB for MySQL 和 Lindorm。

2.2.1 AnalyticDB for MySQL

随着企业 IT 和互联网系统的发展，产生了越来越多的数据。数据量的积累带来了质的飞跃，使得数据应用从业务系统的一部分演变得愈发独立。物流、交通、新零售等越来越多的行业需要通过 OLAP 做到精细化运营，从而调控生产规则、运营效率、企业决策等。

1．运营优化

在业务系统中，我们通常使用的是 OLTP（On-Line Transaction Processing）数据存储,如 MySQL 和 PostgreSQL 等。这些关系型数据库系统擅长事务处理，能够很好地支持频繁的数据插入和修改。但是，一旦需要计算的数据量过大，例如有数千万甚至数十亿条数据，或者需要进行非常复杂的计算，此时 OLTP 数据库系统便力不从心了。这个时候,我们便需要使用 OLAP 系统来进行处理。

云原生数据仓库 MySQL 版（简称 ADB MySQL 版，原 AnalyticDB for MySQL）是云端托管的 PB 级高并发实时数据仓库，是专注于服务 OLAP 领域的数据仓库。在数据存储模型上，采用关系模型进行数据存储，可以使用 SQL 进行自由灵活的分析计算，无须预先建模。利用云端的无缝伸缩能力，ADB MySQL 版在处理百亿条甚至更大量级的数据时能够真正实现毫秒级计算。

ADB MySQL 版支持通过 SQL 来构建关系型数据仓库，具有管理简单、节点数量伸缩方便、灵活升降配实例规格等特点，而且支持丰富的可视化工具以及 ETL 软件，极大地降低了企业建设数据化的门槛。

ADB MySQL 版为精细化运营而生，实时洞见数据价值，持续推进企业数据化变革转型。

2．为什么选择 ADB MySQL 版

ADB MySQL 版是云端托管的大规模并行处理（MPP）的 PB 级数据仓库。相对于业内其他数据仓库或者 OLAP 引擎解决方案，ADB MySQL 版作为一款 SQL 数据仓库，具有如下优势。

（1）快

ADB MySQL 版运用新一代超大规模的 MPP + DAG 融合引擎，采用行列混存技术、自动索引、智能优化器，瞬间即可对千亿级别的数据进行即时的多维度分析透视，快速发现数据价值。ADB MySQL 版对复杂 SQL 查询的速度相比传统的关系型数据库快 10 倍。此外，ADB MySQL 版还可以快速扩容至数千个节点的超大规模，进一步提升查询响应速度。

（2）灵活

ADB MySQL 版采用极度灵活的存储和计算分离架构，用户可以随时调整节点数量和动态升降配实例规格。ADB MySQL 版同时支持在大存储 SATA 节点和高性能的 SSD 节点之间进行灵活切换。例如，可以从 8 个 C4 规格升到 12 个 C8 规格，或者从 12 个 C8 规格降到 8 个 C4 规格，使企业真正做到灵活控制成本。

（3）易用

ADB MySQL 版作为云端托管的 PB 级 SQL 数据仓库，全面兼容 MySQL 协议和 SQL:2003，通过标准 SQL、常用 BI 工具以及 ETL 工具平台，即可轻松使用 ADB MySQL 版。ADB MySQL 版旨在帮助企业降低实时数据化运营的建设门槛。

（4）超大规模

ADB MySQL 版是全分布式结构，无任何单点设计，使得数据库实例支持 ECU 节点动态线性扩容至数千个节点。用户可以通过横向扩容来大幅度提升 SQL 查询响应速度，以及增加 SQL 处理并发的能力。

（5）高并发写入

ADB MySQL 版支持用户实时极速地进行数据写入、更新和高并发查询、交互式分析、ETL 一体化。它采用 Raft 协议，支持超大规模数据写入实时、强一致；对于高并发或大吞吐量场景，可按需独立弹性扩展，存储可从 GB 级扩展到百 PB 级，TPS 可横向扩展至千万级。

（6）数据高压缩

ADB MySQL 版采用行列混存技术，不同列的数据具有不同的数据类型，可以采用不同的压缩算法。针对不同列，甚至同一列中的不同 Block，用户可以选择最合适的压缩算法。压缩算法采用编码算法 + 通用压缩，编码算法和压缩算法超过 10 种，平均数据压缩率提升 3 ~ 10 倍。

如图 2-9 所示为阿里云 ADB 行列混合结构示意图，可以看到，ADB 使用了多层次分片，底层使用列存方式保存数据，同时兼容行列混合方式。

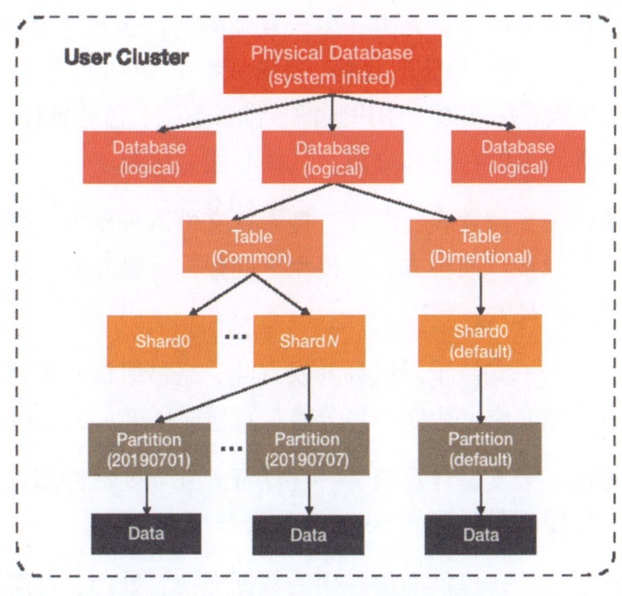

图 2-9　阿里云 ADB 行列混合结构示意图

2.2.2　HBase & Lindorm

Lindorm 是一款适用于任何规模、多种模型的云原生数据库服务，支持海量数据的低成本存储处理和弹性按需付费，提供宽表、时序、搜索、文件等多种数据模型，兼容 HBase、Cassandra、Phoenix、OpenTSDB、Solr、SQL 等多种开源标准接口，是互联网、IoT、车联网、广告、社交、监控、游戏、风控等场景首选数据库，也是为阿里巴巴核心业务提供关键支撑的数据库之一，如图 2-10 所示。

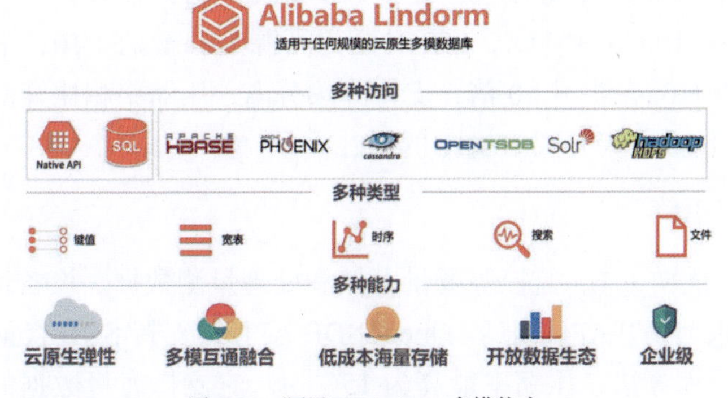

图 2-10　阿里云 Lindorm 多模能力

Lindorm 基于存储和计算分离、多模互通融合的云原生架构，具有弹性、成本低、简单易用、开放、稳定等优势，适合元数据、日志、账单、标签、消息、报表、维表、结果表、feed 流、用户画像、设备数据、监控数据、传感器数据、小文件、小图片等数据的存储和分析，其核心能力包括：

- 融合多模——支持宽表、时序、搜索、文件四种模型，提供统一联合查询和独立开源接口两种方式，模型之间数据互融互通，使应用开发更加敏捷、灵活、高效。
- 极致性价比——支持千万级高并发吞吐、毫秒级访问延迟，并通过高密度低成本存储介质、智能冷热分离、自适应压缩，大幅减少存储成本。
- 云原生弹性——支持计算资源、存储资源独立弹性伸缩，并提供按需即时弹性、按使用量付费的 Serverless 服务。
- 开放数据生态——提供简单易用的数据交换、处理、订阅等能力，支持与 MySQL、Spark、Flink、Kafka 等系统无缝打通。

1. 多模介绍

Lindorm 系统的多模型的核心能力由四大数据引擎提供，包括：

（1）宽表引擎

宽表引擎面向海量 KV、表格数据，具备全局二级索引、多维检索、动态列、TTL 等能力，适用于元数据、订单、账单、画像、社交、feed 流、日志等场景，兼容 HBase、Phoenix（SQL）、Cassandra（CQL）等开源标准接口。

它支持千万级高并发吞吐，支持百 PB 级存储，吞吐性能是开源 HBase（Apache HBase）的 3 ~ 7 倍，P99 时延为开源 HBase 的 1/10，平均故障恢复时间相比开源 HBase 提升 10 倍，支持冷热分离，压缩率相比开源 HBase 提升 1 倍，综合存储成本为开源 HBase 的 1/2。

（2）时序引擎

时序引擎面向 IoT、监控等场景存储和处理量测数据、设备运行数据等时序数据，提供 HTTP API（兼容 OpenTSDB API），支持 SQL 查询。针对时序数据设计的压缩算法，压缩率最高为 15 ∶ 1。它支持海量数据的多维查询和聚合计算，支持降采样和预聚合。

（3）搜索引擎

搜索引擎面向海量日志、文本、文档等数据，具备全文检索、聚合计算、复杂多维查询等能力，同时可无缝作为宽表引擎、时序引擎的索引存储，加速检索查询，适用于日志、账单、画像等场景，兼容开源 Solr 标准接口。

（4）文件引擎

文件引擎提供宽表引擎、时序引擎、搜索引擎底层共享存储的服务化访问能力，从而提高多模引擎底层数据文件的导入 / 导出及分析计算效率，兼容开源 HDFS 标准接口。

对于目前使用类 HBase + Elasticsearch 或 HBase + OpenTSDB + ES 的应用场景，比如监控、社交、广告等，利用 Lindorm 的原生多模能力，将很好地解决架构复杂、查询痛苦、一致性弱、成本高、功能不对齐等痛点，让业务创新更高效。

那么，如何选择引擎呢？

不同引擎的对应功能略有差异，用户可按需选择一种或多种引擎。阿里云 Lindorm 各引擎对比如表 2-3 所示。

表2-3　阿里云Lindorm各引擎对比

引擎名称	兼容接口	适用场景	介　　绍
宽表引擎	兼容HBase API、Phoenix（SQL）、Cassandra（CQL）	元数据、订单、账单、画像、社交、feed流、日志等场景	面向海量半结构化、结构化数据设计的分布式宽表引擎，具备全局二级索引、多维检索、动态列、TTL等能力，支持千万级高并发吞吐，支持百PB级存储，吞吐性能是开源HBase的3～7倍，P99时延为开源HBase的1/10，支持冷热分离，压缩率相比开源HBase提升1倍，综合存储成本为开源HBase的1/2

续表

引擎名称	兼容接口	适用场景	介　绍
时序引擎	提供HTTP API，并兼容OpenTSDB API	面向IoT、监控等场景存储和处理量测数据、设备运行数据等时序数据	面向海量时序数据设计的分布式时序引擎，支持SQL查询。针对时序数据设计的压缩算法，压缩率最高为15∶1。支持海量多维的时间线查询和时间线聚合，支持降采样，支持弹性扩展
搜索引擎	兼容Solr标准接口	面向海量日志、文本、文档等数据，适用于日志、账单、画像等场景	采用存储和计算分离架构设计的分布式搜索引擎，可无缝作为宽表引擎、时序引擎的索引存储，加速检索查询，具备全文检索、聚合计算、复杂多维查询等能力，支持水平扩展、一写多读、跨机房容灾、TTL等，满足海量数据下的高效检索需求
文件引擎	兼容HDFS标准接口	企业级数据湖存储、Hadoop平台存储底座、历史数据归档压缩等场景	云原生HDFS，通信协议级兼容HDFS，可使用开源HDFS客户端直接访问，功能100%兼容HDFS标准，无缝接入所有HDFS开源生态与云计算生态。基于HDFS深度定制开发，具备低成本、EB级数据存储、分钟级存储弹性扩容、带宽水平弹性扩展、数据自动透明压缩（即将上线）等能力，适合构建基于HDFS的企业级低成本数据湖存储，通过计算和存储分离降低总体成本

2．存储类型

Lindorm 依托云原生存储系统 LindormStore，实现了数据存储与计算分离解耦。存储容量独立计费，支持不停机在线扩容。Lindorm 实例的存储容量在同实例内的多个引擎间共享。目前 Lindorm 主要提供了三种存储类型，即容量型存储、标准型存储和性能型存储，它们的适用场景如表 2-4 所示。

表2-4　阿里云Lindorm各级别存储的适用场景

存储类型	访问延迟	适用场景	推荐引擎
容量型存储	15ms~3s	监控日志、历史订单、音视频归档、数据湖存储、离线计算等低频访问数据	宽表引擎、时序引擎、文件引擎
标准型存储	3~5ms	feed流、聊天、实时报表、在线计算等实时访问数据	宽表引擎、时序引擎、搜索引擎、文件引擎
性能型存储	0.2~0.5ms	广告竞价投放、用户画像、人群圈选、实时搜索、风控大脑等低延迟访问数据	宽表引擎、时序引擎、搜索引擎、文件引擎

2.3　分布式和其他新型数据库

PolarDB 作为阿里云推出的新一代数据库产品，支持多种引擎。

PolarDB-X 采用 Share Nothing 思想，数据分片化，适用 Sharding 的方式进行水平扩展，这样就可以使用相对简单的架构实现非常可观的水平扩展量。

PolarDB MySQL（以下简称 PolarDB-M）、PolarDB-O、PolarDB PostgreSQL（以下简称 PolarDB-P）均采用 Share Everything 思想，把数据集中存放到一个共享存储上，前置共享 VIP 来实现请求路由，计算和存储分离后，可以更好地实现弹性扩容。这也是 Share Everything 的优势之一。

2.3.1　以 PolarDB-X 为代表的 Share Nothing 分布式集群

传统的 Share Nothing 思想，最典型的应用就是基于日志复制的主从结构。这个结构清晰、简单，复制节点往往还能够实现只读查询需求，所以深受业内推崇。但主从结构也有其短板：

（1）主从结构大多是一主多从

想要实现多主，数据的冲突检测机制如何实现，这是一个非常大的问题。最知名的解决方案是 Microsoft SQL Server 的 Merge Replication。这种解决方案往往非常复杂，一旦遇到问题非常难以排查，运维成本非常高，对应用的抗冲突要求也很高。所以大部分主从结构只能增加只读能力，而不能增加写入能力。

（2）主从结构会遇到主从复制延迟，导致不一致读

在基于日志复制的主从结构中，如果遇到大事务，则可能会导致主从复制延迟。这是所有数据库都会遇到的问题，只不过使用物理日志复制的数据库相对会好点，Redo 的速度会更快，日志本身也会小一些。而使用逻辑日志复制的 MySQL，除了可能遇到大事务，其他一些场景中也可能遇到延迟。比如没有主键，导致 Slave 的执行计划错误，只读 apply log（应用日志）的效率特别低。

（3）主从结构的从节点越多，越容易拖垮主实例

即便强如 Oracle，在一主多从的情况下，从节点越多，复制的压力就越大，这也是蚂蚁金服使用分布式数据库替代 Oracle 的一个重要考量。物理日志复制尚且如此，逻辑日志复制的问题也不可避免，RDS for MySQL 一般最多允许创建 5 个只读实例，这其实限制了这个结构的上限。

为了克服主从结构的短板，提高扩展性，分库分表一直是一个说起来容易，做起来难的话题。业界也有很多类似的中间件，但是它们的稳定性和性能则参差不齐。阿里云的解决方案是以 PolarDB-X 的水平分片，以中间件 + 数据库的方式，完整提供一个高并发度的 Share Nothing 集群。

这显然带来了如下几个好处：

- 计算能力得到增强，且不受单机资源限制。
- 存储空间得到增强，且不受单机资源限制。
- 同时还能保留主从结构的读 / 写分离优势。

因为可以完全做两套 Sharding，Master 一套，Slave 一套，等于有两套集群，依然可以像以前一样做读 / 写分离，甚至只读能力强了以后，还能承担一部分分析计算的工作。

接下来，我们依然按照 MySQL 的服务层和存储引擎层两层结构，来讨论 PolarDB-X 在这两层中是如何实现分布式的。

2.3.1.1 PolarDB-X 分布式事务

不同于直连 MySQL，所有的 SQL 语句完全透传到 MySQL 内的解析器、优化器、执行器中执行，现在因为底层是分表的，所以需要将逻辑 SQL 语句

转换成多个分库分表的物理 SQL 语句。这就提出了一个非常大的挑战，即 SQL 语句重写。

因此在 PolarDB-X 集群中使用了 CN 节点，即通过原 DRDS 中间件技术进行多节点冗余的中心化分发，把逻辑 SQL 语句分解成多路物理 SQL 语句，下推到 DN 节点——实际处理的 DN 节点，可能是 RDS MySQL InnoDB，也可能是 X-Engine，甚至以后会实现 PolarDB-M 引擎，如图 2-11 所示。

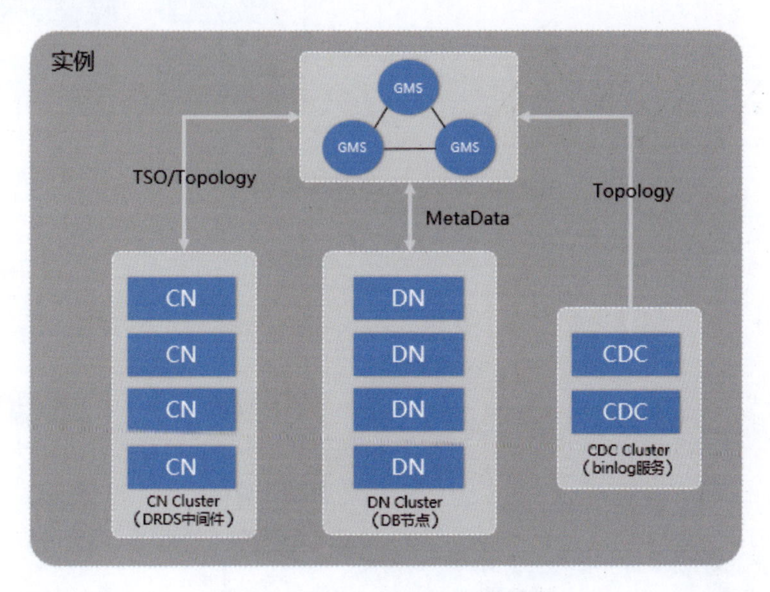

图 2-11　阿里云 PolarDB-X 内部结构

在分布式事务上，DRDS 原生已经实现支持 2PC、XA 和柔性事务，在当前的版本中，实现了 CTS 全局时钟，可以保证分布式集群的事务体验和单机是一致的，如图 2-12 所示。

在此基础上，可以完成多副本的一致性读，满足 MVCC，如图 2-13 所示。

2.3.1.2　PolarDB-X 存储层

有了服务层的准备工作，接下来就需要做 SQL 路由，把物理 SQL 语句打散到不同 RDS 下的不同分库里。

PolarDB-X 和私有化 / 未私有化 RDS 是有连接池关系的，即前面的中间件部分会维持一个连接池访问 RDS，而不需要使用短连接反复请求。

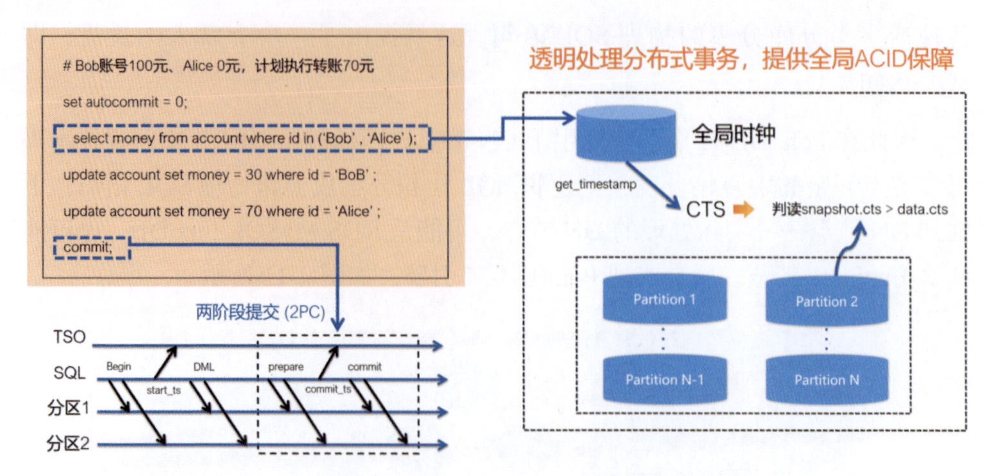

图 2-12　阿里云 PolarDB-X 全局时钟

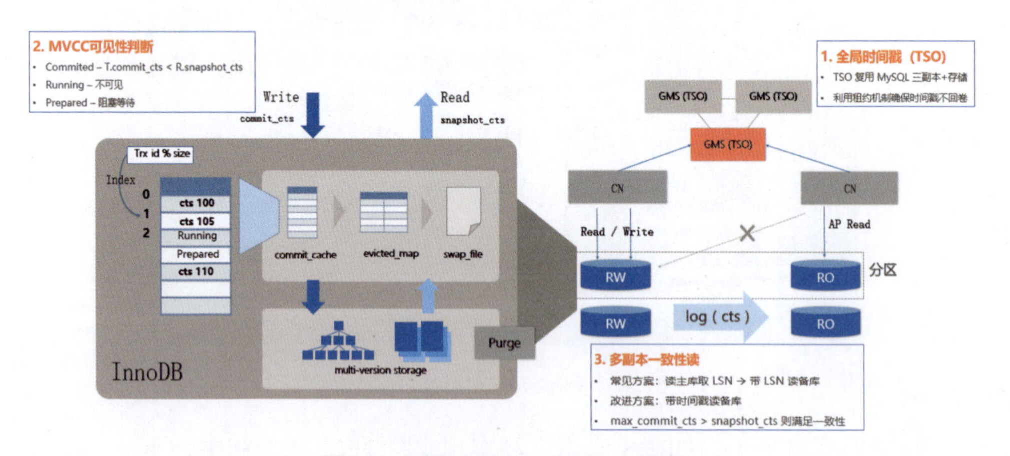

图 2-13　阿里云 PolarDB-X MVCC 实现

除了 SQL 路由，另一个重要的问题是事务一致性。PolarDB-X 可以根据 RDS 的小版本，采用不同的分布式协议，比如 MySQL 5.6 基本会使用 2PC 协议，而 MySQL 5.7 及以上版本，则会优先使用 XA 协议。这些协议是透明且自动化的，对于应用程序来说，不需要自己进行 XA Prepare 或者 XA Commit。PolarDB-X 2.0 版本已经完全支持 MVCC 和 TSO。

在 PolarDB-X 2.0 中，我们在存储上做了两层绑定，方便业务优化。

- 表组（Table Group）：不同表捆绑相同的分片策略，解决 join 下推以及爆炸半径收敛的问题（比如银行业务涉及 10 张表，如果三台机器中有一台机器宕机，则需要确保只影响 1/3 的用户）。

- 分区组（Partition Group）：不同分片的物理资源隔离（比如银行业务按地域做了数据分区，一个地域业务出现异常，不会影响其他地域），如图 2-14 所示。

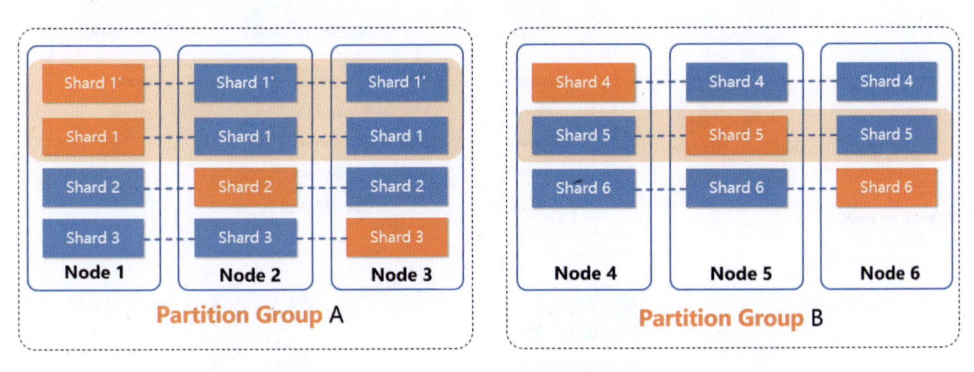

图 2-14　阿里云 PolarDB-X 分区组

2.3.1.3　HTAP 的场景与能力

在 HTAP 的场景下，现在只需要维护一条链路，CN 节点的 DRDS 能自行分流复杂的 SQL 语句到 AP 副本(基于 MPP)，通过混合负载器进行一致性判断，再返回结果集，如图 2-15 所示。

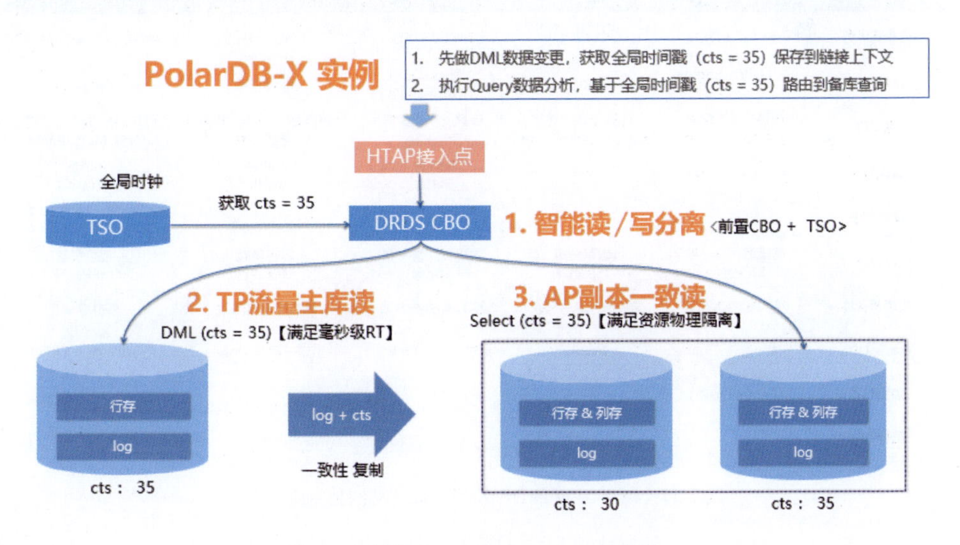

图 2-15　阿里云 PolarDB-X HTAP 的实现

有了混合负载器之后，还需要一个能真正进行 AP 运算的优化器，即 CBO，如图 2-16 所示。

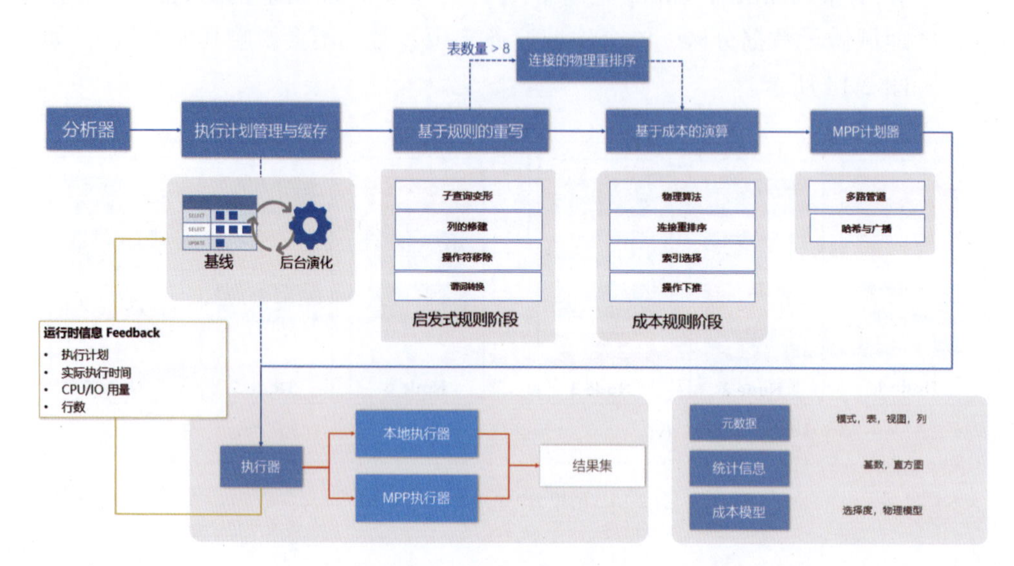

图 2-16　阿里云 PolarDB-X AP 的 CBO 实现

最后，给出阿里云 PolarDB-X 与相似产品的技术难点分析，如图 2-17 所示。

技术难点	PolarDB-X	TDSQL	TiDB	CockroachDB	Spanner
分布式事务	MVCC+TSO	XA+2PC	MVCC+TSO	MVCC+HLC	MVCC+TrueTime API
存储引擎	InnoDB/X-Engine HEX2（列存）	InnoDB	RocksDB TiFlash（列存）	RocksDB	Colossus
高可用	计算无状态集群 存储 Multi-Paxos	计算无状态集群 存储主从（semi-sync）	计算无状态集群 存储Raft	计算存储一体化、集群化 存储Raft	计算存储一体化、集群化 存储 Multi-Paxos
数据分区	Hash/List/Range	Hash	Range Hash	Range Hash	Range Hash
全局索引	√	×	√	√	√
HTAP	强隔离、强一致 MPP并行	读/写分离 Spark	强隔离、强一致 Spark	混合负载 MPP并行	混合负载 MPP并行
生态兼容性	基本兼容MySQL	部分兼容MySQL	基本兼容MySQL	基本兼容PGSQL	非标准SQL
元数据DDL	全局一致 + Online	Online	全局一致 + Online	全局一致 + Online	全局一致 + Online
全局日志	√（研发中）	×	√	√（企业版）	×
备份恢复	√	√	√	√	√

图 2-17　阿里云 PolarDB-X 与相似产品的技术难点分析

2.3.2　以 PolarDB-M 为代表的 Share Everything 集群

Share Everything 集群解决方案曾经是众多老牌厂商的看家法宝，比如 Oracle 基于共享存储的 RAC，底层文件系统依赖 Oracle ASM；再比如前面提到的，Microsoft 基于 Windows Failover Cluster 的 SQL Server FCI 技术，文件系统基于 Cluster + NTFS。这些解决方案有一个无法绕过的设备，那就是共享存储设备。对于这个设备，最有名的厂商要数 EMC（如今被 DELL 收购）。这个设备非常昂贵，所以 Share Everything 集群解决方案实实在在是一个烧钱的方案。

于是，著名的“去 IOE”运动走上历史舞台，即号召行业内不再使用 IBM 的小型机、Oracle 数据库和 EMC 存储设备，改而使用开源平台（即 Linux）的廉价主机和本地存储设备。一时间，基于日志复制的 Share Nothing 结构成为主流，主从高可用成为首选高可用方案。

时间来到云计算时代，对于云计算厂商来说，存储设备并不是非常高的门槛，大量的云化 IaaS、PaaS 业务，底层使用的均是虚拟化后的存储设备。以阿里云为例，阿里云底层的飞天系统，已经足够实现共享存储所需的所有虚拟化前置条件，关键问题在于能否有一个配套的文件系统，来支撑数据库业务在云环境中的共享存储访问管控。PolarFS（Polar File System）就是在这个背景下走上历史舞台的，如图 2-18 所示。

搞定了文件系统，还需要搞定数据库的计算和存储分离。

相比于前文所阐述的数据仓库的计算和存储分离，OLTP 系统强调线上数据的一致性，所以计算节点如何做好高效一致性，并且还能做好共享存储的持久化，成为一个重要课题。PostgreSQL 先天具备物理复制的特性，所以升级到 PolarDB 的架构显得顺理成章，于是 PolarDB-P（兼容 PGSQL）、PolarDB-O（兼容 Oracle）正式面世。

计算和存储分离，除了各个节点能够更加专注做自己擅长的领域，而且从弹性的角度来看，也是有不可忽略的优势的。传统的 MySQL 和 PGSQL，无论是物理复制还是逻辑复制，如果本地资源耗尽需要升配，则不可避免地要进行数据搬迁。这时候就需要通过物理备份，加上 apply log 的方式进行数据搬迁，这已经是最快的搬迁方法了。比如一个 1TB 的数据库，可能要搬迁一整天。

而计算和存储分离后，计算节点的扩容和存储解耦，无论是垂直扩展还是水平扩展都非常快，只需要应用一小段 Redo Cache 即可。存储节点的扩容同样依托存储设备，其热扩容能力显然强于本地 SSD（固态硬盘）。由此可见，分离后的弹性明显强于传统物理机版本实例。

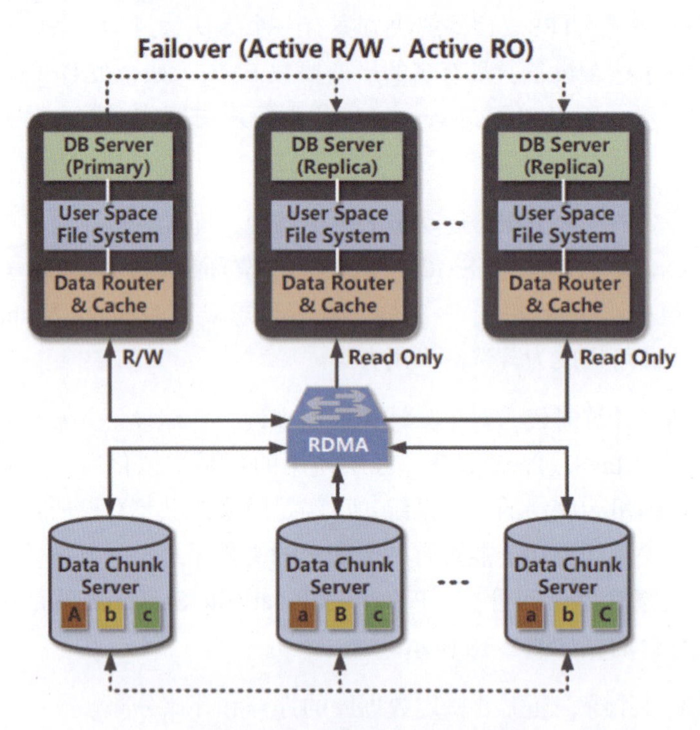

图 2-18　阿里云 PolarDB 集群实现

所以准确地说，PolarDB 不能算标准的 Share Everything 集群，虽然能够看到明显的共享思想在里面，但它其实是共享存储。分片的位置，决定了其不同的能力特点，如图 2-14 所示。

前面 2.3.1 节我们讲解了 Share Nothing 的分片方式，在整个 MySQL 最上层，即服务层之前进行了一次分片，所以表都是分开的。

Share Everything 集群，究竟在哪里做分片是非常有讲究的。Spanner 选择在存储引擎上游做分片，这对兼容性是有非常大的牺牲的，但能获得更好的扩展性；Aurora 选择在 redo 日志上做分片，这种“redo 即数据”的思想，主要是为了减少网络开销；PolarDB-M 选择在 Disk 前做分片，兼容性是最好的。

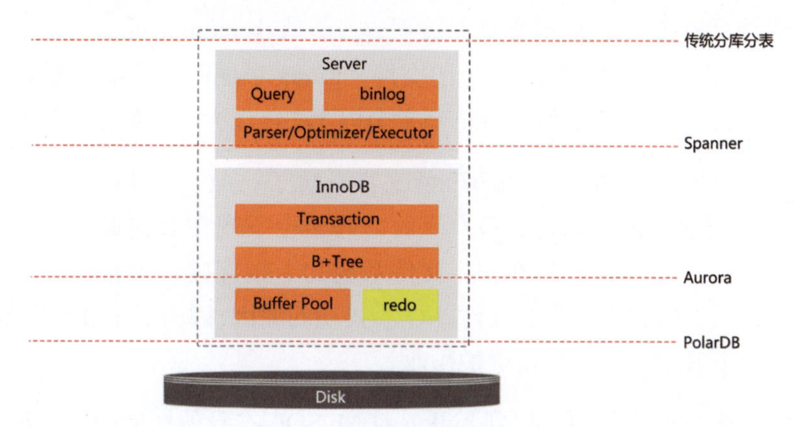

图 2-19　共享存储数据库分片选择

2.3.2.1　PolarDB-M 的物理复制

MySQL 的逻辑复制，在计算和存储分离后还可靠吗？笔者相信业内肯定会有基于 binlog 的计算和存储分离方案。而我们担心的是另外一个问题，即：binlog 是否是 MySQL 的性能瓶颈之一？

前面我们讨论了，binlog 是 MySQL 原生在服务层实现的逻辑复制日志，而非 InnoDB 存储引擎所必需的。两者为了相互配合，实现了两阶段提交模型。但 binlog 有一个非常大的 I/O 瓶颈，即每次 binlog 同步到磁盘时都非常慢。

下面让我们详细介绍一下 binlog 的写文件过程。

binlog 文件并没有被预分配大小，它是自动增长的。

这会有问题吗？答案是会有影响。

我们来对比一下 PGSQL 和 SQL Server。PGSQL 的 WAL 文件是预分配 16MB 大小的，SQL Server 的事务日志是可以控制扩展长度的，但实际上，调优好的 SQL Server 系统日志文件是不会扩大的，它会不断地被日志备份清理。

从文件系统层面来说，如果一个 I/O 要访问的地址是已经预分配好的，那么文件系统几乎不用做额外的维护，这类 I/O 被称为 Replace I/O；而如果一个 I/O 要访问的地址是一个虚拟地址，并没有分配实际的物理空间，那么文件系统需要更改自己的元数据，记录匹配关系，这类 I/O 被称为 Append I/O。

大部分主流文件系统，目前都使用稀疏文件（Sparse File）来管理元数据，这就意味着文件系统非常担心有元数据碎片。在 Windows 的 NTFS 下，通常不推荐 SQL Server 使用 64GB 以上的文件。Linux 早期的文件系统 Ext2 也只能支持单文件 32GB 大小（比如 Oracle 经常会以 32GB 作为一个数据文件的大小）。

所以，即便现在都使用 Ext3/Ext4 文件系统了，Append I/O 导致文件系统压力过大的问题也依然存在，最严重时，甚至会发现在 D 进程里，文件系统的进程如 jbd2：dm-x-x 赫然在列，文件系统的卡顿直接对线上 I/O 产生影响。这也是为什么突然删除一个大文件，I/O 会抖动的原因，因为对于文件系统来说，它们都是一个非常大的元数据维护作业。

搞明白这一点，我们认识到 binlog 对 MySQL 本身的性能限制。很多人都在问，几乎所有的关系型数据库都支持物理复制，那 MySQL 是否支持？

PolarDB MySQL 彻底推翻了传统 MySQL 基于 binlog 的复制原理，改造了 redo 的格式，改用 redo 日志进行复制。在共享存储的环境中，计算节点分离，如何才能尽可能快地传递复制信息到对方的计算节点，而非通过存储节点转发，成为一个重要课题。这时候，物理复制的日志小，物理页的操作就体现出它的优势了。

让我们来看一个例子，PolarDB-M 如何通过 redo 的方式实现物理复制。

假设 RW 节点的一个数据行，从 1 改成了 2，此时提交，redo 日志被 LGWR 刷到了 Log 文件里，但在 Data 文件里并没有更新这个值（因为还没有刷脏）。RW 节点的 Msg Sender 会同步给 RO 节点，当前 RW 最新的 LSN 号是多少，RO 节点的 Msg Receiver 也会同步自己读取到的最新 LSN 号是多少。而这当中的 GAP，会被保存在 RO 节点的 Redo Cache 中。

假设在 RO 节点的 Buffer Pool（缓冲池）中刚好存在这条记录，但显然已经不是最新的副本了，如果有请求需要访问 RO 节点的这条记录，那么 RO 节点会使用内存页的值，即 1，去应用 redo 日志（apply redo log），得到 2，再返回给客户端。

如果在 RO 节点的 Buffer Pool 中没有这条记录，当 RO 被请求到这条记录时，则会去冷读 Data 文件，读到 1，再应用 redo 日志，得到 2，返回给客户端，如图 2-20 所示。

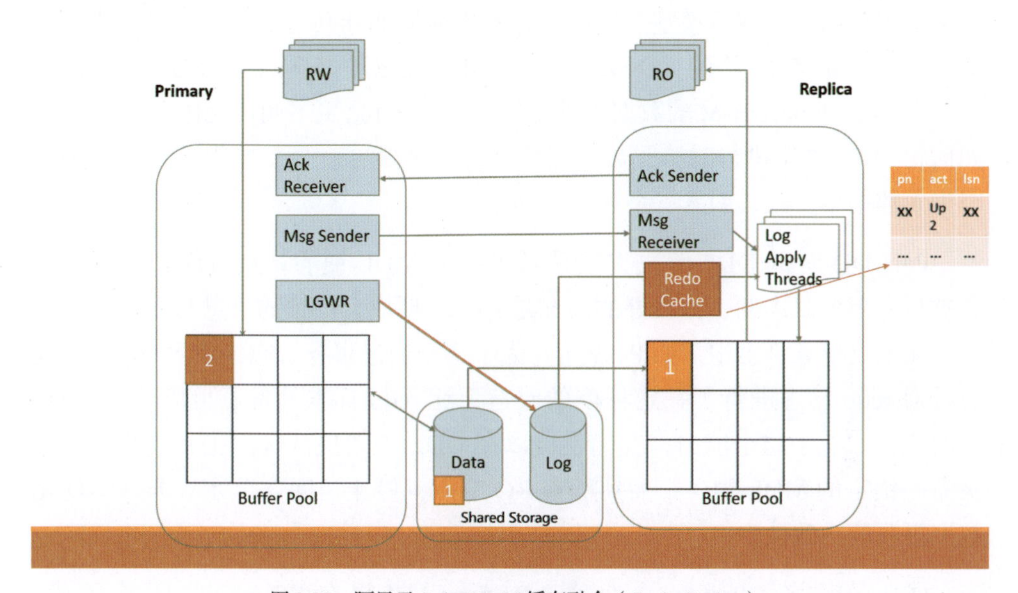

图 2-20　阿里云 PolarDB-M 缓存融合（Cache Fusion）

通过这样的方式，保证了没有刷脏的数据（存储节点异步）依然可以在计算节点上实现一致性。而磁盘刷脏后，RO 节点也会相应地清理 Redo Cache 中的冗余记录。

这虽然看上去是做复制，但实际上更像是缓存融合的功能。只不过在 Oracle RAC 中，缓存融合依赖多套组件进行节点之间的数据块复制（Page/Block Copy）和锁的共享，PolarDB-M 使用的是基于 redo 复制的内存融合。

从计算层面来看都没问题了，但依然存在一个很残酷的问题，就是锁的问题。

2.3.2.2　PolarDB-M 锁的实现

正常的单机数据库，锁是由事务引擎提供的，在 MySQL 中则由 InnoDB 来负责实现。而在逻辑复制的主从结构中，锁是由节点本身自行实现和控制的，因为两者的锁不会产生交集。而在物理复制的主从结构中，锁是绕不过去的话题，在前文所阐述的 PGSQL 物理复制的场景中，我们也讨论了 PGSQL 在特殊的几类场景中，锁还会对物理复制性能有影响。SQL Server 的物理复制虽然没有因为锁而影响到性能，但实际上它是做了行为优化的。

PolarDB-M 和 PGSQL 的物理复制有相似的地方，即 DML 锁并不会影响到整个主从结构，或者说整个集群，它的生命周期和其他节点不会有交集。真正有交集的是 DDL 语句，DDL 语句会改变元数据，不同于 PGSQL 的元数据 MVCC 问题，PolarDB-M 的数据文件逻辑上只有一份，更不用说元数据了。因此，如何在 DDL 语句执行时给元数据完整加上排他锁，就显得非常重要，否则会因为元数据不一致，引发一系列数据问题。

PolarDB-M 的 DDL 解决方案是用来传递 MDL 锁的。众所周知，锁是不会被写入事务日志的，比较好的情况是有些数据块会把锁的信息写入错误日志中，而不是事务日志中，如 PGSQL。为了实现通过事务日志传递 MDL 锁，我们针对 redo 日志进行了一定程度的改造，让 redo 日志具备了可以传递 MDL 锁的能力。有了这个能力，我们就可以在 DDL 语句执行时，在 RW 节点上记录需要锁定的 MDL 锁，广播到所有 RO 节点，停止访问这个元数据，实现元数据更改的一致性。

DDL 在准备（Prepare）、实现（Perform）和提交（Commit）三个阶段，执行过程大致如下：

在 DDL 准备阶段，Master 节点拿到元数据 MDL EX 锁（排他锁），会通知其他 RO 节点获取 MDL EX 锁，如果这个时候有 RO 节点正在访问相关数据，持有元数据 MDL SH 锁（共享锁），则会导致广播被阻塞，直到所有 RW 和 RO 节点都获得 MDL EX 锁；执行实现阶段并释放 MDL EX 锁，等到提交阶段有需要 MDL EX 锁时，会再进行一次广播。

PolarDB-M 的 8.0 和 5.6 版本略有一些差异，但基本上是 MySQL 原生的结构差异，比如 8.0 版本中引入了数据字典（DD）的概念，并且有了 innodb_ddl_log，所以在步骤上会多一步 post-ddl 的操作。在 MDL 锁传递的过程中，则没有太大的区别，如图 2-21 和图 2-22 所示。

这个方案的优点是，通过事务日志传递 MDL 锁的巧妙方法，有效控制了元数据的一致性读 / 写。但既然是广播方案，广播的缺点也会被继承。还记得 2.1.1.1 节讲到 Redis 的注意事项，就是要减少广播命令如 keys，这里也是一样的。一旦 RW 节点发起 MDL 广播，如果有一个 RO 节点的 MDL 锁获取比较慢，就会导致其他所有 RW 和 RO 节点等待，这无疑是一种指定对象（Object）的可用性降级。所以，和其他关系型数据库一样，我们建议谨慎规划和执行 DDL 语句。而在 PolarDB-M 中，我们还要额外注意这个 MDL 锁的广播影响面。

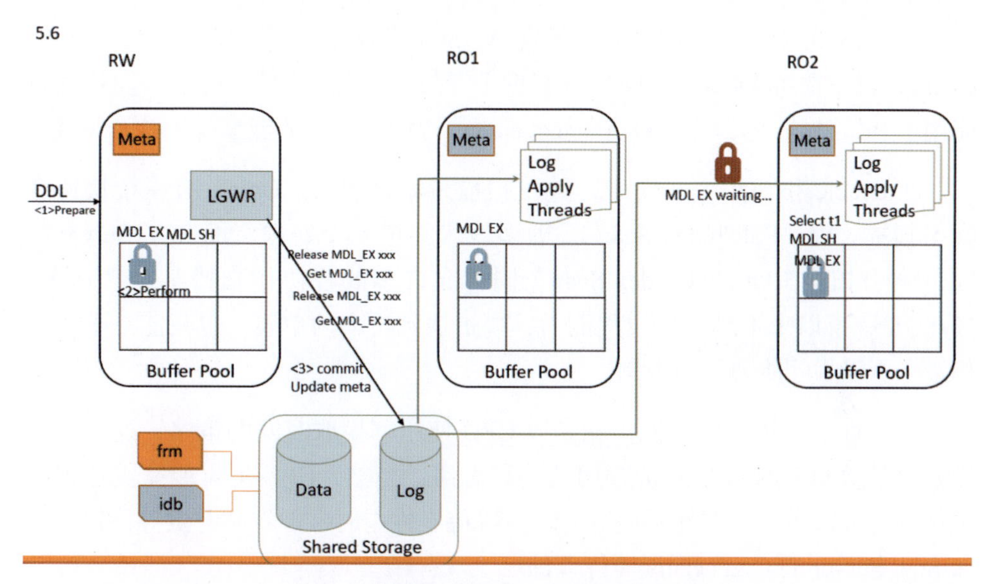

图 2-21　阿里云 PolarDB-M 5.6 DDL 实现过程

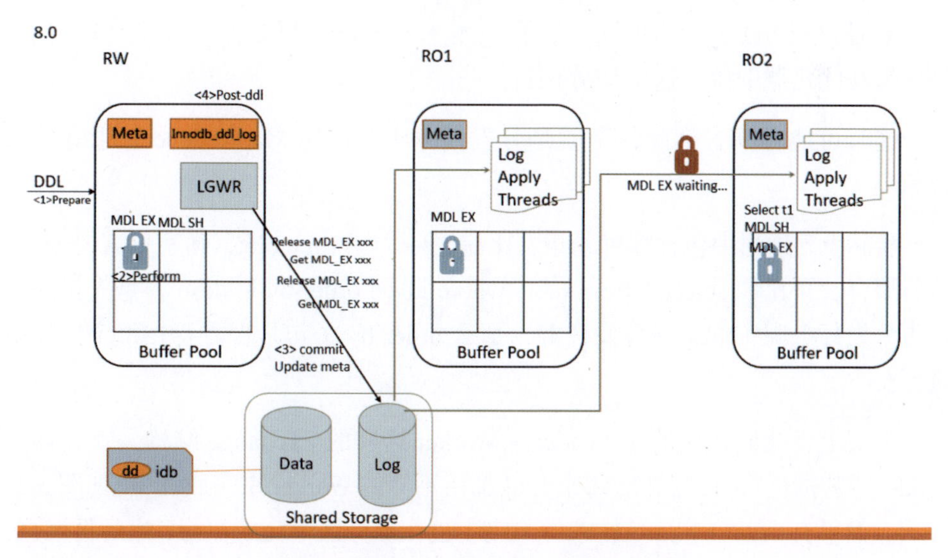

图 2-22　阿里云 PolarDB-M 8.0 DDL 实现过程

针对这块的瓶颈，我们的长期方案是通过多版本元数据来彻底解决全局MDL锁带来的等待问题。

2.3.2.3 PolarDB-M 优化器亮点并发查询的实现

在MySQL 8.0中，我们欣喜地发现，MySQL首次增加了并发读特性（Parallel Query，以下简称PQuery，即并发查询）。然而，遗憾的是，这个并发特性只能用于PK。换言之，几乎只有select count (*) 的场景，才能享受到这个特性。

在Oracle和SQL Server中，并发扫描是家常便饭。Oracle有一个快速全索引扫描（Fast Full Index Scan），即多线程扫描一个对象。而SQL Server的并行索引扫描（Parallel Index Scan）同样允许多线程协作扫描某个大任务。MySQL一直以来不具备多线程能力，哪怕遇到再大的单表，也只能一个线程扫描，所以吞吐能力受到限制。

并发查询，从本质上说，就是以CPU使用率换取时间的策略，这在数据库乃至计算机领域都是非常常用的一种思路。当然，CPU不可能完美地把一个任务切分成多份，在并发运行时，在等待事件中时常能看到并发等待锁，比如SQL Server的CXPackets等待事件。

要想实现这种并发查询，需要服务层和存储引擎层都实现才行。存储引擎层主要是进行I/O子通道的协调，在技术上难度没有那么大。真正高难度的，是如何在优化器中搞定这个切分执行。

这时可能有读者会问，不就是分发任务吗？使用MapReduce思想有什么难度吗？

实际上，这当中包含多种场景，比如select * from table;，确实只需要分发，然后聚合。再比如select * from table where id =n order by id desc;，是先排序还是先分发任务呢？如果先分发任务，那么order by子句是否需要在每个分片中执行？

事实上，我们使用的是Leader + Worker这样的Exchange结构，首先依托Leader对数据进行分区，然后每个分区都由不同的Worker来完成任务，如图2-23所示。如果有order by、group by子句等，也在本分区中完成执行，然后再聚合。

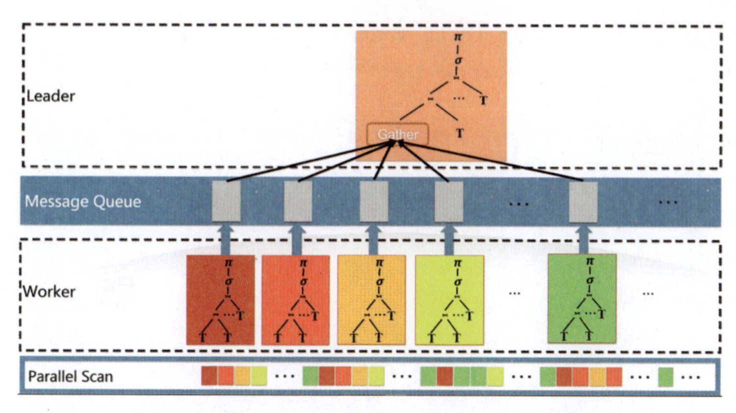

图 2-23　阿里云 PolarDB-M 并发查询架构示意图

我们在 performance_schema 下已经设置了相关监控项，可以这样打开：

```
update performance_schema.setup_consumers
set ENABLED= 'YES'
where name like 'events_parallel%'
select th.thread_id,
       processlist_id,
       SQL_TEXT,
       PARALLEL
       from performance_schema.events_statements_history stmth,
       performance_schema.threads th
       where stmth.thread_id= th.thread_id
       order by PARALLEL desc;
```

如图 2-24 所示，从这个结果集可以看到，哪些 SQL 语句执行了并发查询。

	thread_id	processlist_id	SQL_TEXT	PARALLEL
1	75111	75054	/* rds internal mark */select * from `tpch100`.`part`	YES
2	69798	69741	SELECT l_returnflag, l_linestatus,	YES
3	75111	75054	/* rds internal mark */select * from `tpch100`.`lineit	YES
4	69798	69741	SELECT l_returnflag, l_linestatus, Sum(l_quantity) Sum(l_extendedprice) Sum(l_extendedprice * (1 - l_discount)) Sum(l_extendedprice * (1 - l_discount) * (1	YES
5	81422	81365	/* rds internal mark */select * from `tpch100`.`custom	YES
6	71438	71381	show variables like 'performance-schema-instrument'	NO
7	81422	81365	SHOW FULL TABLES FROM `tpch100` LIKE 'customer'	NO

图 2-24　阿里云 PolarDB-M 的 performance_schema 对应的视图

此外，在执行 explain 时，也可以看到并发查询的具体计划。

```
mysql> explain select * from test1 where id =1 \G
*************************** 1. row ***************************
           id: 1
  select_type: SIMPLE
        table: <gather1>
   partitions: NULL
         type: ALL
possible_keys: NULL
          key: NULL
      key_len: NULL
          ref: NULL
         rows: 7617253
     filtered: 100.00
        Extra: NULL
*************************** 2. row ***************************
           id: 1
  select_type: SIMPLE
        table: test1
   partitions: NULL
         type: ALL
possible_keys: NULL
          key: NULL
      key_len: NULL
          ref: NULL
         rows: 3808626
     filtered: 100.00
        Extra: Parallel scan (2 workers); Using where
2 rows in set, 1 warning (0.00 sec)
```

2.3.2.4 PolarDB-M 集群访问的实现

在一个集群中，因为不同节点的状态不同，所以实际的数据整合方式也不同。前面介绍了只读复制逻辑，本节将介绍基于只读的 PolarDB-M 集群访问的实现原理。

1. PolarDB-M Proxy 的一致性实现

阿里云 PolarDB-M Proxy 的一致性实现原理示意图如图 2-25 所示。

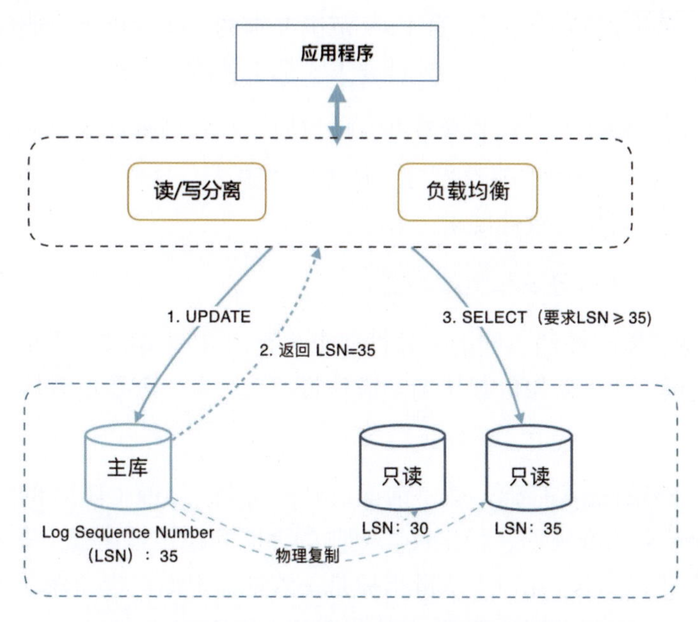

图 2-25　阿里云 PolarDB-M Proxy 的一致性实现原理示意图

（1）最终一致性

RW 和 RO 节点是异步复制关系，RW 节点写入一条记录，在同一时间，并不是所有 RO 节点都已经应用这条记录。在同一个会话中，如果多次执行 select 请求，那么它可能会被分发到不同的 RO 节点，但某些 RO 节点因为复制延迟的关系，在当前时间点还查询不到。几秒后，重新执行 select，就能够查询到了。这就是所谓的最终能查询到一致的结果，称作最终一致性。

（2）会话一致性

会话一致性是最终一致性的升级版本。在同一个会话中，假如 RW 节点写入一条记录，这个时候 redo 日志会有一个序列号（LSN），比如 33，如果这个会话紧接着请求（select）这条记录，那么 Proxy 会判断哪些 RO 节点的当前 LSN 大于 33，并路由到这些符合条件的 RO 节点上，这样就能保证会话层面的一致性。

（3）全局一致性

全局一致性是会话一致性的升级版本。会话一致性只能保证在同一个会话中，将 SQL 请求正确路由到符合 LSN 范围要求的 RO 节点上。假如多个会话之间存在因果关系，并且有强一致性要求，那么就需要实现全局一致性。

但是全局一致性的实现非常复杂，所以对于强一致性要求，我们通常不会这样去处理，而是使用主节点入口，从主实例进入，这样读 / 写都发生在 RW 节点上，就能够满足一致性要求了。

2. Proxy 读 / 写分离和负载均衡

Proxy 除了能够按照不同的一致性要求去路由 SQL 请求，更重要的是，它也可以实现读 / 写分离和负载均衡。应该说，读 / 写分离是负载均衡的一个方法论。

读 / 写分离的技术基础，就是前面讲到的复制。PolarDB-M 的复制优势就是物理复制带来的低延迟、稳定性，复制的性能和稳定性是读 / 写分离最重要的指标。读 / 写分离还有一个质量指标是一致性。上面已经讲解了 Proxy 关于一致性的保证，下面介绍 SQL 路由的两个基本思想。

（1）完全由应用层面隔离

最典型的例子是把 AP 系统、报表系统挂到指定的只读节点上进行只读查询，而生产业务直连主节点。

这种实现方式对应用的要求比较高，如果应用的耦合做得比较好，则确实能控制不同模块的请求类型。但大部分应用使用的是混合访问模型，既有读 / 写请求，也有只读请求。

（2）完全由 Proxy 层面路由

完全由 Proxy 层面路由，也是一个常用思路，由 Proxy 决定分发给哪个节点来处理。最简单的分流思路就是单纯按照命令，将 select 请求统一分发给只读节点，将 DML 语句统一分发给读 / 写节点。

这当中有两个难点，其中一个难点是前文阐述的一致性问题，另一个难点是对事务的处理。

PolarDB-M 的 Proxy 按照真实事务设计，虽然使用了 BEGIN 关键词启动显式事务，但真正开始事务的是第一条 DML 语句。所以，只有从第一条 DML 语句到事务结束的语句，才是最小一致性单元，我们会将其统一分发到 RW 节点，如图 2-26 所示。

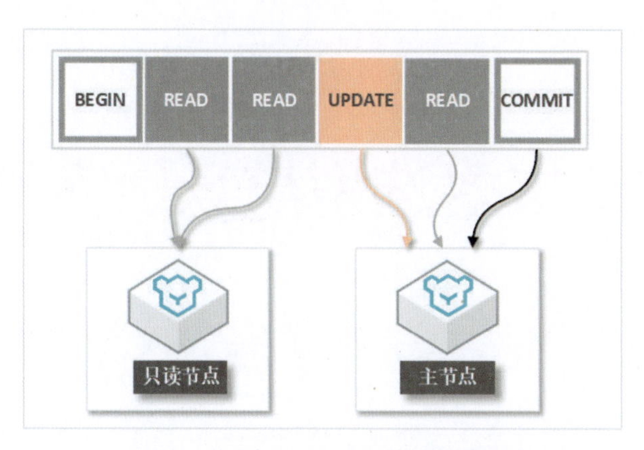

图 2-26　阿里云 PolarDB-M 事务的具体路由

第3章 云数据库技术选型与场景实践

在前两章中，我们对数据库的种类和类型，尤其是云上数据库的技术特点和发展方向做了一些讲解，相信读者对数据库大家族的各个成员已经有了一些初步认识。随着计算机技术的发展和工程管理的成熟，当前项目的复杂程度已经远超从前，数据库作为业务层最下面的环节，往往由于对上层理解不充分，导致配合起来容易有所谬误。为了方便读者实际体会数据库的选型优化理念，在这一章中，我们将介绍一些典型场景，一起来见招拆招。

3.1 扩容的技术实践

在项目早期，无论是从成本上还是业务模型上考虑，往往都难以估量长期的业务发展变化，尤其是数据库的扩容，项目的设计成员往往会单纯地以为，等到数据量膨胀以后，直接扩容数据库的规格，通过堆硬件的方式来解决数据库负载的问题。从笔者的从业经验来看，这样的思想几乎是行业的“主流思想”。这也无可厚非，因为从业务的角度来看，底层做得越透明，往往越成功。

但从数据库的角度来看，单纯地堆硬件扩容依然存在非常大的性能隐患，下面我们分场景来探讨一下扩容的技术实践。

3.1.1　业务请求量膨胀

如果早期时使用了 8 核 16GB 的 RDS 规格，以支撑 1 万 QPS 的数据库吞吐量还算合情合理，那么等到业务发展到一定规模后，业务请求成倍数增长，通过扩容规格就难以支撑更高的请求量了。

这当中有多种原因，例如：

- 并发带来锁的问题，影响了吞吐量的提升。1 万 QPS 提高到 2 万 QPS 不是简单的 2 倍概念，如果有热点问题，虽然请求量提高 1 倍，但在数据库中 QPS 却提高不到 1 倍，这是因为锁会阻塞并发的请求。
- 请求量并不是平均的，而是有峰谷的。峰值的请求往往伴随热点的争抢，针对热点的优化，我们将在 3.3 节中详细阐述优化方案。

这当中有多种思路，例如：

第一，使用分布式削峰。

如第 2 章所介绍的 Share Nothing 模式的分布式，就是一种典型的解决方案。因为 Sharding 方式可以相对随机地切分分表，热点有概率会被切分到不同的分表上，这等价于把一把大锁拆分为多把小锁，锁的等待队列会变短。

下面举一个新零售行业的例子，来看看分布式削峰如何破局。

我们知道，零售行业的业务请求量，除了搞活动的时间窗口，主要与线下门店、线上网店的数量和规模有关。同时，除了订单系统，容易忽略的是，订单背后复杂的采购、库存、划拨等一系列操作都要落账，都是数据库的行为。因此，当规模达到一定程度后，不仅数据量剧增，更棘手的是促销的常态化，流量请求变得更加集中，多点写入导致冲突更加频繁，等待时间冗长；同时，报表系统不堪重负，复杂的 SQL 语句难以执行完成，甚至要等待 20 分钟。

针对这种情况，我们通过改造成 PolarDB-X 的分布式集群，支持客户 15 ~ 25TB 的数据容量，同时支撑 1.5 万 TPS、20 万 QPS，来解决峰值压力的问题。

第一步是梳理业务，对相对独立的业务做资源隔离。比如分开存放订单系统和库存系统的数据，既方便管理，又能保证系统之间尽可能解耦，避免相互竞争资源。

第二步是做水平拆分。通过 PolarDB-X 的水平扩展能力，对核心业务库表进行水平拆分，分散到不同的底层物理 RDS 上。因为第一步已经从业务上做了隔离，所以即使分散到不同的物理节点上，业务在物理节点上也等于是隔离的。

水平拆分的一个重要作用是为了支撑前面讲到的容量和请求量，用更多的分布式节点来支撑更多的业务请求。以前的热表，比如库存表，被打细以后，即使多个门店提交信息，也能够从容应对并发。

水平拆分的另一个重要作用是给系统留有弹性。比如当前的规模只需要 128 核的集群，如果需要扩大规模，由于水平拆分的系统具有更好的扩展性，所以可以很快地提升规模。

第三步，解决了对实时性要求高的并发请求后，就要着手解决报表的问题了。

PolarDB-X 支持两种解决方案，其中一种是传统的读 / 写分离方案。

举例说明，客户选择使用 PolarDB-X 的只读集群，抗住常规的只读请求，对于特别复杂的计算，通过 DTS 同步到 ADB for MySQL，使用 ADB 来解决。ADB 具有强大的计算能力，原本需要十几分钟计算的报表，现在 30 秒内就能计算完成。

这种方式比较主流，TP 业务使用 TP 分布式系统解决，AP 业务使用 AP 数据库解决，中间链路使用 DTS 搭起桥梁。

这种方案的缺点是，AP 业务的数据始终是冗余的，并且中间链路 DTS 会因为 TP 系统的写入压力或者一些特殊场景而发生延迟。同时为了兼顾 TP 和 AP 系统的表结构兼容性，执行 DDL 语句时要非常谨慎。因为执行 DDL 语句要更改很多物理分表，这已经是分布式系统不愿意看见的场景，再加上下游 AP 系统后，实施的影响面就更大了。

另一种方案是使用 PolarDB-X 的 HTAP 能力支持。

TP 流量依然使用 TP 引擎来支撑，同时使用 MPP 架构的只读集群支撑相关业务请求。这就去除了 DTS 的中间链路，把数据分布方式、计算能力全部放在了存储引擎层面来解决。

通过以上三步，再做一些微调，比如增加一组全局 Redis 来扛起请求量，将部分冷数据直接归档到 OSS 中，就得到了最后的结构，如图 3-1 所示。

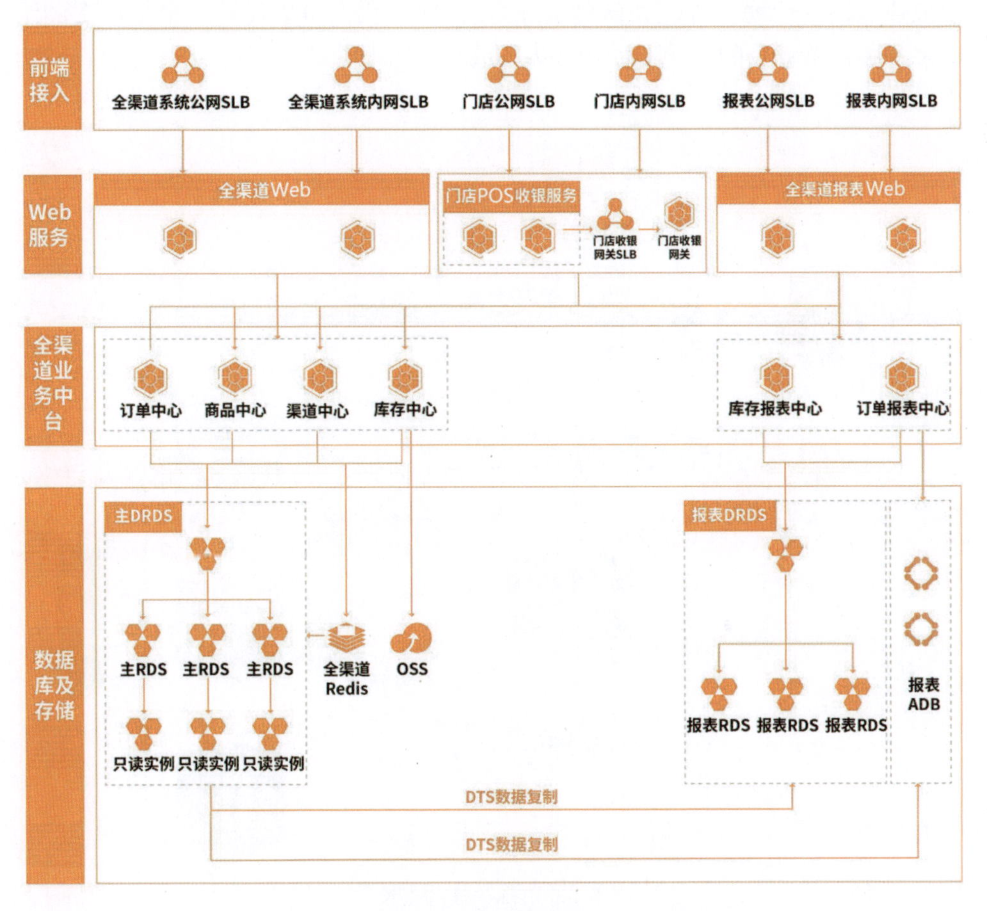

图 3-1　新零售案例结构

通过这个例子，我们可以看到削峰的思想非常重要，在解决 TP 峰值的同时，还可以顺手分流 AP 的流量，通过合适的引擎来解决不同场景的流量问题。

第二，使用缓存技术，代替单一的关系型数据库请求。

并不是所有的数据库请求都是强一致的，需要同步返回。理解这一点，在代码层面的意义就是，并不是所有的数据库请求都需要使用事务。因此，也不是所有请求都需要关系型数据库响应，非强一致的请求可以被分流到其他数据库。

我们用一个具体的场景来说明业务请求量的膨胀问题。比如秒杀场景，秒杀时，业务请求量远超平时的量，单纯地堆硬件往往无法解决峰值问题，还是会被热点请求阻塞，导致系统像 hang 住一样。我们可以设计一个多层次的结构来解决秒杀场景的问题，如图 3-2 所示。

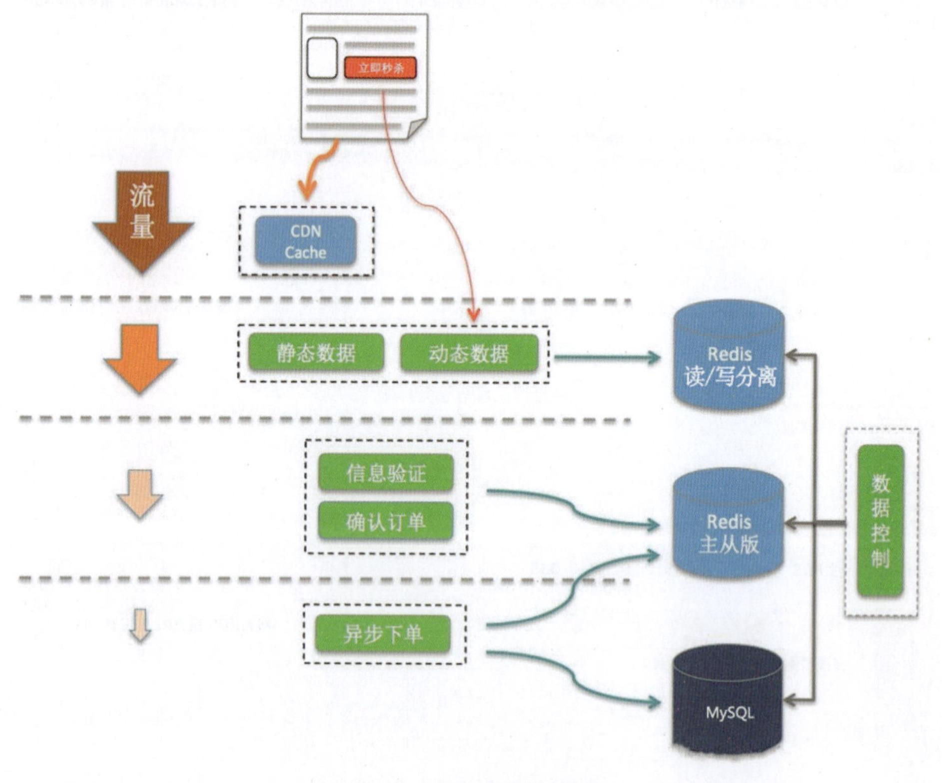

图 3-2　Redis 与秒杀场景

虽然秒杀系统的流量很高，但是实际有效流量是十分有限的。利用系统的层次结构，在每个阶段提前校验、拦截无效流量，可以减少大量无效流量涌入数据库。

（1）利用浏览器缓存和 CDN 抗压静态页面流量

秒杀前，用户不断地刷新商品详情页，造成大量的页面请求，所以我们需要把秒杀商品详情页与普通商品详情页分开。对于秒杀商品详情页，尽量将能静态化的元素静态化处理，除秒杀按钮需要服务端进行动态判断外，其他静态数据可以缓存在浏览器和 CDN 上。这样，秒杀前刷新页面产生的流量，只有很少一部分进入服务端。

（2）利用读 / 写分离的 Redis 缓存拦截流量

CDN 做第一级流量拦截，第二级流量拦截我们使用支持读 / 写分离的 Redis。在这一阶段主要是读取数据，读 / 写分离的 Redis 支持高达 60 万以上的 QPS，完全可以满足需求。

① 通过数据控制模块，提前将秒杀商品缓存到读 / 写分离的 Redis 中，并设置秒杀开始标记。

```
"goodsId_count": 100 //总数
"goodsId_start": 0   //开始标记
"goodsId_access": 0  //接受下单数
```

② 在秒杀开始前，服务集群读取 goodsId_start 的值为 0，表示秒杀未开始。

③ 数据控制模块将 goodsId_start 的值改为 1，标志秒杀开始。

④ 服务集群缓存开始标记位，接受请求，并把请求数记录到 Redis 中的 key，如上文的 goodsId_access 这个 key 中，商品剩余数量为（goodsId_count−goodsId_access）。

⑤ 当接受下单数达到 goodsId_count 的值后，继续拦截所有请求，商品剩余数量为 0。

可以看出，最后成功参与下单的请求只有少部分被接受。在高并发的情况下，允许稍多一些的流量进入，因此可以控制接受下单数的比例。

（3）利用主从版 Redis 缓存加速库存扣量

在成功参与下单后，进入下层服务，开始进行订单信息校验，库存扣量。为了避免直接访问数据库，我们使用主从版 Redis 来进行库存扣量，主从版 Redis 提供 10 万级别的 QPS。使用 Redis 来优化库存查询，提前拦截秒杀失败的请求，将大大提高系统的整体吞吐量。

通过数据控制模块提前将库存存入 Redis 中，在 Redis 中用 Hash 结构来表示每一个秒杀商品。

```
"goodsId" : {
    "Total": 100
    "Booked": 100
}
```

扣量时，服务器通过请求 Redis 获取下单资格，使用以下 Lua 脚本实现。由于 Redis 是单线程模型，Lua 脚本可以保证多个命令的原子性。

```
local n = tonumber(ARGV[1])
if not n  or n == 0 then
    return 0
end
local vals = redis.call("HMGET", KEYS[1], "Total", "Booked");
local total = tonumber(vals[1])
local blocked = tonumber(vals[2])
if not total or not blocked then
    return 0
end
if blocked + n <= total then
    redis.call("HINCRBY", KEYS[1], "Booked", n)
    return n;
end
return 0
```

首先使用 SCRIPT LOAD 将 Lua 脚本提前缓存在 Redis 中，然后使用 EVALSHA 调用脚本，这比直接调用 EVAL 节省网络带宽。

```
redis 127.0.0.1:6379>SCRIPT LOAD "lua code"
"438dd755f3fe0d32771753eb57f075b18fed7716"
redis 127.0.0.1:6379>EVALSHA
438dd755f3fe0d32771753eb57f075b18fed7716 1 goodsId 1
```

秒杀服务通过判断 Redis 是否返回抢购个数 n，即可知道此次请求是否扣量成功。

（4）使用主从版 Redis 实现简单的消息队列异步下单入库

扣量完成后，需要进行订单入库。如果商品数量较少，则直接操作数据库即可。如果秒杀商品的数量是 1 万甚至 10 万级别，那么数据库锁冲突将带来很大的性能瓶颈。因此，利用消息队列组件，当秒杀服务将订单信息写入消息队列后，即可认为下单完成，避免直接操作数据库。

消息队列组件依然可以使用 Redis 实现，比如使用 list 数据结构表示。

```
orderList {
     [0] = {订单内容}
     [1] = {订单内容}
     [2] = {订单内容}
     ……
}
```

将订单内容写入 Redis：

```
LPUSH orderList {订单内容}
```

异步下单模块从 Redis 中顺序获取订单信息，并将订单写入数据库。

```
BRPOP orderList 0
```

通过使用 Redis 作为消息队列，异步处理订单入库，有效地提高了用户的下单完成速度。

（5）使用数据控制模块管理秒杀数据同步

最开始时，利用读 / 写分离的 Redis 进行流量限制，只让部分流量进入下单环节。对于下单检验失败和退单等情况，需要让更多的流量进来消费这部分库存。因此，数据控制模块需要定时对数据库中的数据进行一定的计算，将计算结果同步到主从版 Redis，同时同步到读 / 写分离的 Redis。

3.1.2　数据容量膨胀

还有一种膨胀是单纯的数据容量膨胀，比如账单系统，持续地写入数据，但账单计算流量和读取流量相对比较稳定。

对于这种情况，DBA 应该都非常熟悉了，需要使用分区表、压缩表或者其他冷热分离方案进行处理，比如使用第 1 章中提到的 X-Engine。

对于复杂一些的设计，则进行归档处理，把历史数据归档到廉价的存储介质中，比如把历史数据归档到 HBase，甚至归档到 OSS 中。

当然，分布式水平拆分也是一个不错的选择，当垂直扩展遇到瓶颈时，可以选择水平扩展。但水平拆分不是解决容量问题的优先选择，因为水平拆分意味着对业务的侵入，单表会被拆分为多表，随之而来的是其他一些分库分表键和 DDL 难度的上升。

还有一种解决数据容量膨胀的方法就是整理表 / 表空间。这种方法一般只在应急时使用，因为它只能用于整理空间碎片，而不能节省真实的数据空间（这里就不展开介绍了）。其主要的实现方法类似于 MySQL 的 optimize、SQL Server 的 dbcc shrinkfile、MongoDB 的 compact，这些命令的差别主要体现在产品实现上，有些产品是执行整理命令的部分阶段持锁，比如 MySQL；有些则是执行整理命令的全程都需要持锁，比如 MongoDB，在实际使用过程中一定要注意它们的区别。

3.2 换代的技术实践

随着时间的推移，数据库软件本身在不断地迭代更新，更强的新特性、新功能不断被开发出来。此外，专门为特定场景量身定做的新型数据库也会不断出现。一成不变，并不一定是最好的选择，如何选择下一代数据库，一直是一个难点。

3.2.1 同系列升级

在讨论什么版本的数据库是最适合业务的之前，我们先大致了解一下各个版本数据库的差异。围绕这个话题，主要从两个方面来评估：功能性差异和稳定性差异。所谓功能性差异，是指新版本提供了新的功能，比如 MySQL 8.0.18 提供了新的表连接方式——Hash Join。假如这个功能的使用场景可能会在业务中出现，那么这个功能性差异就值得重视。

所谓稳定性差异，主要是指某个功能遗留的 Bug，在新版本中被修复了或者被重构了。假如业务系统曾经遇到过这个 Bug，深受其困扰，或者系统无法承担触发这个 Bug 的风险，那么这个稳定性差异就值得重视。例如，MySQL 5

系列在自增列的算法上存在局限性，导致在有 UK 键的某些场景下，replace 命令会触发主备的自增值出现不一致的情况。这个问题，在 MySQL 5 系列中因为设计的局限性暂时无望被修复；而在 MySQL 8.0 版本中，MySQL 重构了自增列的设计，把它从一个虚拟列变成了一个真实存在于表里的列，这样也就修复了之前的不一致问题。

从这两个方面进行评估之后，我们就可以判断出是否需要进行版本的升级。想要了解最新的版本说明，可以查看各个产品社区的 Release Note，或者查看阿里云的云数据库的 Release Note，其均会有每期版本的 Bug Fix 和 New Features。

这时候可能有读者会问，最新的版本也会隐藏未知的 Bug，若更新版本触发新的 Bug，不是同样有风险吗？确实，新的版本中可能有新的未知 Bug，不过以笔者多年的数据库售后从业经验来看，在一定周期内尽可能跟上版本更新，以规避对现有 Bug 的触发，远优于触发新 Bug 的可能性。

有些读者会觉得不可思议，不对数据库做变更，还会遇到新的 Bug 吗？不做变更，似乎是 DBA 元老们代代相传下来的口诀。以前的数据库厂商，最快也需要一个季度才能出一个 Patch。而今天，不对数据库做变更，业务也会发生变更，比如变更了 SQL，变更了访问频率，甚至变更了驱动程序，如何能保证不引入新的变量呢？在互联网蓬勃发展的今天，已经不是大小机时代，以不变应万变了，云计算正在以高速的迭代方式来适应广大用户的变化。因此，在新的大趋势下，我们还是需要适应动态稳定来改变传统的静态稳定。

在同系列的升级中，小版本升级，比如从 5.7.10 升级到 5.7.16，主要变化的是 Binary 文件（程序）的新代码功能整合和数据文件的元数据适配。因为小版本一般变化不大，所以升级比较快速、稳定。以阿里云的云数据库产品为例，云数据库全线产品均支持小版本升级，且实际业务影响仅为一次 30 秒内的闪断。这背后的原理，一般是先后台升级 Slave 的小版本，然后通过一次主备切换，将 Slave 切换为 Master，最后在后台升级新的 Slave。

大版本升级，则可能带来较大的变化。在通常情况下，我们建议先在业务侧进行兼容性测试，比如 MySQL 8.0 的访问方式发生了变化，若未经测试直接升级，则可能会导致应用连不上数据库，带来严重后果。兼容性测试完毕后，还要留意云数据库是否支持一键大版本升级。目前支持大版本升级的主要是一些版本过老的产品，比如 Redis 2.8、MongoDB 3.0/3.2；也有些产品不支持，比如 MySQL 5.x 无法一键升级到 8.0，ADB 2.0 无法一键升级到 3.0，这种场景则需要使用数据迁移，搬运数据后，再进行业务割接切换。

关于如何进行数据迁移，我们将在第 4 章中进行详细阐述。

3.2.2 跨系列升级

跨系列升级会考虑多种因素，比如软件许可证的成本、人员技能的变化，甚至是国际大环境，都会影响到数据库系列的选择。其中最有名的跨系列升级，要数以淘宝为代表的"去 IOE"运动，使用 MySQL 等开源数据库替换 Oracle 数据库。此外，很多公开的访谈中也讲到，更换数据库系列有多种考量。例如：

（1）当前的产品特性无法满足业务特点要求

举例来说，我们的业务是直接分发流量到关系型数据库上的，但业务增长以后，请求量成倍增长，无论如何扩容 MySQL，都难以支撑峰值请求，这时候就需要考虑使用 Redis + MySQL 的组合，替代单一的 MySQL 模型。

（2）当前产品成本过高，寻求新的合适产品

Oracle 等商业数据库，License 使用费用非常高，有些企业级特性还是单独收费的。当数据库达到一定规模后，这笔费用会成为天文数字。

除了"去 O"，膨胀的数据量也给存储带来不小的压力，因此廉价归档也成为一种需求。冷数据如何实现实例减配，也有多种产品方案可以选择，比如 HBase 系列、RDS 的压缩引擎 X-Engine。

（3）更好的产品特性，更加契合业务模型

比如图数据库，在社交领域就有非常好的适配关系。再比如 PGSQL，在地理位置系统计算上就比 MySQL 更具优势。

此外，原有的一些复杂视图越来越复杂，计算逻辑越来越笨重，如果 MySQL 的单线程运算无法很好地支持一个业务，也会考虑使用分析型数据库来支持。

（4）国产化需求

近几年，随着国际形势的变化，国产化已经不再是口号，在某些领域内，它已经成为关键指标。如何使用具有自主知识产权的数据库替代当前的线上系统，也是一个重要课题。这当中包括了数据迁移，同时也要结合业务使用方式，针对国产数据库进行调校。比如原来大量使用的存储过程，在语法上可能依赖 Oracle，这时候新的国产数据库就要做到兼容这块语法，降低迁移难度，像 PolarDB for Oracle 就做到了非常好的语法兼容。

跨系列升级因为场景的负载情况，所以需要具体问题具体分析，可以参考如下指导思路。

1. 兼容性实现

兼容性实现，即不改变或小幅度改变原有的使用方法，实现功能兼容。最典型的例子就是很多数据库为了满足“去 O”的需求，都会标注自己的语法兼容性为 99%、99.5% 等。

从理论上说，除非是像 PolarDB for MySQL 这种脱胎于 MySQL 基础的数据库，可以实现 100% 兼容，如果不是脱胎于 Oracle 或者 MySQL 的数据库，则不太可能做到 100% 兼容。对于那些标注自己 99%、99.5% 等语法兼容的数据库，大家可能需要更多地关心不兼容的场景有哪些。

举例来说，ADB for MySQL 虽然也是高度兼容 MySQL 的，但总还是有一些语法不兼容，比如在当前版本中（本书成稿时间为 2021 年 2 月，当时的版本），alter 语法就不能完全兼容 MySQL 的 alter，只支持更改数字型精度。

2. 重构实现

有些场景完全没有办法通过兼容性实现，比如 Redis 作为非关系型数据库，天然不支持 SQL 语法，肯定不能按 SQL 的访问方式来实现，这时候就需要重构代码实现。

重构的最大好处在于，切实从业务出发，实际使用新的产品功能来实现业务需求，而不是“带着枷锁跳舞”。这样在重构功能时，就可以按照产品的最佳实践要求来设计。

重构的缺点也很明显，就是开发成本高，业务侵入性强，且业务需要重新测试，甚至需要适应新的数据库行为。因此，一般在引入新型数据库时会进行重构，比如引入非关系型数据库如 Redis、MongoDB、HBase 时都会遇到重构的问题。

3.3 热点访问的技术优化

在 3.1 节中，我们介绍了在秒杀场景中，如何通过构建缓存 + 持久化数据库来对冲热点访问的流量。本节我们将围绕这个话题展开讲解热点访问的架构设计思路。

第一代数据库架构设计，主要围绕单纯的持久化设计，基本是使用单一的关系型数据库来支撑。典型的结构，就是通过数据库本身提供的集群能力，诸如读 / 写分离、高可用等，支持业务系统的访问。

第一代架构的优势很明显——架构简单，且为了提高性能，大量业务往往会使用复杂的数据视图或存储过程，整体性非常好。

其缺点也非常明显——数据库的垂直扩展（Scale Up）和水平扩展（Scale Out）有极限，线程往往先于连接被耗尽，大量连接直接访问数据库。如果业务逻辑本身没有优化好，则很容易导致大量锁等待，造成进一步的线程排队，引发性能问题。

即使使用了中间件或 Proxy 进行分流，中间件的健壮性也非常值得考验。比如中间件是否是集群结构，中间件往往会先于数据库一步，成为整条链路的中心化瓶颈。

为此，第二代架构，号称互联网架构代表的缓存 + 持久化架构登上历史的舞台。

在 3.1 节中所阐述的 Redis + MySQL 就是一个经典的缓存和持久化组合。这个组合的优势在于，缓存型数据库能够以较低的成本支撑起数以十万计的 QPS 请求，然后通过批量的方式，异步与持久化数据库沟通，给 I/O 足够的时间，因为 I/O 一直是数据库的重要瓶颈之一。

这种架构也有一个明显的缺点，就是易发生缓存击穿。

以 Redis 为代表的缓存，存在两种数据淘汰方式，即技术型淘汰和业务型淘汰。

所谓技术型淘汰，指的是因为预设了 key 的生命周期（TTL），时间耗尽后淘汰；或者达到了 Redis 最大内存上限，触发了 Max Memory Policy（最大内存逐出策略）开始淘汰等，因技术设置实现的 key 淘汰。

所谓业务型淘汰，指的是虽然 key 在缓存中还没有过期，但是其业务属性已经发生变化，必须要更新缓存，由业务机制驱动的淘汰。

这两种淘汰时常发生。当访问 Redis 无法找到所需要的 key 时，就会发生缓存击穿，把流量直接路由到后台的 RDS 上。

那么问题来了，如果大量缓存命中失败，就会导致这道防线形同虚设，流量被重新打到 RDS 上，RDS CPU 会迅速跑高。

如何做好缓存击穿后的重载（Reload）动作非常关键，这里提供两个思路。

第一，未找到 Redis 的 key，调用另一个接口重载数据，然后再查询 Redis。

这个思路的优点是，可以立刻补充 Redis 的 key，避免丢失的 key 成为热点，减少后续击穿。这也是目前比较常用的重载方法。其缺点是，查询的时间可能会因为重载而变得很长，甚至查询失败。因为 Redis 的请求失败后，还需要等待重载返回结果，才能再次发起查询，这时前台可能已经超时。

第二，未找到 Redis 的 key，直接调用 RDS，并标记被击穿的 Redis key，等待定期数据同步接口来重载。

这个思路的优点是，可以保证业务的时效性；其缺点是，如果这个 key 是热点，那么接下来会有多个流量请求，会击穿 Redis，对 RDS 负载有一定的影响。

此外，第二代架构还有一个非常大的弊端，就是无法解决数据库抖动的问题。

无论是 Redis 还是底层持久化的 RDS，在某些场景中，由于底层硬件、网络等原因，不可避免地会遇到数据库抖动。如果是异步请求，则影响面可能比较小；如果是同步请求，则会有较大的影响面。而抖动的原因，往往不光来源于数据库内核本身，有时候也来源于底层的I/O、网络等，并不容易解决。尤其是缓存型数据库系统，对网络依赖比较严重，一旦有TCP重传（一般为200ms），对性能的感知就较为明显。

第三代架构在此基础上，提出了与数据库短暂解耦的要求——即使数据库短暂失联，也能保证数据的一致性，在设计上沿用消息队列的思想。

这种架构的实现，主要是在数据库的上游加一层消息队列（Message Queue，MQ）。消息队列相对于Kafka的核心优势，体现在对一致性的把控上。经过大量定制化后，业务把数据写入消息队列，即认为已经提交成功，消息队列会保证数据的一致性落盘和短暂的实时查询。

这种架构的开发成本比较高，所以应用案例比较少。目前阿里巴巴经济体的部分平台已经采用这种架构，可以有效承载高峰热点，同时可以有效规避底层抖动。

3.4 场景实践

随着时代的发展，细分领域越来越多，这些细分领域往往都具备一定的业务特点，对应到技术实现层面上，也会有一些共性。本节主要围绕各个场景，分析数据库技术实践。

3.4.1 在线教育数据库选择

在线教育是近几年非常火的一个领域，从业务内容来看，比较重头的是：在线K12教育、在线语言教育和在线职业教育，一些第三方行业研究报告显示，我国在线教育用户数已经接近4亿人，其中K12教育占据了半壁江山，也涌现出一大批优秀的互联网企业。

在线教育的业务特点是，在工作日的每天晚上会出现业务高峰，伴随着密集的请求访问，而周末业务访问可能会分散一些；并且这个高峰不是单纯的流式高峰，而是在更短的时间内有密集的请求。这个“更短的时间”指的是上课和下课的时间，这里会有大量的业务动作，比如上课，进入虚拟教室，老师进行一系列开课动作，学生进行一系列打卡动作；下课，进行一系列数据更新，甚至进行社区互动，领取一些虚拟奖励，发布一些分享之类的信息。这些动作都是需要和数据库交互的。但是在上课时，比如在 45 分钟的授课中，只有 CDN、直播等视频流量，很少与数据库交互。教育行业模型如图 3-3 所示，这是一个典型的业务逻辑图。

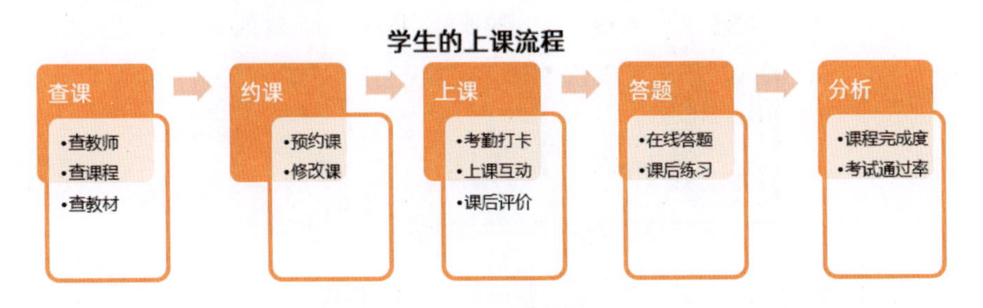

图 3-3　教育行业模型

在了解了这个业务模型的特点后，我们就能够理解为什么在“更短的时间”内会有大量的数据库请求了。

针对这个场景，首先要厘清业务的逻辑。在上述数据库请求中，读请求，我们可以用只读实例来实现读 / 写分离；写请求，则往往是瓶颈所在。例如：

- 瞬时并发提交量很大，如何解决并发阻塞的问题？
- 很多业务，比如打卡，打完以后，用户会立刻去查询状态，强一致读的场景很多，读 / 写分离能否满足这个要求？

首先要控制事务，我们曾经在一个客户逻辑中发现，一个事务里有 14 组查询，这些查询其实可以移出事务，为事务瘦身。事务小，则冲突的概率也会下降。

其次要控制分流，把强一致的流量拆解出来。在极端情况下，流量高峰时期，如果主备延迟不可避免，则可以直接把这部分强一致的流量转回主实例直连地址，其余的没有强一致要求的只读流量正常走只读的负载均衡。

案例：某 K12 教育数据库系统改造

很多 K12 教育都有两个基本的数据场景，即 TP 场景和 AP 场景。针对这两个场景，比较典型的方案就是使用 MySQL 的分片集群，配合 Elasticsearch（下称 ES）进行 TP 和 AP 的作业。

如图 3-4 所示为某 K12 教育数据库系统改造前的结构。

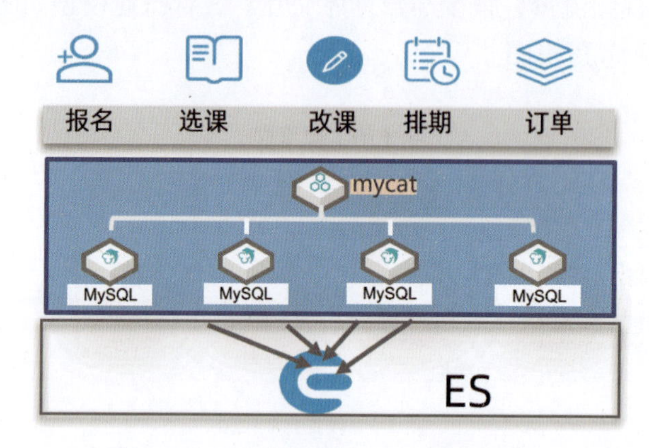

图 3-4　某 K12 教育数据库系统改造前的结构

在改造前，对 mycat 的维护举步维艰，ES 查询出现大量延迟。针对这个业务模型，我们使用 PolarDB-X 来支撑客户的线上业务，同时对于某一个业务模块，我们使用 PolarDB 的并发查询来替代 ES 查询，如图 3-5 所示。

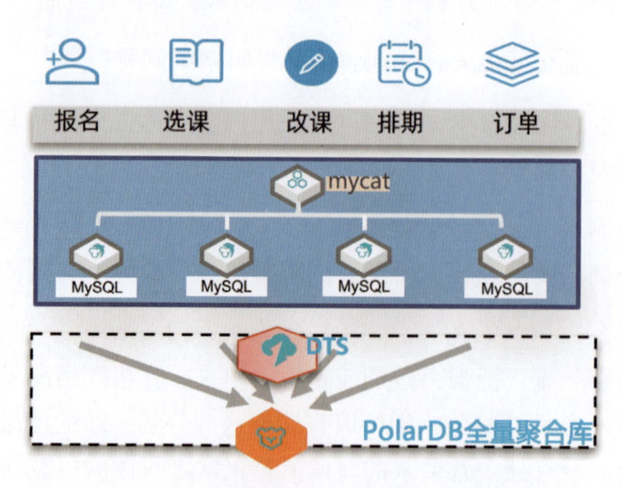

图 3-5　某 K12 教育数据库系统改造后的结构

还有一个 K12 教育数据库系统使用 MySQL 来支撑 TP 业务，使用 ES 和 SQL Server 的组合来支撑 AP 业务。由于业务聚合度非常强，没有必要做模块化拆分，所以我们利用 PolarDB 一主多从的能力，搭建一套超强集群，同时提供 HTAP 的计算能力，如图 3-6 所示。

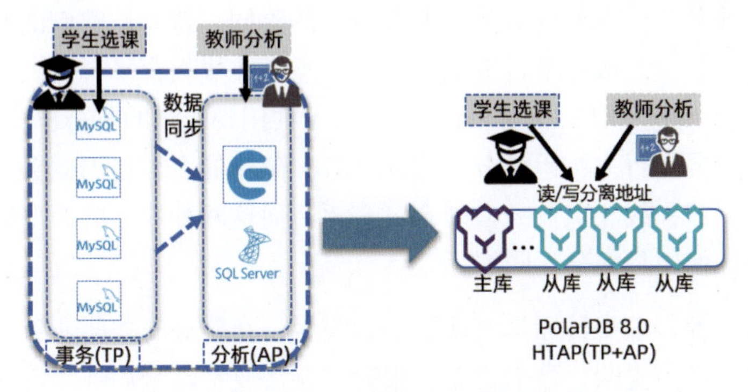

图 3-6　另一个 K12 教育数据库系统的改造情况

案例：某少儿语言教育数据库系统

除了上述具有较为复杂的选课逻辑的系统，也有一些相对简单的交互业务，比如某少儿语言教育系统，因用户年龄段特点，其交互式操作并不复杂，但是其业务峰值时间段相对固定，在该时间段会有大量用户进行在线学习。我们为这个场景提供了 Redis 集群的方案，以支持其业务峰值，如图 3-7 所示。

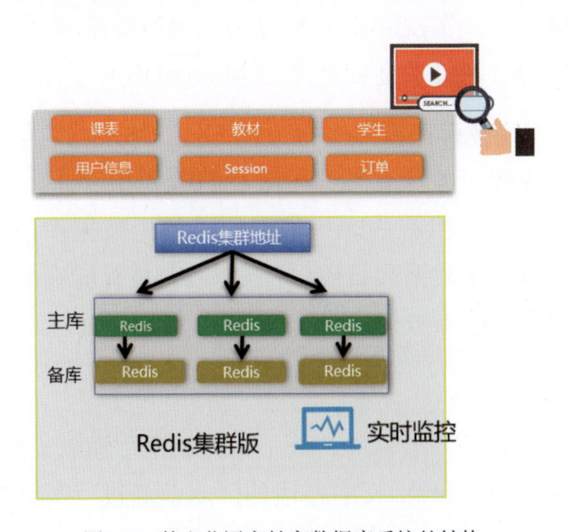

图 3-7　某少儿语言教育数据库系统的结构

3.4.2 线上游戏数据库选择

互联网业务，除了在线教育，最火爆的当属游戏业务。虽然游戏和在线教育都是线上业务，但它们的业务模型有很大的不同。首先，它们的业务主导力量不同，在线教育一般由平台方主导技术，整个在线教育平台是一家公司，即便有多个教育 App / 软件，相对来说，对中台（共用模块）的整合也会比较容易。游戏业务主要分发行方（运维方）和开发方，游戏的内容也因此会区分为平台业务和游戏（或称战斗）业务，两者皆重要。而这两种业务的类型差异，对于数据库的设计使用是完全不同的。

- 平台业务，主要目标是实现账号、交易、社群等非战斗业务的承载，业务种类较为复杂，当平台有多服时，还需要考虑全局唯一性验证。因此在平台业务中，大多会设计一个 global（全局）数据库，以保证全局数据的一致性和持久化。
- 战斗业务，主要目标是承载战斗中的数据，根据游戏种类的不同，对持久化数据的要求也不一样。大部分游戏数据都是直接存储在内存中的，而有些游戏开发方更喜欢使用 Redis 这种缓存型数据库，以支撑平时的战斗业务。同时，对于排行榜这种先天性有 TTL 过期属性的，Redis 天然支持这种类型，实现起来非常方便。也有些游戏开发方会选择直接持久化数据，落盘到关系型数据库或 MongoDB 中。

其次，游戏和在线教育还有一个很大的不同，体现在对业务日志的处理上。游戏业务有时候会依赖业务日志来进行游戏的策划和设计。日志一般是不使用数据库来存储的，当然，也有些客户依然保持使用数据库来存储日志的做法。这里我们建议区分持久化数据和日志，日志更适合被存储在 SLS 等日志服务中，以便可以很好地和下游的大数据组件进行配合。

案例：某热门手游 1

很多游戏都有多个区，比如这个例子中介绍的手游就有两个区，它们的主要区别是业务服务器是否分组，其中左边的区对业务进行了细分，如图 3-8 所示。

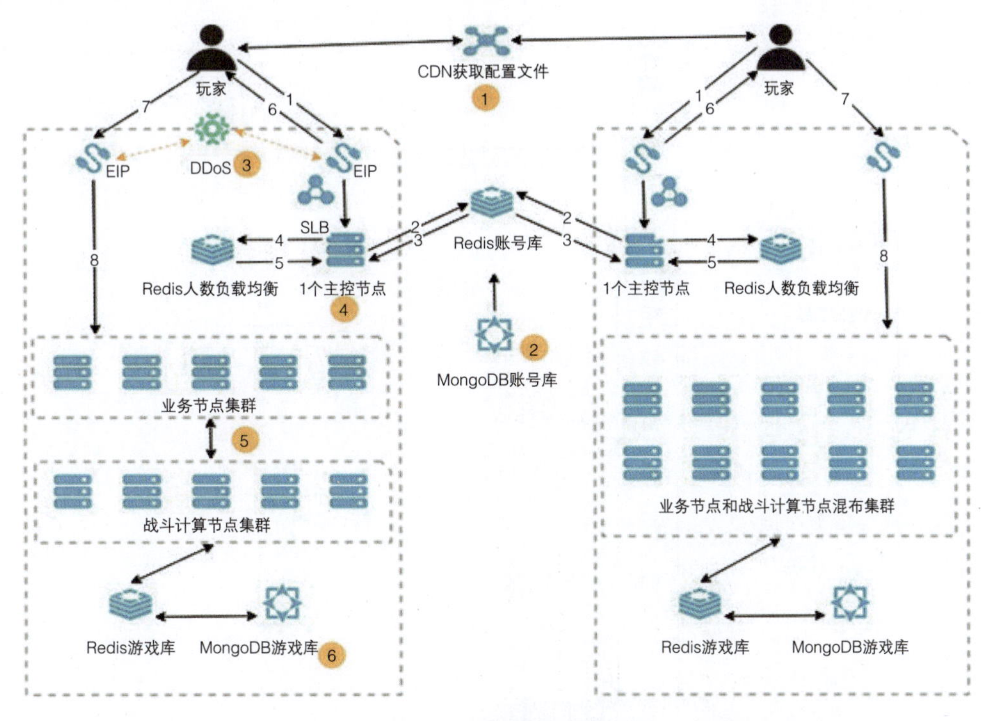

图 3-8　某多服游戏结构

总体来说，这里的游戏数据库有两个主力需求：

一是全局的账号登录系统，做了一套 Redis + MongoDB 全局数据库，这样就可以支持跨服通信。

二是底层的战斗数据写入，这里用了一个经典的 Redis + MongoDB 组合，Redis 负责及时响应，再异步落盘持久化数据到 MongoDB 中，完全以非结构化数据存储。

案例：某热门手游 2

随着非易失性内存 PMem 的登场，有的厂商已经开始了全 Redis 的试用过程。因为 Redis 的高性能和纯内存操作，非常契合游戏的业务特点，只要解决了持久化的问题，底层就确实不需要再使用其他数据库了。

在这个例子中，可以看到对业务进行多层细化拆分后，直接将数据持久化到 Redis 中，如图 3-9 所示（图中并未标明登录相关数据库）。

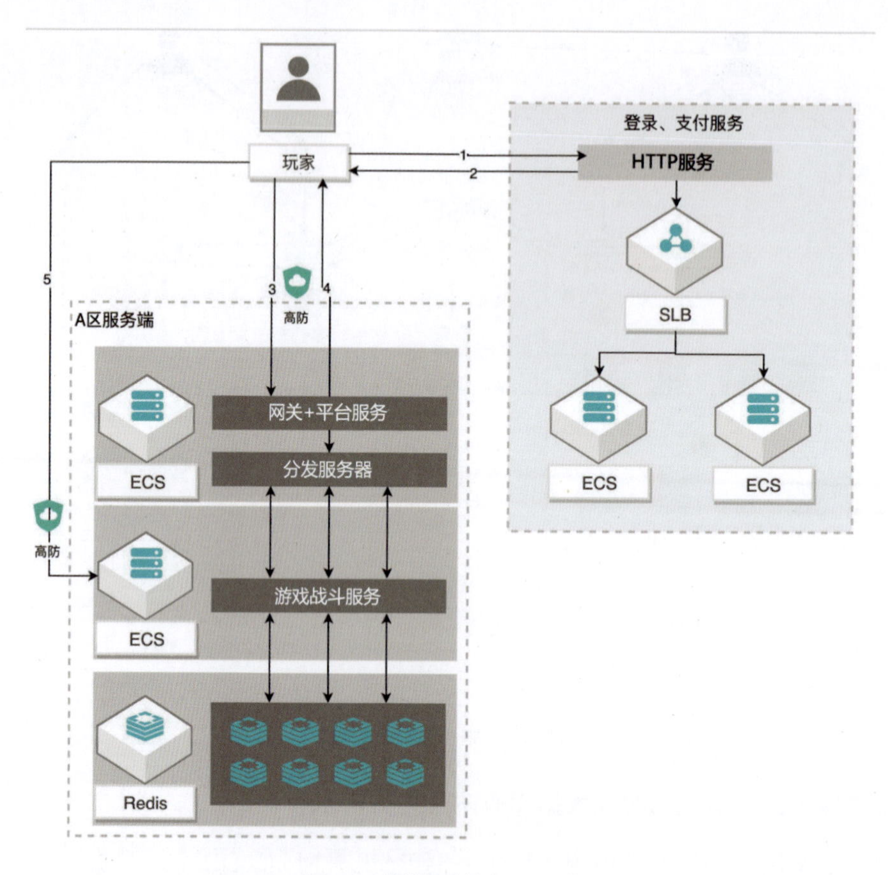

图 3-9 某热门手游全 Redis 化

3.4.3 工业 / IoT 数据库选择

工业 / IoT 行业作为传统企业的代表行业，其业务特点和互联网业务大相径庭。首先，工业设备使用的是自定义协议进行通信的，这种通信不同于互联网业务。互联网业务基本都是基于 TCP、UDP、HTTP 等几类标准通用协议进行通信的，有些行业会做一些安全定制，比如游戏行业。其次，工业设备因为其种类的多样性，每个设备可能只完成特定的几项工作，因此会专门定制协议。一条工业生产线由多种设备组成，轻易就能出现上百种协议。另外，工业企业是很少更新设备协议的，因为要考虑设备上的硬件条件、基带和包的大小等。出于工业设备稳定性的要求，工业设备的协议通信数据基本都是要落库的，这就意味着设备和中心机房的每一次通信数据都会落库。

举个例子：中心机房使用协议 1，询问设备 A 的当前状态；设备 A 使用协议 2，回复中心机房，当前正在进行充电；中心机房使用协议 3，回复设备 A，收到该状态。

这看上去很像 TCP 三次握手，事实上，工业中类似的协议模型还有很多，例如，设备 A 发生故障，使用协议 808，上报自己的故障；中心机房收到 808 协议，会触发一系列报警动作，比如开维修工单、触发电话告警等。然后回复 809 协议，回复已经触发的情况，比如回传某个工程师工号等。

以上这些协议，并不是 JSON、XML 语言格式的，而是进行了协议加密，以二进制的方式进行传输。其带来的好处是安全，同时包比较小；但是二进制数据并不适合直接写到数据库里。以阿里云为例，我们通常会使用 IoT 云服务，使用多种 IoT 模型（如雾模型）来解析这些二进制数据，转换成有业务意义的数据后，再经过函数计算或 IoT 自带的脚本接口进行一系列业务处理，最后流转到数据库。

这里我们会发现，数据库的压力不同于互联网业务，互联网业务大多数是多读少写的业务模型，也是比较适合使用关系型、缓存型数据库的业务模型。但工业业务有大量的机器汇报协议的数据，在数据库上的表现就是写入，却很少有读取这些数据的业务，几乎除监控、报表以外，基本上都是冷数据了。

在数据库领域中，多写少读的场景最适合使用的就是 HBase 系列，但这需要对业务进行改造，我们看一个例子。

案例：某电梯系统改造

客户原本一直使用 Oracle 作为核心数据库，这套系统是多年前使用 Oracle 存储过程进行定制开发的，所以存储过程中有大量业务逻辑和报警逻辑。随着时间的推移，数据量在膨胀，业务复杂度在提高，使用 Oracle 数据库的成本会越来越高，磁盘的开销也会越来越大。但是想要替换成其他数据库，又具有很大的挑战，这么复杂的业务流、这么大的数据写入量，如何支持？单纯使用 PolarDB-O 对接，当然是一种方案，但考虑到将来的扩展性和多样性，我们还是决定分解客户业务，按场景进行拆分。

一是处理 CRM 系统，这套系统的数据完全是元数据，改动很少，但对一致性和实时性要求很高，所以我们依然保留使用关系型数据库，使用 DTS 建立一组数据同步作业，从 Oracle 同步到 PolarDB-M（或者 PolarDB-O）。

二是处理 IoT 生产链路，因为这套 IoT 生产链路的数据都是二进制数据，所以我们前置了函数计算进行解码和业务处理，然后对接到云 Kafka。这里的 Kafka 更像是一个 Socket，为上下游解耦。上游数据被写到 Kafka 中就认为数据一致了，下游再进行分发。

首先是将 IoT 生产链路的全量数据写入 Lindorm 的宽表引擎，考虑到客户也有监控需求，因此还启用了时序引擎进行时序需求的支撑。

其次是从 Kafka 到 Flink 进行流式计算，替代原始基于 Oracle 触发器（Trigger）的报警逻辑，像电梯故障这种高严重性问题，流式计算可以保证可靠性，同时可以将这部分数据和 CRM 数据交互，联系具体的客户，生成报警策略。

最后就是留一条链路做分析计算，接入 ADB 和 Quick BI，方便客户生成报表。

这样经过 4 层拆分，就把所谓的“去 O”变成了重构设计，如图 3-10 所示。当然，这样的应用改造变动会比较大，依赖 SP 的部分，全部需要使用程序来实现。

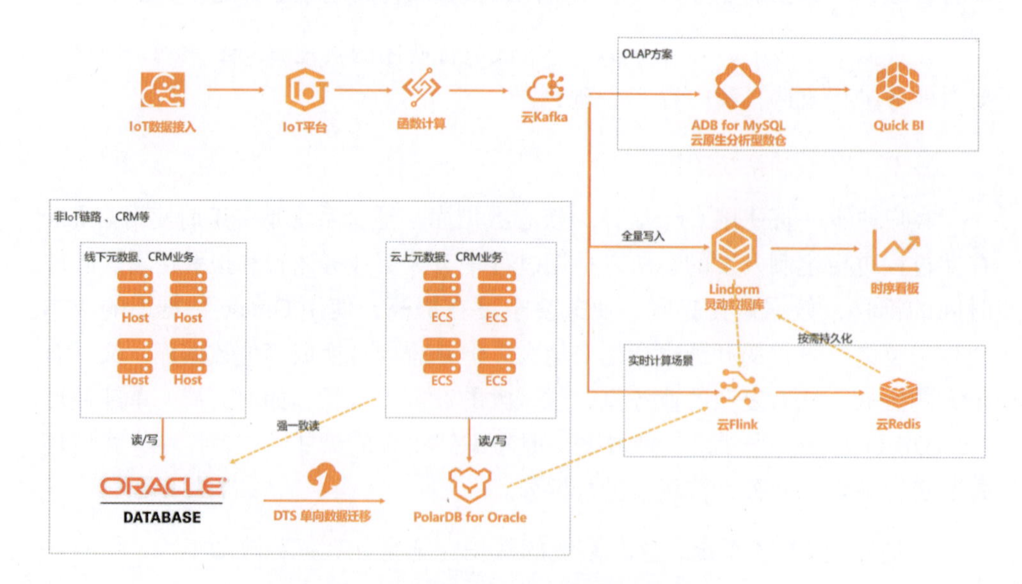

图 3-10　某电梯系统 IoT 生产链路拆分与“去 O”

3.4.4　金融数据库选择

金融行业的数据库曾经只有 DB2、Oracle 和 SQL Server 数据库，二十余年从未有过大的变化。如今，国产数据库百花齐放，新一轮世界形势的变化也给金融行业带来新的机会。我们看到一些金融机构已经开始使用开源数据库替代商业数据库，一些国产数据库也逐步接过接力棒，开始在号称“绝对不能出错”的行业场景中运作。

我们知道，开源数据库经过这些年的发展，在可用性方面已经有多种成熟的方案，其高可用切换速度甚至超过商业数据库。但金融行业最关心的是可靠性，这对于开源数据库乃至国产数据库都是最大的考验。

近几年大热的 OceanBase，因其在蚂蚁金服系统的多年沉淀，并且一举打破了 Oracle TPC-C 垄断，而声名远播。

在开源数据库方面，以 MySQL 为基础的 PolarDB 和 MySQL 企业版均在可靠性上有了新的突破。

考虑到很多系统涉密，这里举一个税务系统的例子。

案例：某税务系统改造

我们对大量原生使用 Oracle 的业务进行了重构，使用 PolarDB-X 来支持，底层实际上使用的就是 MySQL，如图 3-11 所示。这是一个比较典型的“去 O”项目，难点不是部署，而是 SQL 的兼容性，比如 Oracle 中超长 SQL 语句如何处理，存储过程如何适配语法，等等，这些都需要结合客户业务进行重写和调优。

3.4.5　交通物流配送

交通物流，是近几年持续增长的一个行业。中国基建素有“基建狂魔”之称，基建的高速发展，也让交通物流行业得以迅速扩张，对于数据库来说，也在随着业务的扩张而极速地膨胀。

不仅如此，交通行业还有一个其他行业不具备的特点，就是多地域数据交互。以快递为例，全国有成千上万个快递网点，每天都在进行数据的录入，而交通行业往往是分地方库存的，这需要各地的库存进行数据通信，以保证数据的一致性。

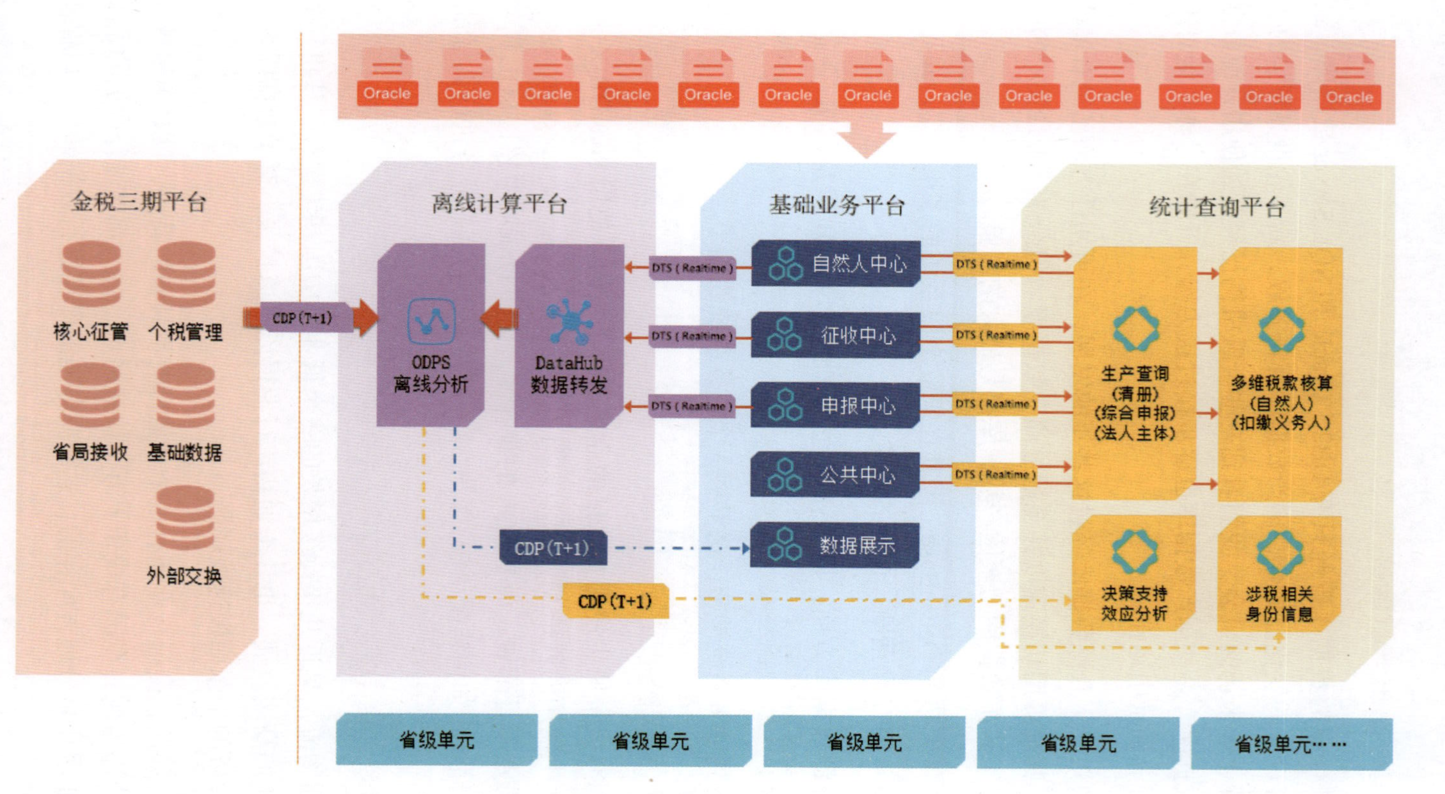

图 3-11 某税务系统“去 O”

越是对时效性要求高的行业，往往库存的覆盖面越窄。比如生鲜行业，其数据库拆分可能只能按城市进行，因此数据流会更为复杂。这就意味着要从数据冲突的角度进行考虑并做好设计。

案例：快递数据库改造

我们来看一个典型的快递行业实际业务模型，如图 3-12 所示为某快递系统业务逻辑图。

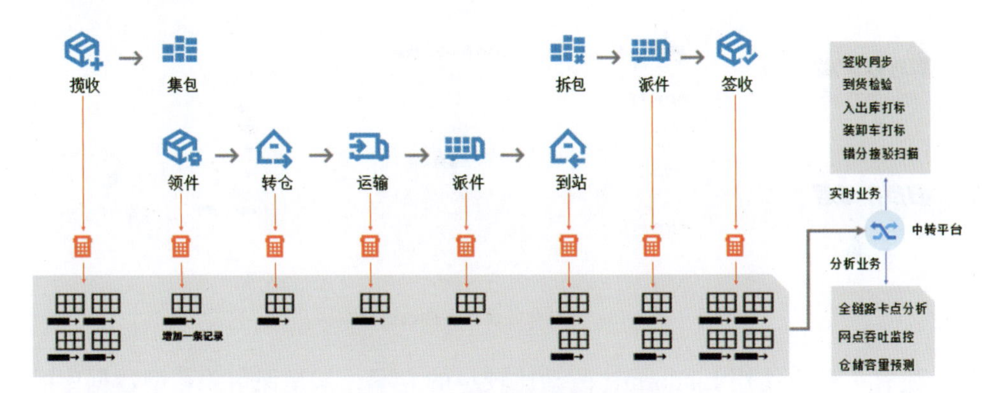

图 3-12　某快递系统业务逻辑图

我们可以看到，整个业务逻辑有三个特点：

- 数据量写入大。
- 系统节点杂。
- 汇聚难度大。

客户原来是使用 Oracle 数据库“硬扛”，这可能是整个行业的一个历史缩影。从数据特点可以看出，生产链路明显更适合使用 HBase 系列，否则存储这么大量的数据，容量成本会非常高。另外，快递行业有一个属性就是时效性，换句话说，数据有明显的冷热属性，因此可以通过冷热分离进行成本降级。如图 3-13 所示，我们设计了多种改造方案。

在设计解决方案时，可以考虑使用 Lindorm 的多合一特性。

- 使用宽表引擎支撑大量的写入，并且有些写入可能是由扫描枪等 IoT 设备带来的，兼容性非常好。

- 在搜索方面，使用 Lindorm 的搜索引擎支撑全文检索。
- 冷数据可以被存储到 Lindorm 的廉价存储里，降低成本。

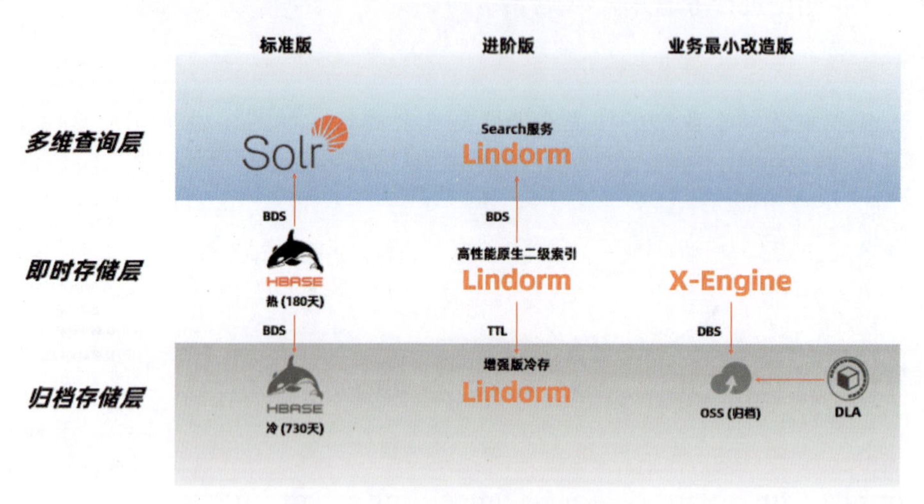

图 3-13　针对业务设计多种改造方案

还有一种不使用 Lindorm，改动比较小的方案，就是保留关系型数据库的兼容性。虽然从 Oracle 变换到 MySQL 要进行一些改造，但相比变换到数据仓库，显然应用改造成本要少得多。我们可以使用 X-Engine 来实现压缩和冷热分离，对于复杂的查询场景，则可以做一条链路去 ADB，同时基于 OSS 的存储数据直接使用 DLA（数据湖分析）来计算，这样就可以解决以前 Oracle 存在的复杂查询问题，以弥补 MySQL 算力上的缺失。

案例：某高速公路数据库改造

根据“高速公路去除省级收费站”的要求，国家部委对各省级收费站进行优化，搭建新的“自由流”取代传统的收费站岛，因此会上线一套新设备，叫作门架，如图 3-14 所示。

我们需要将围绕门架所采集的数据和现有的清算数据进行汇总对比。当前的清算系统使用的是 Oracle 数据库，而全新的自由流系统，则需要考虑如何做好这么大规模的采集写入分析和数据流传递，既要汇总上报给部委，还要分发到各地方，如图 3-15 所示。

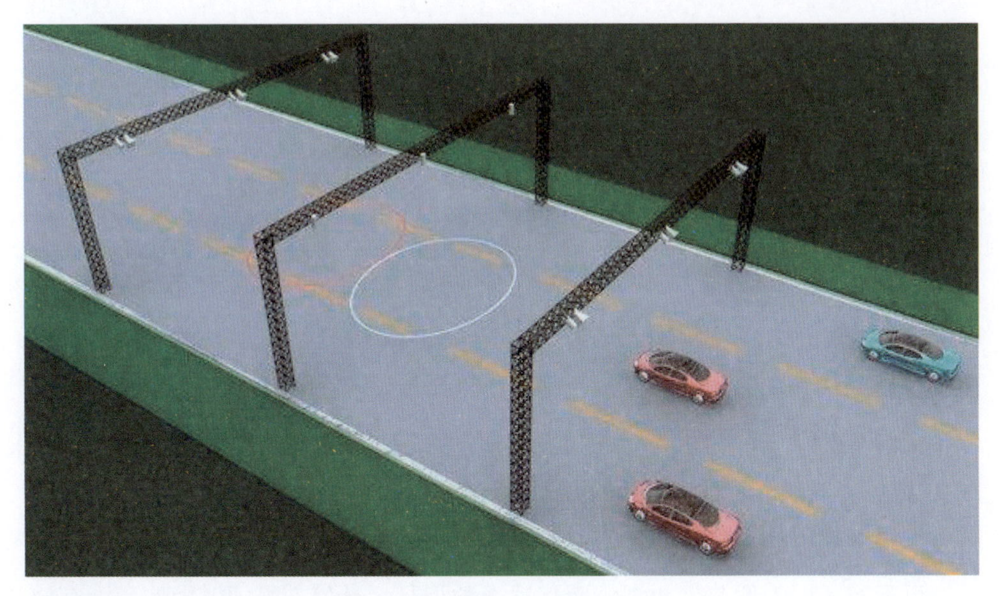

图 3-14　“自由流”门架系统示意图

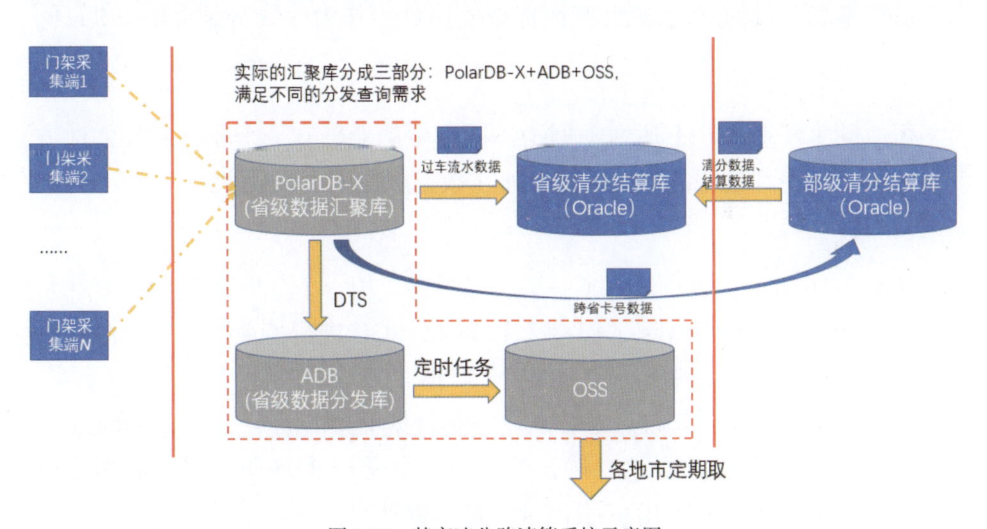

图 3-15　某高速公路清算系统示意图

在设计上，我们提供了多组强大的 PolarDB-X 集群，以保证核心业务的写入和查询性能。因为这个数据流不同于普通 IoT 信息，它是连带结算属性的，所以对一致性的考量非常重要，必须要兼顾事务和容量。

那么如何最好水平拆分就非常重要，在拆分键的选择上，我们要综合考虑：

- 按门架 ID 分库，不分表。
- 构建（门架 ID、通行时间）的联合索引。
- 业务通过任务调度的方式，定期获取数据并上传，同时控制任务的并发度。
- SQL 语句必须带上"门架 ID + 时间范围"。

但这个设计有一个极端的场景：如果出现一个超大门架，流量特别大，则需要保证底层物理分库足够多，否则容易打爆流量。

这时下游的 ADB 就非常轻松了，因为 PolarDB-X 有一级主键，可以保证 ADB 数据无倾斜，并且 ADB 可以根据业务进行下游设计，比如规划二级索引。两者的连通就依赖 DTS 数据流。

再下游，因为要分发数据，而且这个数据是累计值，必须考虑使用大存储来解决成本和容量的问题，因此我们选择使用 OSS 作为冷数据存储并提供订阅。

案例：某生鲜业务数据库

短途的生鲜业务和上述两个例子不同，生鲜业务有一个非常麻烦的地方，就是它天然存在着数据汇聚的场景，而在数据库层面上表现出的，就是数据汇聚遇到的各种难点。

如图 3-16 所示，客户使用了一层全局缓存，用一个全局 Redis 来分发缓存到各个地级市 Redis，Redis 下层接入 RDS MySQL 进行持久化。在 RDS 的规划中，客户把每个地区都拆分成 RDS 和 ADB 的组合，其优点是每个单元业务都能实现独立的功能；其缺点是客户业务有数据汇聚的场景，所以不得已，要把各地区的 RDS 数据再汇聚一遍，汇聚到一个全局 RDS 下，进行数据分析。但是在汇聚时，这个全局 RDS 会出现大量数据冲突。

这时候有读者可能会有疑惑，怎么会出现数据冲突呢？这是早期设计时没有发现的问题，三个城市的数据库因为是单元化的，所以表结构完全相同，主键都是 ID。每个城市各自按业务生产时，就会出现订单号一样的情况，汇聚时就会出现主键冲突。

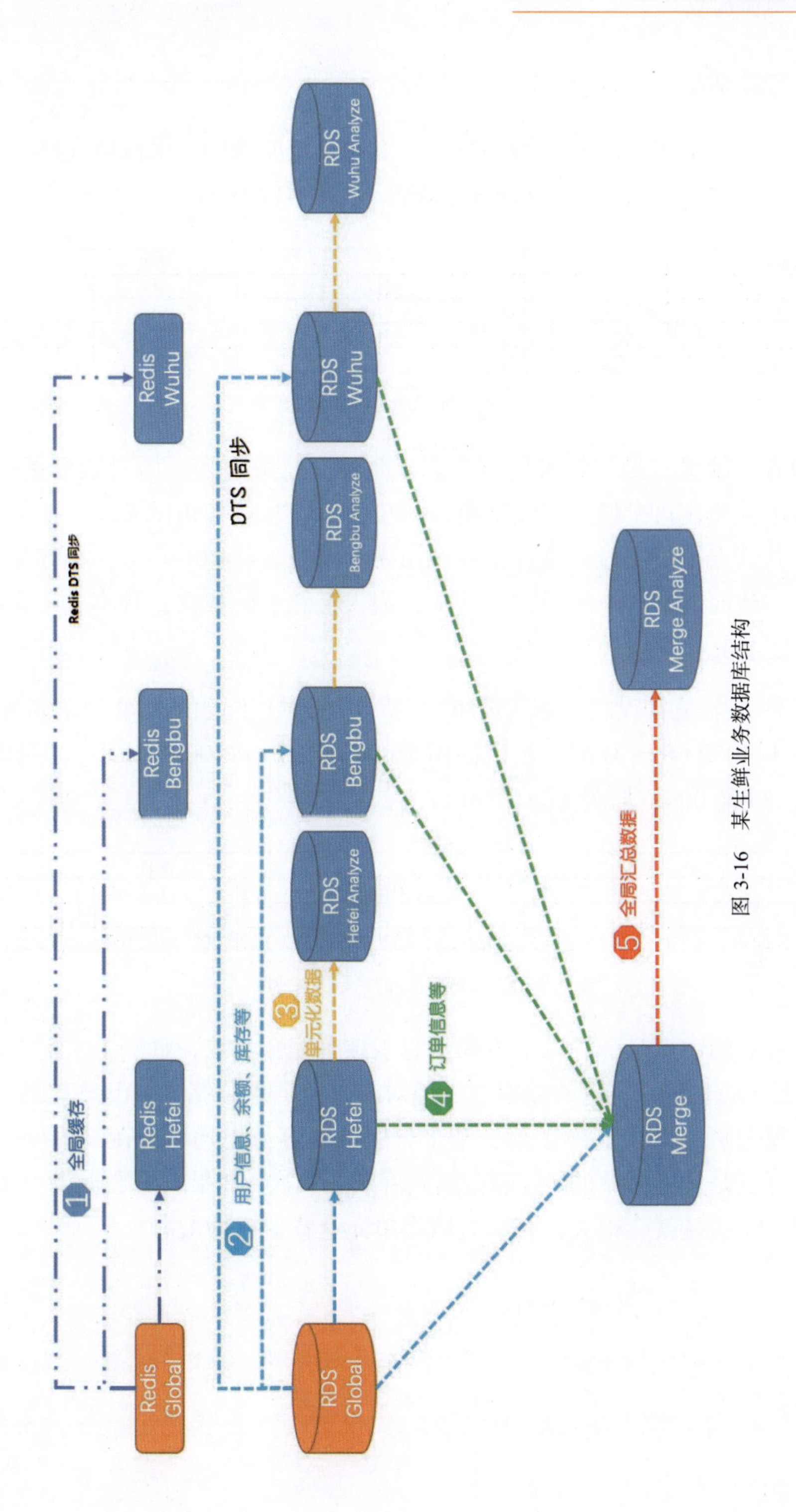

图 3-16　某生鲜业务数据库结构

这里有两种解决方案。

第一种方案是在汇总表中加一个全局主键，把原来的主键做成允许重复的普通列。全局主键按照写入时间进行自增，如图 3-17 所示。

	A表	B表	C表	汇总表		
ID	1	1	2	1	1	2
context	abc	def	hig	abc	def	hig
time	2020/10/1 9:00	2020/10/1 9:01	2020/10/1 9:02	2020/10/1 9:00	2020/10/1 9:01	2020/10/1 9:02
MID	不存在此列	不存在此列	不存在此列	1	2	3

图 3-17　增加全局主键的汇聚方案示意

这种方案的优点是，如果现有数据发生冲突已成事实，历史数据量很大，则改造时不需要在每个城市单元都更改历史数据。从业务角度来说，这是非常安全的。其缺点也很明显，首先，各城市表和汇总表结构不一致，很容易因为表结构不一致而带来潜在的问题。其次，流入汇总表的数据，看不出来自哪个城市，还需要其他字段进行补充。

第二种方案是在设计各城市表时，就要规划好主键的区间。比如 A 表，主键使用 1~1000 000；B 表，主键使用 1 000 001~2 000 000；C 表，主键使用 2 000 001~3 000 000，如图 3-18 所示。

	A表	B表	C表	汇总表		
ID	1	1000001	2000001	1	1000001	2000001
context	abc	def	hig	abc	def	hig
time	2020/10/1 9:00	2020/10/1 9:01	2020/10/1 9:02	2020/10/1 9:00	2020/10/1 9:01	2020/10/1 9:02

图 3-18　使用数据分区的汇聚方案示意

这种方案的优点是，各城市表和汇总表结构完全一致，解决了主键冲突的问题，并且根据区间，主键的数值明确地对应了数据来源哪个城市。其缺点是，首先，主键分区之间可能不平衡，某个分区数值容易先耗尽，在扩容分区时，因为每个分区是紧凑排布的，可能会遇到麻烦。其次，如果历史数据量比较大，那么数据清洗的量就会很大，容易对城市单元业务造成冲击。

第 4 章

数据库迁移的实现和方案

通过前面章节的讨论，你应该了解了云数据库的优势以及不同数据库类型适用的业务场景，同时也应该已经确定了你的产品的选型，上云之路也到了最关键的环节。当我们把云数据库的资源准备好后，难免会面临下面的问题：我应该如何把本地机房数据库的数据迁移到云上数据库？

这个问题是本章的讨论重点，本章会从数据迁移的实现以及不同场景下的迁移方案两个方面来讨论这个问题。本章的目的是，当您读完本章后，您可以清晰地了解数据迁移有哪些类型和方式、数据迁移的步骤、迁移过程中的风险、云上可用的迁移工具以及不同业务场景的方案选择。

4.1 数据库迁移的类型和方式

在进行后面的讲述之前，我们先讨论一下数据库迁移的类型和方式，提前对一些概念达成一致。数据库迁移的通俗理解是把数据从数据库实例 A 移动或者复制到数据库实例 B 的过程，就像我们把电脑里的 Word 文档移动或者复制到其他电脑中。进行数据库迁移，我们首要考虑的是选择迁移的类型，即移动还是复制。移动相当于“剪切 + 粘贴”，数据最终只会保留一份，而复制则相当于“复制 + 粘贴”，新的数据是原始数据的拷贝，最终的数据会有两份。

从安全与风险的角度来讨论，复制无疑比移动更具有高安全性和低风险性，本章后面的讨论全部是基于复制的迁移类型。

确定了数据库迁移的类型之后，我们还需要考虑数据库迁移的方式，什么是迁移方式呢？想一下，我们把电脑里的 Word 文档复制到其他的电脑，有如下两种方式可以实现：

- 直接把源端电脑的 Word 文档通过网络传输给目标电脑的对应文件目录，实现数据的复制。
- 打开源端电脑的 Word 文档，然后在目标电脑上新建一个同名 Word 文档，通过对照源端电脑打开的 Word 文档里的文本内容，逐个字符在目标电脑新建的同名 Word 文档中进行输入，实现数据的复制。

第一种基于操作系统文件的传输，称为物理数据迁移。物理数据迁移最大的优势就是速度快（需要网络性能良好），以 Word 文档为例，只要目标电脑上存在能够解析 Word 文档的程序，该 Word 文档即可在目标电脑上进行打开和编辑操作。但是如果目标电脑中没有能够解析该 Word 文档的程序，或者所需的 Word 文档格式与源端电脑操作系统不同，此时将该 Word 文档从源端电脑传输到目标电脑后，该 Word 文档在目标电脑上是无法正常打开和编辑的。所以第一种复制方式的劣势比较明显，可能会面临跨平台的使用问题（同平台是没有问题的）。

第二种基于文件内容的传输，称为逻辑数据迁移。通过对比物理数据迁移可以发现，逻辑数据迁移的优势在于跨平台与兼容性，因为逻辑数据迁移的取数据操作是通过源端电脑的程序接口进行的（在源端电脑上打开 Word 文档并获取 Word 文档的内容），写数据是通过目标电脑的程序接口进行的（将源端获取到的 Word 文档的内容写入目标电脑的程序）。但是它的劣势也很明显，因为需要先获取源端文档的内容然后把内容写入目标端文档，迁移速度会比较慢[1]。

从数据库迁移的角度来讲，也分为物理数据迁移和逻辑数据迁移。大部分数据库产品在操作系统上都有物理文件用来存储固化到磁盘中的数据（固化是指把内存中的数据写入磁盘），这也允许我们通过拷贝这些数据库的物理文件达到数据库迁移的目的，即物理数据迁移。另外，数据库产品存储完数据都会提供数据查询接口，这就允许我们通过其数据查询接口查询出数据，然后依赖

1 通常我们可以通过批量写入和并行写入等方式加速逻辑迁移。

这类查询接口查询出来的数据进行迁移，即逻辑数据迁移。

由于云数据库产品的特殊性，并未开放物理机（数据库所在的系统主机）的访问权限，这也就意味着我们很难直接把物理文件传输到云数据库 RDS 的系统主机上进行使用。故大多数的云数据库产品只支持逻辑数据迁移的方式。本章后面的讨论全部是基于逻辑数据迁移的方式。

4.2　逻辑数据迁移的实现

通过上一节的讨论可以知道，将本地机房的数据库数据迁移到云上数据库，可以允许的方式是逻辑数据迁移，本节我们来讨论一下，当对本地机房数据库进行逻辑数据迁移时，应该分为哪些步骤，又应该重点关注哪些方面的风险。

4.2.1　逻辑数据迁移的步骤与风险

逻辑数据迁移的拓扑分为如下两种，分别是全量数据迁移以及全量 + 增量数据迁移，可以概括为图 4-1 和图 4-2 所示的形式。

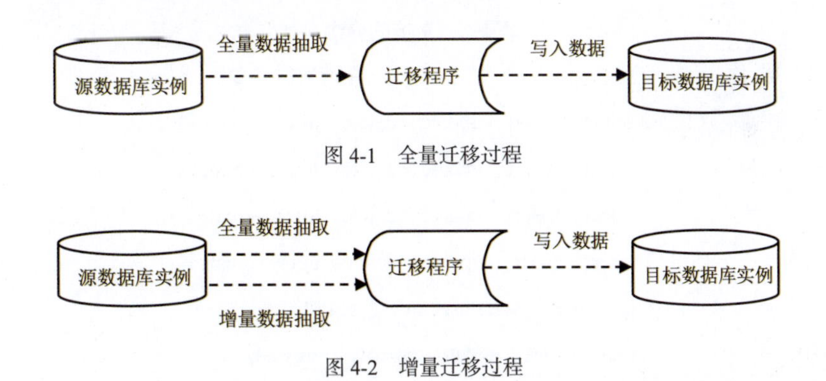

图 4-1　全量迁移过程

图 4-2　增量迁移过程

源数据库实例是指存在于本地机房，将要上云的数据库实例。迁移程序负责通过源数据库实例提供的数据查询接口（数据库命令）抽取源数据库实例的数据，然后把数据通过目标数据库提供的数据写入接口（数据库命令）写入目标数据库实例。

全量数据迁移即只迁移源端数据库实例某个时间点（一般是迁移开始时的时间点）的全量数据，然后把这些数据写入目标数据库实例，数据写入完成后迁移过程结束。全量＋增量的数据迁移除了迁移源端数据库实例某个时间点的全量数据外，还会迁移该时间点之后的增量数据，将全量和增量数据写入目标数据库实例，这种迁移拓扑由于存在增量数据的迁移，任务一般不会自动停止（需要手动根据业务需求停止），而是会实时抽取源端的增量数据然后写入目标端实例。

这个过程看起来非常简单，但是很遗憾，在实际的迁移过程中，我们不得不面临可能来自业务、数据、网络等多个方面的考量。这些考量是本节将要重点讨论的内容。为了保证逻辑数据迁移的顺利实施以及最终迁移数据的可用，逻辑数据迁移一般可以分为如下 5 个步骤。

4.2.1.1 准备阶段

该阶段主要目的是保证在进行实际迁移测试时，能够高效、完善地完成迁移。准备阶段我们首先需要考虑的是网络连通性。由于是逻辑数据迁移，我们需要先通过数据库实例提供的查询命令来获取数据，然后把查询到的数据写入目标数据库实例。这个过程势必需要通过网络连接源数据库实例和目标数据库实例执行这些命令。常见的数据库的查询和更改命令如表 4-1 所示。

表4-1 支持的命令

数 据 库	查询数据命令
MySQL	select、insert、update、delete、alter、create等
SQL Server	select、insert、update、delete、alter、create等
Oracle	select、insert、update、delete、alter、create等
PostgreSQL	select、insert、update、delete、alter、create等
Redis	get、hget、set、hset、del、scan等[1]
MongoDB	find、insert、update、remove、create等
HBase	get、put、delete等[2]

1 虽然Redis提供了这类查询数据的命令，但是我们在进行Redis的数据迁移时，大部分很少使用，阿里云的开源redis-shake工具使用了其他的方法，具体会在“4.3.5.1 redis-shake”讨论。

2 阿里云的Hbase数据迁移工具的实现不同，具体会在“4.3.4 BDS”讨论。

网络打通后是否就可以开始迁移测试了呢？实际上，网络打通只是迈出了第一步，如果直接进行盲目的迁移，很多情况下只会把大量的时间浪费在处理迁移过程中的数据问题和迁移过程中的业务异常等状况，最终导致无法按照预期完成迁移。所以当网络打通后，我们接下来需要考虑和评估如下几点。

（1）我应该使用哪一种迁移工具？

不同的迁移工具实现逻辑数据迁移的方式、功能以及迁移过程中异常的处理并不完全相同，迁移工具支持迁移的数据库对象类型、迁移工具配置的复杂度、迁移工具自身的功能特点以及迁移异常的提示和解决方案是否明确，都是我们在选择迁移工具时需要考量的点。好的迁移工具可以起到事半功倍的效果。我们会在下一章简单讲述几个阿里云云上数据库的迁移工具，让您可以有一个基本的了解，方便在进行迁移时选型。您也可以在了解完本节的准备阶段后，自主研发适合您业务的迁移工具。

（2）我是否要做数据库对象的映射？

数据库对象映射分为数据库类型映射和库表列映射。前者主要在异构的数据库迁移时会被提及，这一点我们会在“4.4　不同场景下的数据传输方案”进行详细的讨论，此处我们重点讨论库表列映射。由于业务上的要求，在进行逻辑数据迁移时，会被要求将源数据库实例 A 库的数据迁移到目标数据库实例的 B 库，或者将源数据库实例中某个库 A 表的数据迁移到目标数据库实例中某个库的 B 表，或者将源数据库实例中某个库某个表 A 列的数据迁移到目标数据库实例中某个库某个表的 B 列。如果在逻辑数据迁移时有这类需求，在选择迁移工具时，是我们需要考量的，或者在自主研发迁移工具时考虑如何将其实现。

（3）我的数据库迁移场景是怎样的？

迁移场景包括迁移拓扑、同构和异构。迁移拓扑是指迁移的数据库对象是 1 ：1、1 ：n、n ：1 还是 m ：n。大多数的迁移场景是 1 ：1，即源端一个数据库实例迁移到目标端的一个数据库实例。也有部分场景是把源端的一个数据库实例迁移到目标端的多个数据库实例（1 ：n），或者把源端的多个数据库实例迁移到目标端的一个数据库实例（n ：1），极少的迁移场景是源端的多个数据库实例迁移到目标端的多个数据库实例（m ：n）。同构迁移是指源端数据库实例与目标数据库实例同属于一种数据库类型，比如

MySQL → MySQL，异构迁移是指源端数据库实例与目标数据库实例类型不同，比如 Oracle → MySQL。1 ：n、n ：1、m ：n 的迁移拓扑以及异构迁移场景是迁移时极易出现问题的场景。我们会在“4.4　不同场景下的数据迁移方案”进行详细的讨论。

（4）我的迁移时间是如何规划的？

迁移时间包括迁移测试时间、迁移实施时间、数据校验时间以及业务验证时间。我们应该严格规划各个阶段的执行时间并保证相关参与人员按照迁移方案严格执行。为了保证迁移的顺利进行，我们可以在准备阶段编写迁移手册，精细化管控数据迁移的进度与人员操作。尽可能避免因为非正确操作导致的迁移时间的增长，比如对一个数据库实例进行备份，应明确写明备份脚本位置或者备份命令，避免操作人员手动临时编写。另外，为了规划迁移时间，我们还需要把网络性能、迁移的数据量、数据库性能、迁移速率等方面的因素进行考量，避免它们成为迁移时间增长的祸首。

（5）业务系统在迁移时可以接受的停机时间是多少？

对于一些 7×24 小时的系统来说，停机时间的容忍度是非常差的，甚至秒级的停机也是不可接受的，但是对一些非 7×24 小时的系统，却可以接受较长的停机时间。当我们进行迁移时，业务系统的停机时间是无法避免的话题。对于 7×24 小时的业务系统，是我们在考量停机时间时最需要关注的，我们希望的理想停机时间是 0（遗憾的是这很难实现，我们不得不退而求其次，追求最短、最理想的停机时间），以便能够在用户无感知的情况下实现数据的上云和业务的切换。通用的降低停机时间甚至把停机时间降低为 0 的手段，是借助源端数据库的增量日志来实现的。这一点我们会在“4.4　不同场景下的数据迁移方案”进行详细的讨论。

（6）进行逻辑数据迁移时有哪些风险？

由于逻辑数据迁移就像业务系统一样，需要连接到源数据库实例查询数据然后把数据写入目标数据库实例，首先要考量的风险是数据迁移对数据库本身性能的影响，这些查询和写入操作势必会造成源数据库实例和目标数据库实例负载的增加，严重的会造成业务停滞。其次需要考量的是网络设备的压力，大量的数据传输极易造成网络阻塞丢包，造成业务响应时间增加。除了这些系统资源层面的风险，我们还应该考量迁移失败时的处理，在同构、异构以及不同迁移拓扑的场景下，我们可能会遇到迁移失败的情况，比如因为阿里云 RDS MySQL 数据库不支持 MyISAM 引擎导致建表失败、异构数据库数据类型不匹配无法写入等。我们应当确保迁移操作的各个环节的风险能够尽可能全地预见到，然后针对这些预见到的风险出具风险预案。

（7）我的迁移策略是怎样的？

迁移策略是指在进行逻辑数据迁移时应当以何种方式进行。从迁移场景复杂度的角度来说，我们应当从简单到复杂进行迁移，比如流量切换策略，是逐渐把业务流量迁移到新的系统还是一次性切换到新的系统。如业务允许，我们应当逐渐将流量迁移到新系统，以便充分评估新系统的性能表现，避免未知情况的发生。再比如同构数据库迁移场景和异构数据库迁移场景，我们应当先进行同构数据库迁移，在迁移的过程中总结经验，以便应对后面的复杂迁移场景。从数据库数据的角度来讨论，我们应当先迁移表对象结构再迁移全量数据，最后迁移触发器等对象数据，如果有必要还需要迁移增量数据，这样可以避免数据的异常，提高迁移的成功率。我们还应当考虑是否只需要迁移本地数据库中的部分数据，以此来缩短迁移时间。

上面是数据迁移场景里非常常见的几个考虑与评估因素，当对这些问题进行研究并分析清楚后，我们应该可以拿出一套适合自身业务的可行性迁移方案。

4.2.1.2　测试阶段

我们编写出迁移方案后，为了能够顺利进行生产系统的正式迁移。我们还应该在正式迁移前进行迁移方案的测试。我们在准备阶段可能对一些问题、风险、业务要求没有想到或者没有做到尽善尽美，测试则可以帮助我们摆脱这些思维盲区，丰富我们的迁移方案和迁移手册。测试时应尽量保证测试数据库数据贴近生产数据，推荐使用本地机房的数据库备份一个测试数据库进行迁移测试。

当数据库数据迁移测试完成后，还应该部署测试业务系统连接云上数据库进行业务流程与业务逻辑测试，测试的业务系统可以部署在阿里云服务器上，此时可以通过阿里云内网连接云上数据库，也可以部署在本地机房，此时可以通过公共网络连接云上数据库。总之，测试阶段应该尽可能模拟生产系统的迁移，这样才能尽可能提前让迁移问题暴露，同时对这些问题进行处理。

4.2.1.3 实施阶段

准备与测试阶段通过后，才可以进入正式的业务数据库迁移阶段，我们应该遵循迁移方案和迁移手册的说明进行数据迁移。虽然经过准备与测试，我们已经把各种问题风险都考虑在内，但遗憾的是，我们依然无法 100% 保证在实施阶段能够按照我们的方案与计划顺利实施，这个阶段最容易出现的问题都是一些未预见的突发问题，严重的甚至会影响业务。虽然这些问题出现的可能性很低，但是一旦出现，就是对参与迁移的相关团队的问题定位、解决以及业务系统稳定等方面的极大挑战。

4.2.1.4 校验阶段

数据迁移完成后，还需要进行数据的校验，数据校验的主要目标是校验源端数据库实例与目标端数据库实例的完整性和一致性，校验方法非常重要。如果迁移时源端数据库一直没有数据的增删改操作，则校验相对简单，比如只需要分批次抽取源端数据库与目标端数据库的数据库对象数据，然后进行数据对比得出校验结果，也可以对整个表的数据进行 checksum 对比得出校验结果。但是源端数据库实例很多情况下可能一直在进行业务更新，这种情况下对数据校验的结果是极大的挑战，这种情况下常见的数据校验方式是先进行表对象的全量数据校验，校验完之后如果有差异数据，再校验这个表的增量数据，确认这些差异数据在增量数据中的情况（比如是否顺利写入目标端数据库），确认增量数据里差异数据的完整性，最终得出校验结论。如果在做数据校验时发现差异数据，就需要确定差异数据的处理方式，比如是使用源端数据库数据覆盖目标端数据库数据还是保持目标端数据库数据不变，这个处理方式的选择需要非常谨慎，避免出现覆盖目标数据库数据导致数据错乱的问题出现。

同时，在进行数据校验时，可以选择对数据库对象分批进行校验，而不需要一次性全部校验完所有对象。只要校验逻辑准确，校验结果也会准确。

4.2.1.5 业务切换阶段

校验完成后，如果目标数据库的数据对业务来说可用，则需要切换业务地址，如果您只是进行了数据库的迁移（这通常是不建议的），您还需要更改业务的数据库链接地址指向，改为指向云上数据库的地址，如果您除了数据库的迁移之外，对业务系统也已经在云上进行了部署（业务系统上云不是本书讨论的重点）且验证正常后，您还需要将业务流量切换到云上部署的业务系统的地址。这个阶段需要重点考量的是停机时间，关于停机时间我们会在“4.4　不同场景下的数据迁移方案”针对不同场景进行讨论。

4.3　云上的数据库迁移的工具

本节会和您简单讲述目前阿里云云上的数据库可用的迁移工具。考虑到篇幅，本节不会对这些迁移工具进行操作步骤说明，只会对它们的适用场景进行讲述，使您可以对它们有基本的认识和理解。

4.3.1　数据传输服务 DTS

数据传输服务 DTS（以下简称 DTS）是阿里云的一款商业化的数据库迁移产品，是一款关系型数据库、非关系型数据库、数据仓库等数据库类型的数据迁移工具。它支持部分数据库的异构迁移、双向迁移，并且具备迁移服务的故障容灾机制，同时借助 DTS 的断点续传的特性可以对因硬件、网络等导致的数据迁移过程中的异常中断进行有效的处理。

图 4-3 是 DTS 产品的迁移流程图，从这个流程图中可以清晰地看到 DTS 的架构和原理。

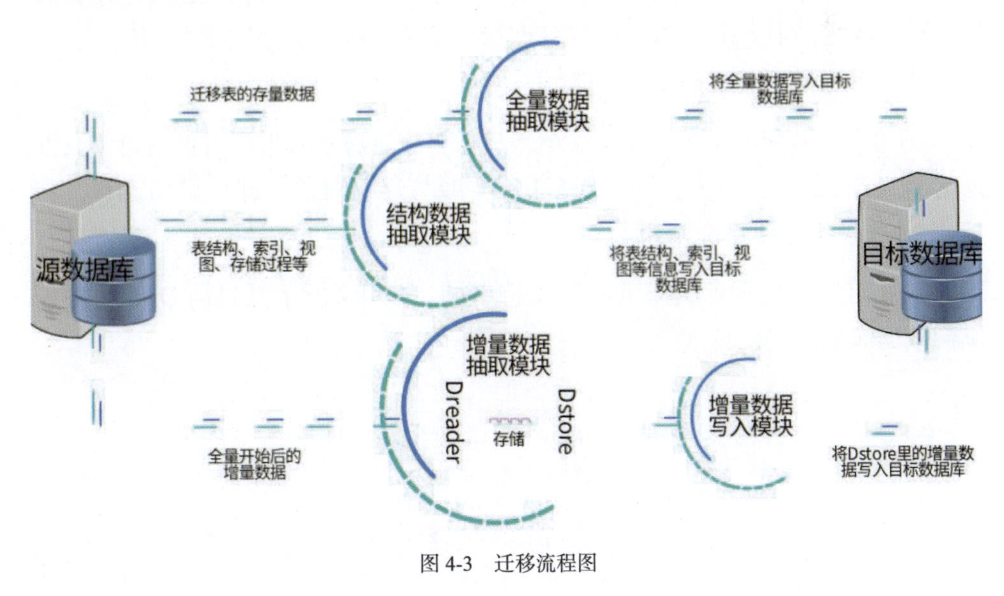

图 4-3　迁移流程图

DTS 的迁移分为三个阶段：数据结构迁移（有的非关系型数据库不具备数据结构，比如 Redis、MongoDB 等）、数据全量迁移、数据增量迁移。

结构迁移是指迁移源端数据库的对象结构信息。这些结构包括表结构、索引、视图、存储过程等。DTS 会通过数据库提供的查询接口来获取源端数据库实例里数据对象的结构信息。结构迁移是首先进行的，只有先创建了对象结构，再进行后面的数据迁移时才能正常存放数据。DTS 对结构迁移也做了一些优化，比如触发器在进行结构迁移时不会进行触发器的创建，而是会在全量数据迁移完后再进行创建。

全量迁移是指迁移源端数据库实例的数据（表的记录）。这是真正的数据的迁移，它迁移的是源端数据库表里已经存在的数据（这些数据可能是历史数据，早已经写入，也可能是刚刚写入不久的数据，非未来新增的数据），DTS 通过数据库提供的查询接口获取源端数据库里的表的数据，然后通过数据库提供的数据写入接口写入目标端数据库实例。大多数情况下，DTS 查询源端数据库里表的数据不是一次性全部查询的，它会对这些数据进行分片，然后并行查询各个分片的数据。DTS 写入目标端数据也是并行写入的。

增量数据迁移是指 DTS 通过解析源端数据库实例的相关数据库日志 (比如 MySQL 的 Binlog、SQL Server 的 Transaction Log、MongoDB 的 Oplog 等)，把全量迁移开始之后的增量数据在全量迁移完成后同步到目标端，实现增量数据迁移，DTS 支持增量数据迁移的长期运行，该特性对异地灾备、“多活”、不停机迁移等场景的实现提供了可能。

DTS 本身的配置步骤也非常简单，只需要配置源端数据库实例与目标数据库实例，连通性检测通过后，选择迁移类型与迁移对象，即可启动迁移，如图 4-4、图 4-5 与图 4-6 所示。

DTS 对不同数据库类型的功能支持不同，表 4-2 所示是目前 DTS 对各种不同数据库的迁移支持。

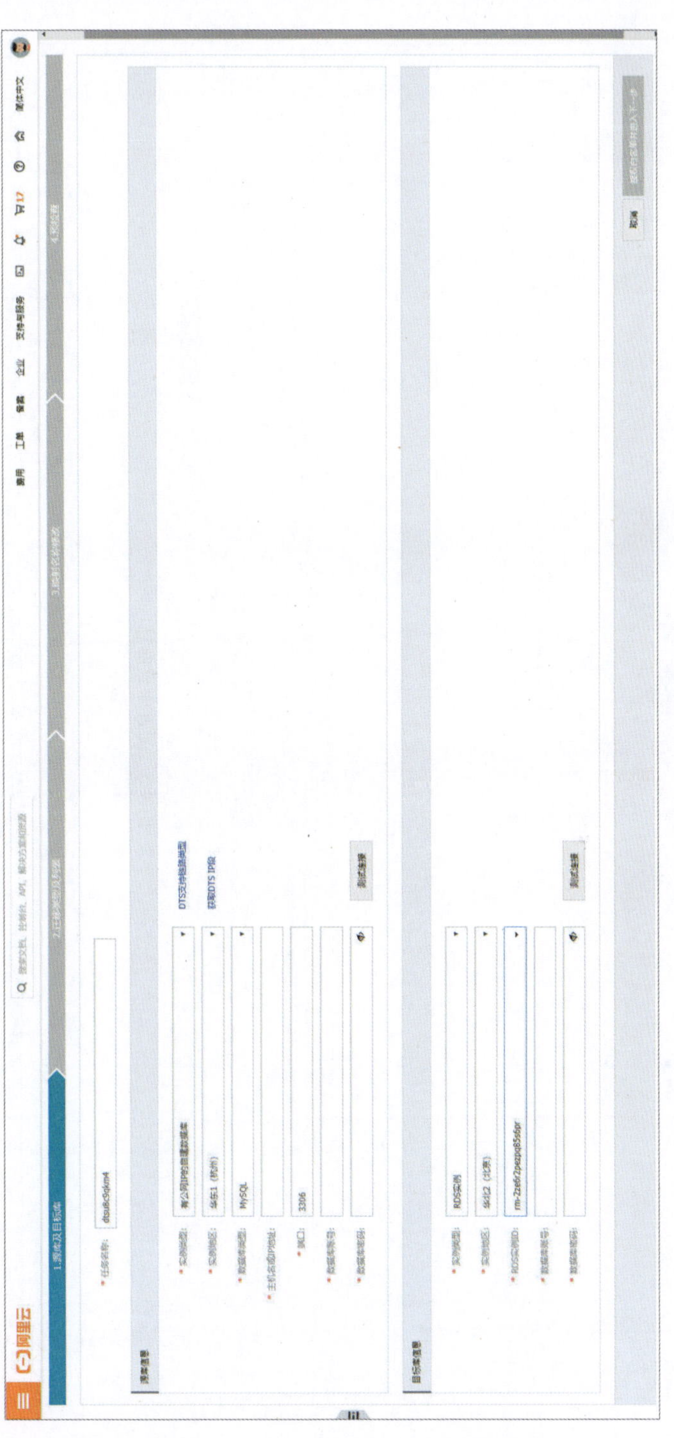

图 4-4　配置基础信息

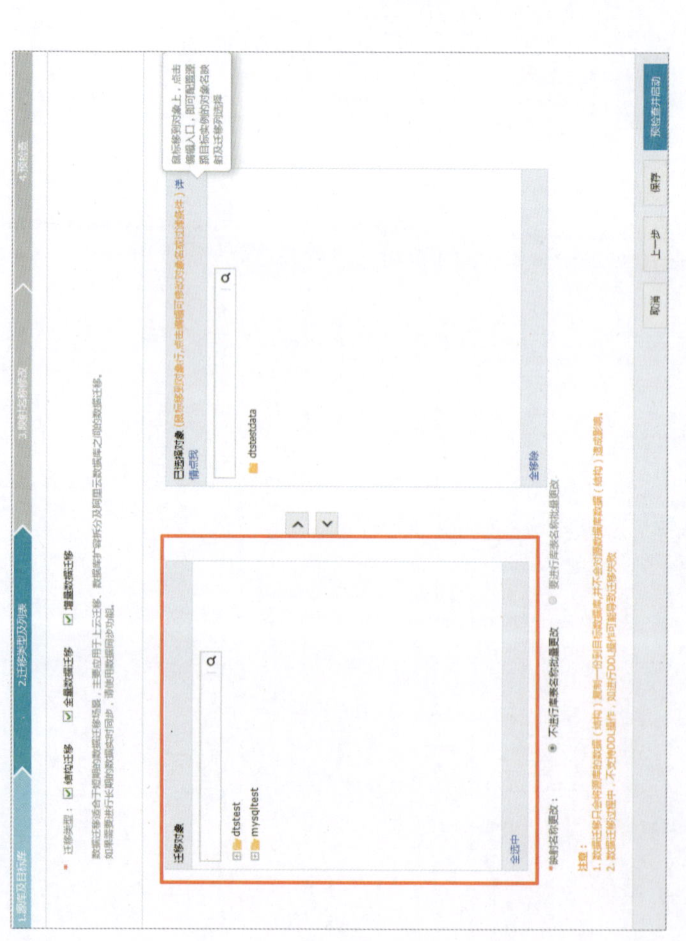

图 4-5　配置库表信息

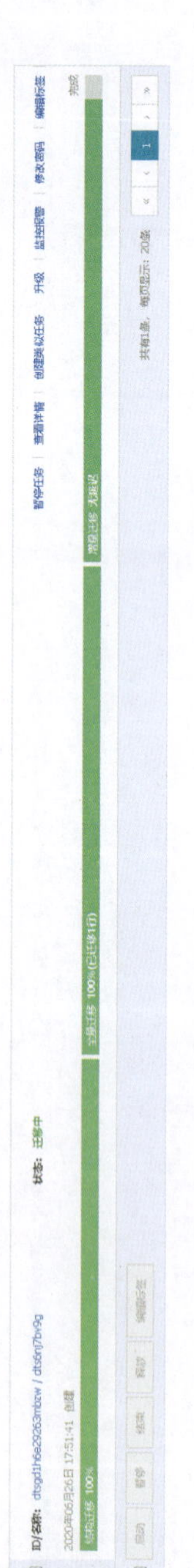

图 4-6　迁移进度

表4-2　部分支持数据库一览

源数据库	目标数据库	迁移类型
本地机房自建MySQL 5.1、5.5、5.6、5.7、8.0版本	自建MySQL	结构迁移、全量数据迁移、增量数据迁移
	RDS MySQL 所有版本	
	PolarDB MySQL 所有版本	
	DRDS所有版本。说明：DRDS中的数据库须基于RDS MySQL创建，DTS暂不支持基于PolarDB MySQL创建的数据库	全量数据迁移、增量数据迁移
	分析型数据库MySQL版（AnalyticDB MySQL）2.0、3.0版本	结构迁移、全量数据迁移、增量数据迁移
	自建PostgreSQL 9.4、9.5、9.6、10.x、11.x、12版本	全量数据迁移、增量数据迁移
	自建Oracle（RAC或非RAC架构）9i、10g、11g、12c、18c、19c版本	结构迁移、全量数据迁移、增量数据迁移
自建SQL Server 2005、2008、2008R2、2012、2014、2016、2017版本。说明：暂不支持SQL Server Cluster或SQL Server Always On High Availability Group。源库为2005版本时不支持增量数据迁移	自建SQL Server 2005、2008、2008R2、2012、2014、2016、2017版本。说明：暂不支持SQL Server Cluster或SQL Server AlwaysOn High Availability Group	结构迁移、全量数据迁移、增量数据迁移
自建Oracle（RAC或非RAC架构）9i、10g、11g、12c、18c、19c版本	自建Oracle（RAC或非RAC架构）9i、10g、11g、12c、18c、19c版本	结构迁移、全量数据迁移、增量数据迁移
	PolarDB兼容Oracle语法引擎所有版本	
	RDS PPAS 9.3、10版本	
	自建MySQL 5.1、5.5、5.6、5.7、8.0版本	
	RDS MySQL 所有版本	
	PolarDB MySQL 所有版本	

续表

源数据库	目标数据库	迁移类型
自建Oracle（RAC或非RAC架构）9i、10g、11g、12c、18c、19c版本	DRDS 所有版本。说明：DRDS中的数据库须基于RDS MySQL创建，DTS暂不支持基于PolarDB MySQL创建的数据库	全量数据迁移、增量数据迁移
	分析型数据库MySQL版（AnalyticDB MySQL）2.0、3.0版本	结构迁移、全量数据迁移、增量数据迁移
自建PostgreSQL 9.4、9.5、9.6、10.x、11.x、12版本	自建PostgreSQL 9.4、9.5、9.6、10.x、11.x、12版本	结构迁移、全量数据迁移、增量数据迁移
	RDS PostgreSQL 9.4、10、11、12版本	
自建MongoDB（单节点、副本集或分片集群架构）3.0、3.2、3.4、3.6、4.0或4.2版本	自建MongoDB（单节点、副本集或分片集群架构）3.0、3.2、3.4、3.6、4.0或4.2版本	全量数据迁移、增量数据迁移。说明:NoSQL数据库不需要结构迁移
	阿里云MongoDB实例（单节点、副本集或分片集群架构）所有版本	
自建Redis（仅支持单机架构）2.8、3.0、3.2、4.0、5.0版本	自建Redis（单机或集群架构）2.8、3.0、3.2、4.0、5.0版本	全量数据迁移、增量数据迁移。说明：NoSQL数据库不需要结构迁移
	阿里云Redis实例（单机或集群架构）社区版4.0、5.0版本	
自建TiDB	自建MySQL 5.1、5.5、5.6、5.7、8.0版本	结构迁移、全量数据迁移、增量数据迁移
	RDS MySQL 所有版本	
	PolarDB MySQL 所有版本	
自建DB2 9.7、10.5版本	自建MySQL 5.1、5.5、5.6、5.7、8.0版本	结构迁移、全量数据迁移、增量数据迁移

除基本的数据迁移功能外，DTS 还针对 MySQL 数据库提供数据订阅功能，数据订阅可以实时订阅数据库的新增数据，可以满足业务系统的实时分析、缓存策略更新、业务异步解耦等需求。

4.3.2　数据库和应用迁移服务 ADAM

与数据传输服务 DTS 不同，数据库和应用迁移服务 ADAM（以下简称 ADAM）只面向特定的上云场景，它只专注于 Oracle 数据库到云上数据库（PolarDB-O、RDS MySQL / PostgreSQL / PPAS、云原生数据仓库 AnalyticDB PostgreSQL 版）的迁移。它比 DTS 迁移 Oracle 数据库时做得更多，DTS 只负责数据库数据的迁移，如果因为数据库数据、语法、权限等问题产生迁移失败，DTS 会把无法处理的错误抛出让用户处理，DTS 也不会对应用的语法兼容性方面进行优化改进，而 ADAM 的迁移充分考虑到了这些点，ADAM 的迁移分为三个阶段：数据库评估、数据库改造迁移、应用评估。完整的迁移流程可以概括为图 4-7。

数据库评估阶段在正式迁移前通过网络连接源端 Oracle 数据库实例，收集 Oracle 的环境、数据库对象、SQL、数据库空间、数据库性能和事务等方面的信息。通过对这些数据的分析，提供需要的目标数据库实例的规格以及目标数据库与源端数据库实例可能存在的兼容性问题，这些信息会以分析报告与迁移计划的形式输出。

数据库改造迁移阶段分为改造和迁移，改造是在数据库评估的基础上，根据数据库评估输出的迁移计划，将源端数据库实例的数据库对象迁移到目标端数据库实例，其中会根据执行计划的内容对数据库对象的创建语句进行转换，生成目标库的 DDL。迁移是指目标库的对象创建完之后，对数据进行迁移。

经过数据库评估和数据库改造迁移两个环节后，源端 Oracle 的数据库对象会同步到目标数据库。应用评估阶段是在此之后对源端的 Java 程序相关代码进行改造的工作，应用程序的改造比数据库复杂很多，应用的代码可能已经经历过很多开发者，这是 Oracle 到异构数据库迁移的难点和痛点，应用评估改造可以快速梳理数据库异构迁移过程中的应用修改内容，定位应用的改造点。

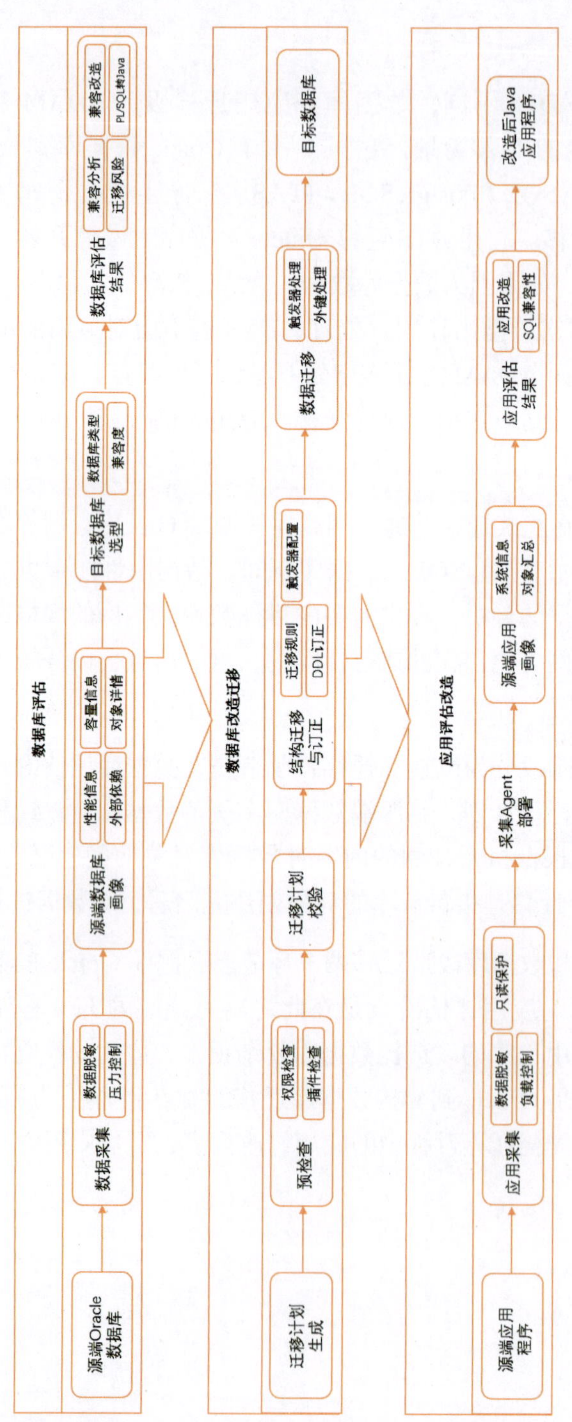

图 4-7 ADAM 的三个阶段

4.3.3 数据集成

Dataworks 数据集成是稳定高效、弹性伸缩的数据同步平台，致力于提供复杂网络环境下丰富的异构数据源之间高速稳定的数据移动及同步能力。Dataworks 数据集成产品设计的主要目的是解决 OLTP 库到 OLAP 库的数据流转调度问题，实现实时查询库和计算库的分离。数据集成主要分为两大类：离线数据同步和实时数据同步。

离线数据同步通过 Dataworks 的 reader 组件进行数据抽取，使用 writer 组件做数据写入,多数用于 T+1 的分析型场景和历史存量数据上云场景,如图 4-8 所示。

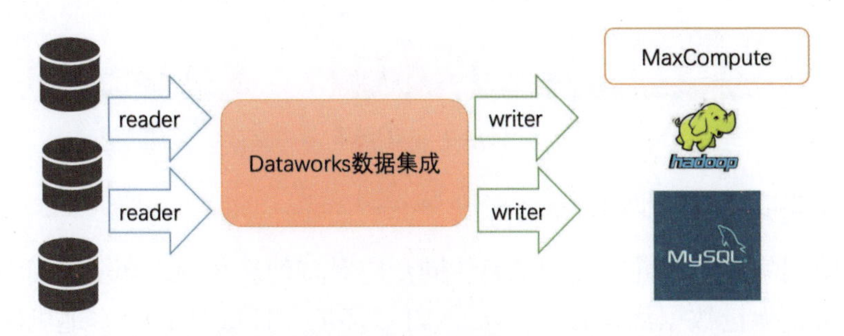

图 4-8 数据集成方案

离线数据同步分为全量上云同步和增量同步两种，全量上云主要通过批处理任务的方式，将全量的历史数据采集到 Dataworks 中再进行写入，增量离线同步根据需要同步的数据在写入后是否发生变化，分为恒定的存量数据（通常是日志数据）和持续更新的数据（例如人员表中，人员的状态会发生变化）。针对恒定的存量数据，可以采用分区表的方式，按照时间进行分区，将新增数据写入新的分区中，达到每日调度每日增量的效果。持续更新的数据建议每天进行一次全量数据同步，调度到新的分区中，然后再将新分区的数据和原有全量表的数据进行 merge 操作，达到生成最新数据的效果。

实时数据同步应用于完整的 ETL 场景（见图 4-9），支持的 ETL 如下：

- 输入：MySQL、Oracle、Kafka、DataHub、LogHub 和 PolarDB 等。
- 输出：MaxCompute、Hologres、Kafka 和 DataHub 等。
- 数据转换：数据过滤和字符串替换等。

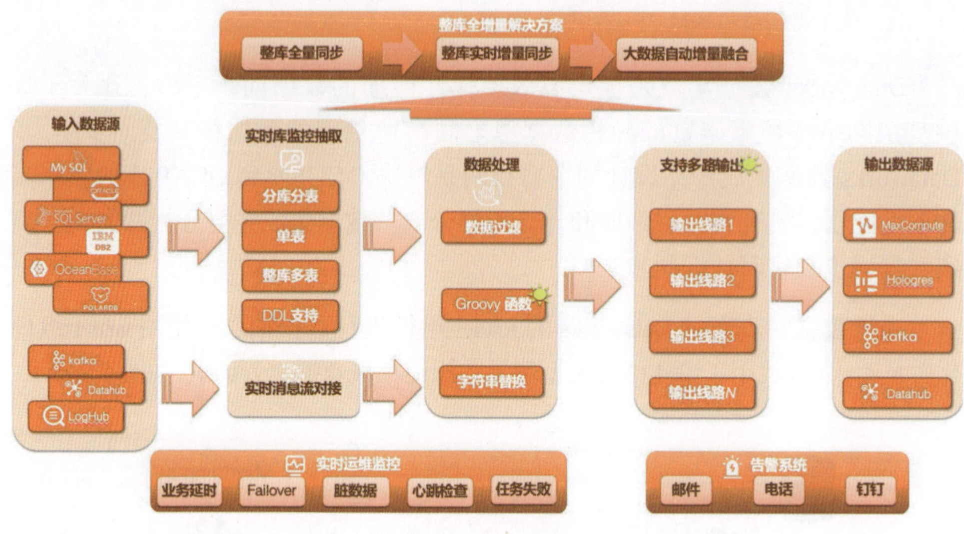

图 4-9　ETL 场景

数据集成实时同步的优势：

- 数据集成实时同步复用了离线同步应对多种复杂网络环境的网络打通能力，无论数据源是公网，还是 VPC 环境，抑或是 IDC 本地机房，数据集成均可以支持。
- 数据集成实时同步支持 Checkpoint 机制，所有实时同步任务运行的位点信息均会定时存储在高可用存储系统里，保障任务发生 FailOver 时依然可以断点续传；同时基于数据集成实时同步的 Checkpoint 机制，同步的数据可以保证 At Least Once（至少一次）。
- 针对数据过滤分发的场景，比如用户需要将源端实时输入的数据，根据不同的过滤条件，分发写入不同的目的端数据源。这种一路输入多路输出的场景，数据集成实时同步也支持。实时同步基于原有的 dataX 进行进一步发展，在针对 OLTP 库到 OLAP 库（MaxCompute 或 Hologres）的数据流转上有较好的应用。

4.3.4　BDS

BDS 服务与 ADAM 类似，也是针对特定场景的，它主要为自建 HBase 集群迁移到云 HBase 集群提供支持。HBase 集群迁移同样分为历史数据与增量数据两部分。对历史数据的迁移，BDS 的实现有两种方式，第一种是通过文件拷贝的方式进行，即迁移过程中不会连接源端的 HBase 集群，只获取源端 HBase 集群 HDFS 中的 HFile 文件。通过将这些数据文件传输到目标 HBase 集群来实现数据迁移。第二种是通过 HBase 提供的数据查询接口获取源端 HBase 集群的数据，这种方式需要与源端 HBase 集群进行交互，也就无法避免之前讨论过的对源端 HBase 集群性能的影响。

BDS 服务默认采用第一种方式进行历史数据迁移。对增量数据迁移，BDS 依靠扫描源端 HBase 集群 HDFS 上的日志来实现，将扫描到的日志数据解析后应用到目标 HBase 集群。历史与增量数据迁移的实现如图 4-10 所示。

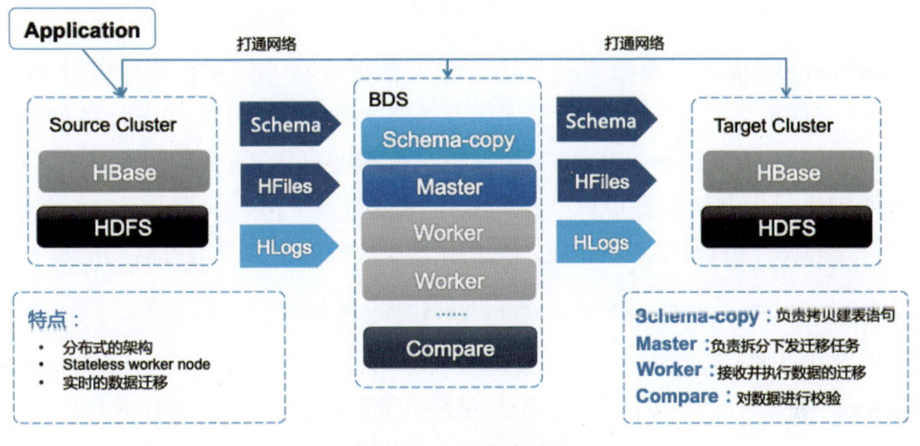

图 4-10 BDS 服务过程

BDS 的数据源类型除了 Hbase 之外，还支持 DTS 数据订阅，通过配置 DTS 数据订阅可以实现对 MySQL 数据库实例增量数据的实时消费，满足离线数据分析等场景的需求。

4.3.5 其他迁移工具

前面的 4 个迁移工具是目前阿里云自研的商业化产品。使用它们已经可以满足大部分迁移场景。本节想要讲述的是一些开源的迁移工具，它们有的是不同的数据库官方的迁移工具，有的是阿里云自研且开源的迁移工具，了解它们能够更好地服务我们的迁移场景。

4.3.5.1 redis-shake

redis-shake 是阿里云 Redis 团队开源的用于 Redis 数据库之间进行数据迁移的工具。可以在各大搜索引擎中搜索到它的 GitHub 地址。

它通过模拟 Redis 的从库获取源端数据库的 RDB 文件以及增量命令来实现数据的全量以及增量迁移，如图 4-11 所示。

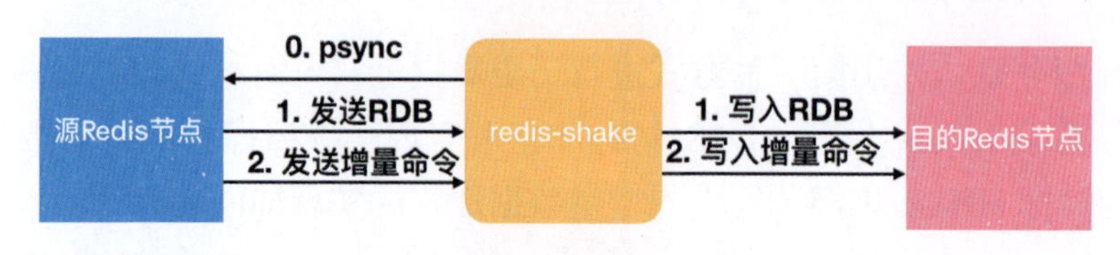

图 4-11 redis-shake 过程

redis-shake 也可以单独支持只进行全量数据迁移，使用它还可以对 Redis 的 RDB 文件的内容进行解析与展示，从而实现通过 RDB 文件进行数据的恢复。redis-shake 的适用场景非常广泛，无论是源端的自建 Redis 数据库是单节点、主从架构还是集群架构都可以支持，其使用也非常灵活，只需要在 .conf 文件中配置完源库、目标库以及相关参数选项后，执行如下命令即可启动同步：

```
./redis-shake -type=sync -conf=../conf/redis-shake.conf
```

如果在迁移完成后需要进行数据校验，可以使用 Redis 团队开源的 redis-full-check 校验工具，同样可以在各大搜索引擎中搜索到它的 GitHub 地址。

它的校验方式是以源端数据库为准，校验目标数据库的数据是否存在，校验逻辑为多次循环比较，每一次比较都会记录不一致的数据并进入下一轮比较，该校验工具也适用于其他需要校验的场景，如图 4-12 所示。

4.3.5.2 MongoShake

MongoShake 是阿里云 MongoDB 团队开源的用于 MongoDB 数据库之间进行数据迁移的工具，可以在各大搜索引擎中搜索到它的 GitHub 地址。MongoShake 同样实现了全量迁移和增量迁移功能。其全量的实现是通过源端 MongoDB 数据库提供的查询接口（find 与 getMore）进行数据的获取，然后把数据应用到目标端数据库实例，其增量的实现基于源端 MongoDB 的 Oplog 日志，对获取到的日志进行解析，转换成可以在目标端数据库实例执行的语句，在目标端进行应用，其架构与数据流如图 4-13 所示。

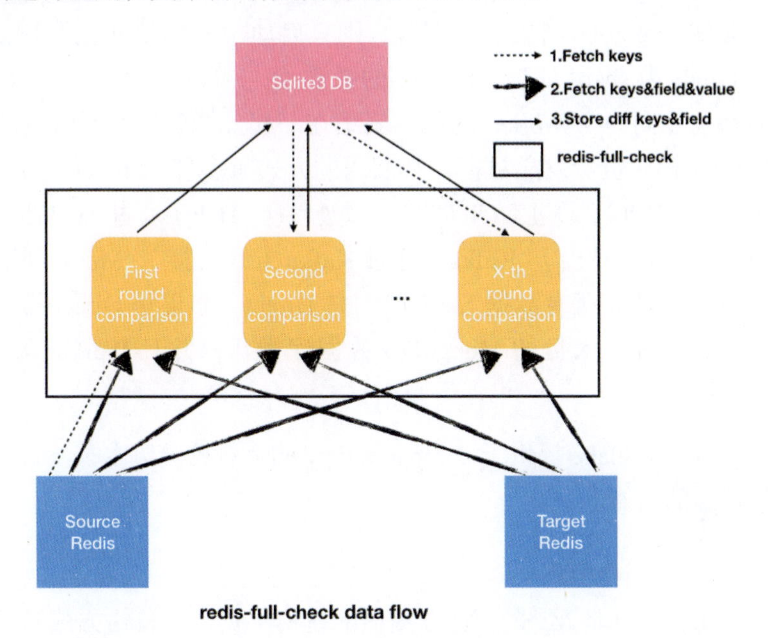

图 4-12　redis-full-check 过程

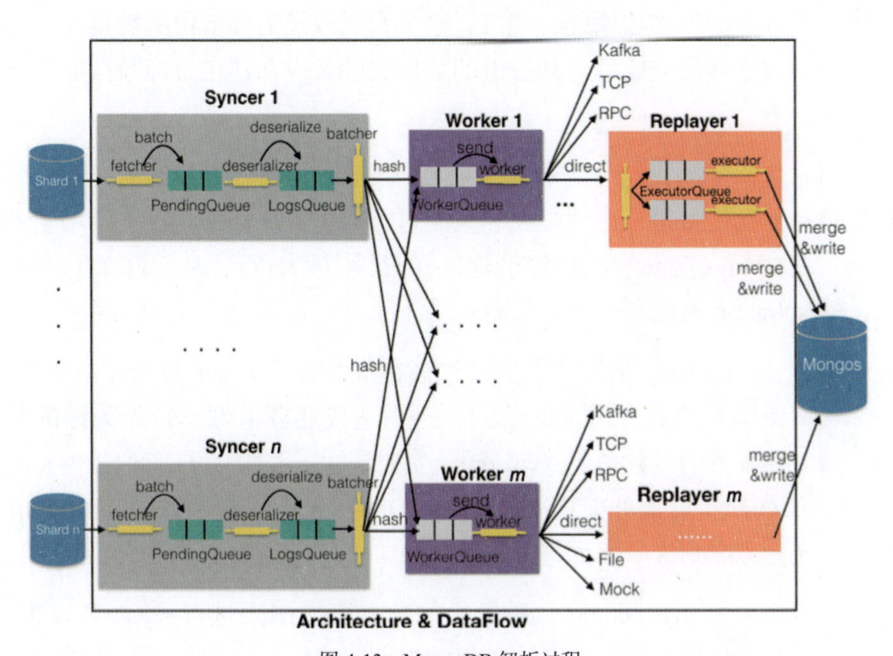

图 4-13　MongoDB 解析过程

Syncer 模块负责从源数据库拉取数据，Syncer 的数量取决于源端实例的架构，如果源端 MongoDB 非 shard 部署，则只启动一个 Syncer 抽取数据，如果源端 MongoDB 为 shard 部署，Syncer 的数量会与 shard 数量一致。Syncer 内部处理后将前往同一个 Worker 的数据聚集在一起，然后发送到对应的 Worker 队列。Worker 模块负责发送数据，其发送的方式有多种：Direct（直接写入目的 MongoDB）、RPC（通过 NET/RPC 方式连接）、TCP（通过 TCP 方式连接）、File（通过文件方式对接）、Kafka（通过 Kafka 方式对接）、Mock（用于测试，不写入 Tunnel，抛弃所有数据），常用的是 Direct。如果是 Direct 模式，对接 Replayer 模块进行写入目的 MongoDB 数据库操作，并且 Worker 与 Replayer 一一对应。

另外，MongoShake 提供了 comparison.py 的全量校验脚本，不过目前并未提供增量校验的功能。

4.3.5.3 mysqldump

mysqldump 工具是 MySQL 官方提供的备份工具，其备份方式是通过网络连接源端数据库实例，执行数据库提供的查询命令（select 命令）来备份数据，只需要配置好数据库连接地址、端口、账号密码以及需要备份的数据库，即可启动备份。数据备份完成后，其备份的数据文件可以在连接目标数据库实例后直接执行。

使用它可以帮助我们灵活地在 MySQL 数据库之间进行数据的迁移，但是它只能进行一次性备份，也就是说它只能进行全量数据迁移，不支持增量的数据迁移。使用 mysqldump 工具备份建议在只读节点进行，从而降低对业务的影响，mysqldump 备份有三个非常需要关注的点：表锁、负载与时间。

- 表锁：mysqldump 的默认参数设置会在备份时对备份的数据库产生表锁，从而影响其他业务请求的访问，进而造成业务卡顿。较为关键的几个与表锁有关的参数是：--skip-opt（主要是为了关闭 --opt 参数）、--single-transaction（设置可重复读，对 InnoDB 表有效）。在使用 mysqldump 时应充分考虑到这一点。
- 负载：由于 mysqldump 会对备份的数据库内的表进行 select 全表扫描，如果数据量较大，无疑会让备份的数据库产生很高的负载，严重的会造成业务卡顿。

- 时间：mysqldump 属于逻辑备份，如果要备份的数据量非常大，mysqldump 备份的耗时会相应增长，俗话说夜长梦多，越长的备份时间可能会产生越多的备份问题。这也是需要考虑在内的。

4.3.5.4　pg_dump 与 pg_restore

pg_dump 和 pg_restore 工具是 PostgreSQL 官方提供的逻辑备份与恢复工具，pg_dump 支持输出 4 种格式的备份文件，分别是 plain（纯文本格式）、custom（自定义格式）、directory（目录格式）、tar（tar 格式）。除去 plain 格式外，其他数据格式的恢复需要依靠 pg_restore 工具。同样 pg_dump 也只支持一次性备份且只能进行全量数据迁移，不支持增量的数据迁移。虽然 PostgreSQL 官方也提供了物理备份的工具，但是如前面所述，云上数据库大多不支持物理文件恢复。

使用该工具的注意事项与 mysqldump 相同，此处不再赘述。

4.3.5.5　mongodump 与 mongorestore

mongodump 与 mongorestore 工具是 MongoDB 官方提供的备份与恢复工具，和 pg_dump 与 pg_restore 的使用类似，mongodump 备份文件需要借助 mongorestore 进行恢复。mongodump 支持对单节点、副本集以及集群的 MongoDB 实例进行备份。

4.3.5.6　SQL Server BACKUP 与 RESTORE

SQL Server 数据库的 BACKUP 与 RESTORE 命令与前面讲述的逻辑备份方式不同，虽然这两个命令也是通过连接 SQL Server 进行备份和恢复的，但是其备份的目标文件目录（.bak 文件）必须在数据库运行时所在的主机磁盘中，恢复时也必须将文件放到对应的主机磁盘目录中。由于云上数据库的主机访问权限问题，导致此方法产生的备份文件在进行云上数据库恢复的时候非常困难。

云上 RDS SQL Server 为此提供了恢复方案，该恢复方案的逻辑是借助阿里云的对象存储 OSS，将 BACKUP 命令备份得到的备份文件上传到对象存储 OSS 中，然后 RDS SQL Server 会将对象存储 OSS 中的文件传输到 RDS SQL Server 运行的主机进行恢复，该功能的逻辑如图 4-14 所示。

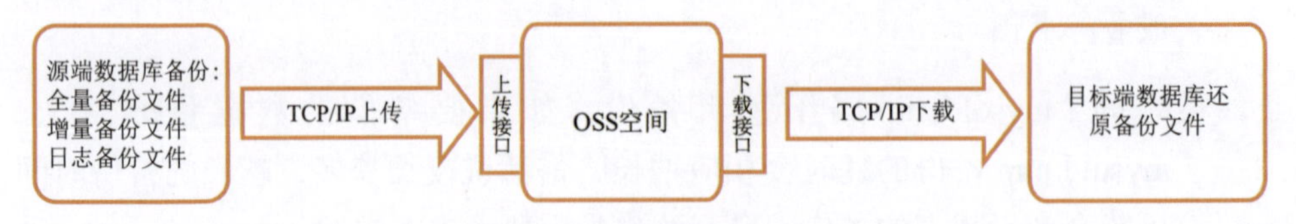

图 4-14　读取 OSS 还原

为了实现增量数据上云，需要不断对源端进行日志备份，并且把备份上传至 OSS 进行云上恢复，所以包含增量数据上云的操作步骤和耗时一般会很长，需要提前预估和安排时间，图 4-15 所示为包含全量以及增量数据上云的完整的操作流程示例。

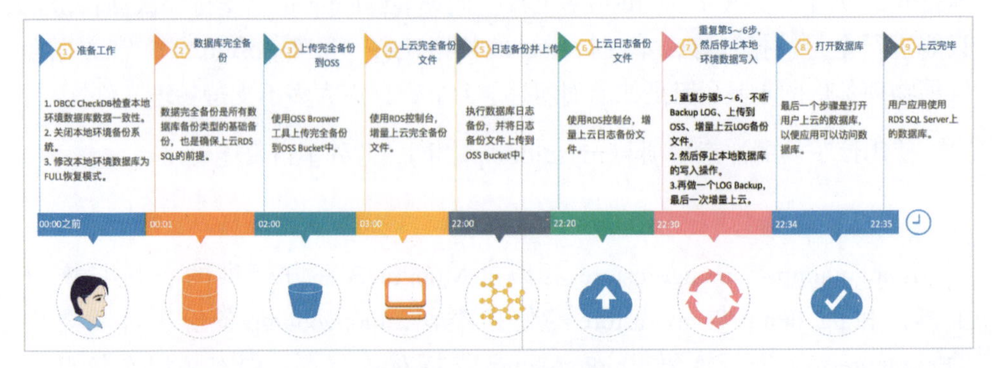

图 4-15　OSS 上云过程

4.3.5.7　工具的对比

工具的对比如表 4-3 所示。

表4-3　工具的对比

工具名称	结　　构	全　　量	增　　量	数据校验	在线迁移
DTS	P	P	P	P	P
ADAM	P	P	O	O	O
数据集成					
BDS	P	P	P	P	P
redis-shake	无	P	P	O	P
MongoShake	无	P	P	O	P

续表

工具名称	结　　构	全　　量	增　　量	数据校验	在线迁移
mysqldump	P	P	O	O	O
pg_dump与pg_restore	P	P	O	O	O
mongodump与mongorestore	无	P	O	O	O
SQL Server BACKUP与RESTORE	P	P	P	O	P

4.4　不同场景下的数据迁移方案

前面讲述了数据迁移的步骤、不同的数据库类型的迁移方式以及各种迁移工具，本节会以一个电商平台的系统架构发展的角度，列举自建数据库上云过程中的几个典型场景，通过前面讲述的内容对这些场景的迁移方案进行讨论和分析。

4.4.1　场景 1：一对一迁移

A 公司是一家小型电商创业公司，其电商平台涵盖了店铺、商品、订单、搜索、会员管理等模块，前期出于客户体量较低以及成本考虑，公司的技术团队使用图 4-16 所示的系统架构。

从这个框架中可以看到，该公司使用一台应用服务器进行业务请求的处理，业务系统的各个模块全部运行在该服务器上，并且使用了主备模式的数据库进行数据的存储和查询。该系统架构在业务发展初期已经完全可以满足需求。

假设该阶段公司技术团队为了更加灵活地对资源进行控制，应对突发流量对业务系统的压力，降低 IT 成本，决定对这套业务系统进行上云操作。

该系统上云分为两部分：应用与数据库。针对应用系统上云，技术团队选择在云上购买一台 ECS 服务器部署应用程序。重点讨论数据库上云，为了数据库系统的稳定和快速恢复，技术团队选择购买高可用版本的 RDS MySQL 数据库，由于本地的数据库是主备模式，而云上 RDS for MySQL 的高可用版本虽然也是主备模式，但是高可用的备节点主要做容灾，无法对外提供服务，所以要满足真正的主备模式，还需要在 RDS 高可用实例中添加一个只读节点来充当本地数据库架构中的备节点。产品选型之后的数据库架构如图 4-17 所示。

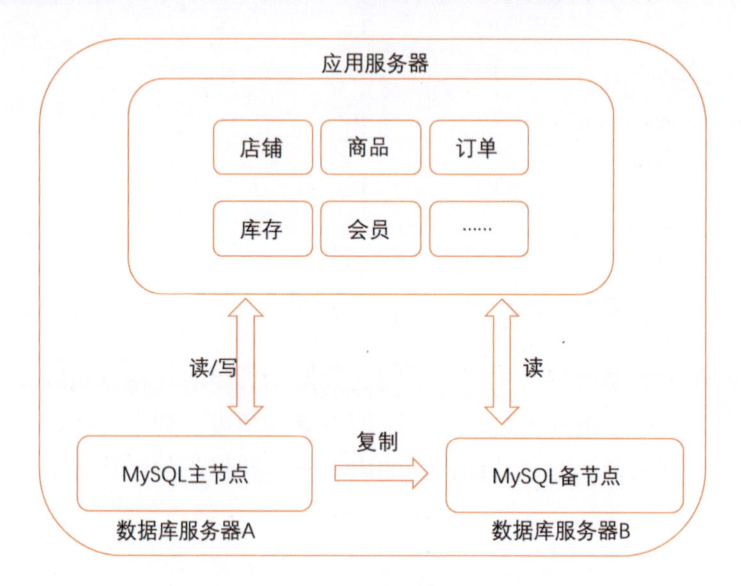

图 4-16　系统架构

图 4-17　一对一复制

产品选型完成后，开始对数据库进行迁移。在进行正式迁移之前，技术团队考虑了如下几点要素。

- 迁移工具：由于 DTS 对 MySQL → MySQL 的迁移支持非常好，而且支持增量迁移，方便业务切换，迁移工具决定使用 DTS。
- 连接方式：考虑到数据安全和传输速率的影响，DTS 连接本地数据库的方式使用专线连接。
- 业务影响：由于 DTS 迁移会对表的数据进行全表扫描，业务高峰期迁移会严重影响业务响应，故把迁移时间安排在了夜间零点之后。而且为了进一步降低对本地数据库主节点的影响，决定开启本地备节点数据库的 Binlog，DTS 连接本地备节点数据库进行数据迁移。

- 停机时间：由于云上有完整的一套业务系统，业务切换时只需将业务流量切换到云上系统即可，停机时间基本可以忽略。
- 迁移时间规划：本地数据库业务表数量 500 个，数据大概 300GB，借助 DTS，结构 + 全量数据理想情况下可以在 3~4 个小时内完成，后进行增量数据的持续迁移。
- 迁移策略：为了充分评估云上系统的性能，决定分批次切换现有用户流量到新的系统，并且持续保持本地数据库系统到云上数据库系统的数据同步，直到业务完全切换到云上且稳定运行后断开。如果在理想时间内因未知问题导致没有完成结构 + 全量的数据迁移，则取消迁移，评估解决实际问题后重新规划时间。

一对一迁移的迁移流程和最终架构如图 4-18 所示。

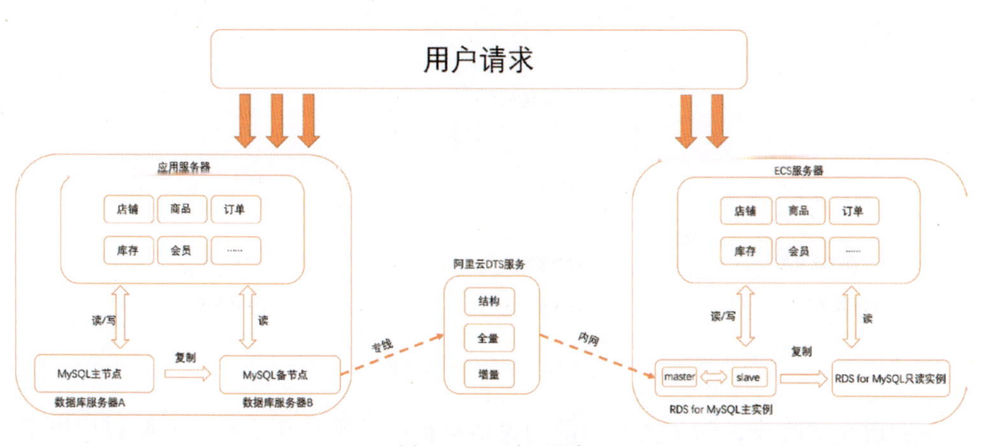

图 4-18　一对一迁移

这是一对一迁移的典型场景，也是最简单的上云场景，由于业务模块全部在一个服务器中，不需要考虑业务模块上云的先后和调用问题。但是如果遇到多个业务模块耦合性较强的迁移场景，由于无法保证多个业务系统同一时间全部上云，直接这样一刀切就无法实现，这种多业务模块的场景迁移方案我们会在下一节讨论。

4.4.2 场景 2：一对多高耦合业务迁移

随着 A 公司业务的发展以及人员的增多，之前的系统架构显现出了严重的问题，首先是所有的业务模块代码都放在一台主机上运行，且代码之间依赖性强，导致运维开发效率非常低，业务代码放到一台主机上运行，单台应用主机性能有限。其次是所有的请求全部与关系型数据库交互，热点数据容易给数据库造成非常大的压力，读写成为瓶颈。考虑到这两个主要因素，公司技术团队对其系统架构进行了调整。首先把业务进行拆分，独立到各个服务器中进行部署，各个系统之间如果有依赖则远程调用，其次，增加缓存数据库，降低热点请求对数据库压力的影响，如图 4-19 所示。

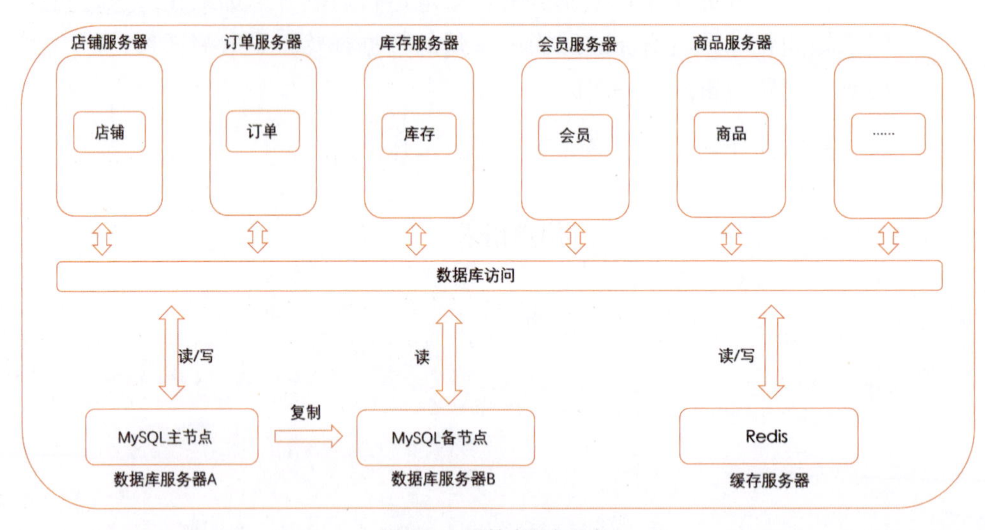

图 4-19　原始多服务业务

假设在该阶段，为了实现资源的灵活可扩展，现公司的技术团队讨论决定让这套业务系统上云。

该系统上云分为三个部分。

- 应用系统：本地业务子系统有多套，各子系统之间存在请求调用。出于某些原因，无法同一时间让这些系统全部上云，决定先让订单子系统以及会员子系统上云。针对应用系统上云，只需在云上购买两台 ECS 服务器部署订单子系统和会员子系统。上云后由于订单和会员子系统与商品、库存、店铺等子系统存在调用关系，可以通过专线实现调用。

- 数据库 MySQL：为了突破单体数据库的容量瓶颈，技术人员决定将数据库内的对象按照业务子系统进行拆分，将不同子系统的数据库对象迁移到云上的不同 RDS 实例中，且维持主备模式。针对数据库 MySQL 上云，购买多台 RDS 数据库主实例以及对应的只读实例。
- 数据库 Redis：对于本地 Redis，云上也有对应的 Redis 产品，购买云上 Redis 主从版，云 Redis 主从版与 RDS 高可用版架构相同，都是主备架构，备节点不提供服务。

与一对一迁移评估的要素相比，技术团队增加了如下几点要素。

- 迁移工具：考虑到操作的简便性，Redis → Redis 的迁移同样选择用 DTS 进行。
- 迁移场景：由于要把本地数据库对象拆分到多个 RDS 中，迁移拓扑为 1 ：n 迁移，需要使用多个 DTS 任务分别迁移本地数据库的各个子系统对象到云上的多台 RDS 数据库中。

一对多迁移的迁移流程和最终的架构如图 4-20 所示。

高耦合业务数据迁移场景一般发生在源端业务系统有多个，业务之间互相依赖性很强，而且依赖的数据库是同一个的情况。比如源端业务系统有多个，业务系统之间相互调用，如果迁移时做不到多个系统同一时间上云，首先需要考虑云上系统与云下系统的交互问题，其次需要考虑云上系统与云下系统的请求一致性问题，比如订单子系统一致性要求较高时，可以考虑订单子系统的写入和查询请求都通过专线访问本地数据库，然后由数据同步程序同步至云上数据库，如果会员子系统的一致性要求较弱，则可以直接读写云上数据库。

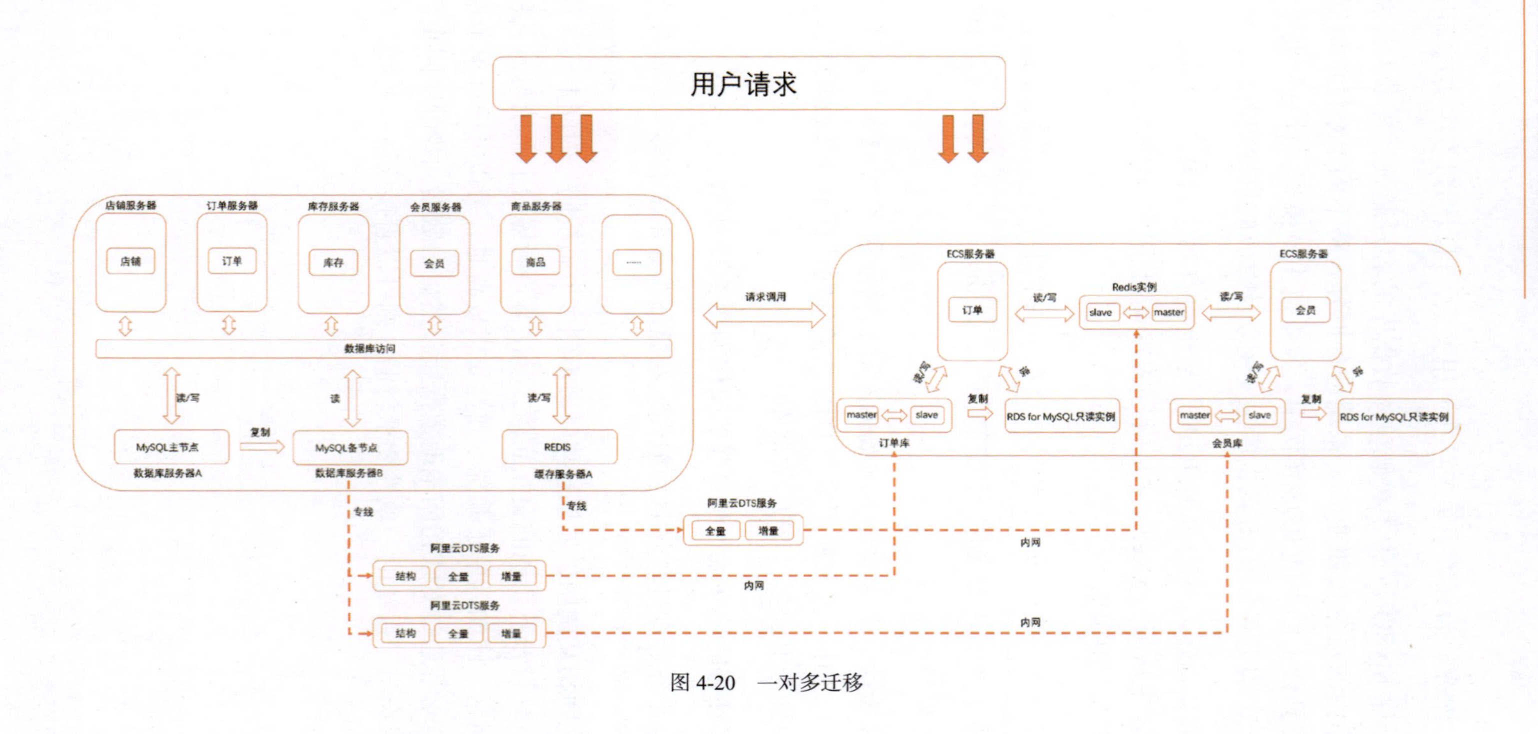
用户请求
店铺服务器
店铺
订单服务器
订单
库存服务器
库存
会员服务器
会员
商品服务器
商品
数据库访问
读/写
读
MySQL主节点
数据库服务器A
复制
MySQL备节点
数据库服务器B
REDIS
缓存服务器A
请求调用
ECS服务器
订单
读/写
Redis实例
slave
master
ECS服务器
会员
读/写
读
master
slave
复制
RDS for MySQL只读实例
订单库
会员库
专线
阿里云DTS服务
全量
增量
结构
内网

图 4-20　一对多迁移

4.4.3　场景 3：多对一异构迁移

随着 A 公司业务的继续高速增长，之前的系统架构再次面临了业务侧的挑战：单体数据库的容量与性能成为瓶颈，不能满足以后的业务需求。为了解决这个问题，公司技术团队决定对数据库进行垂直拆分与水平拆分，首先将单体数据库按业务维度拆分成多个独立的数据库，再对拆分后的数据库按照业务逻辑实体（假设为 Y）维度水平拆分为多个独立的数据库，业务系统与拆分的数据库通过分布式数据中间件进行交互，各个独立数据库维持主备模式，如图 4-21 所示。

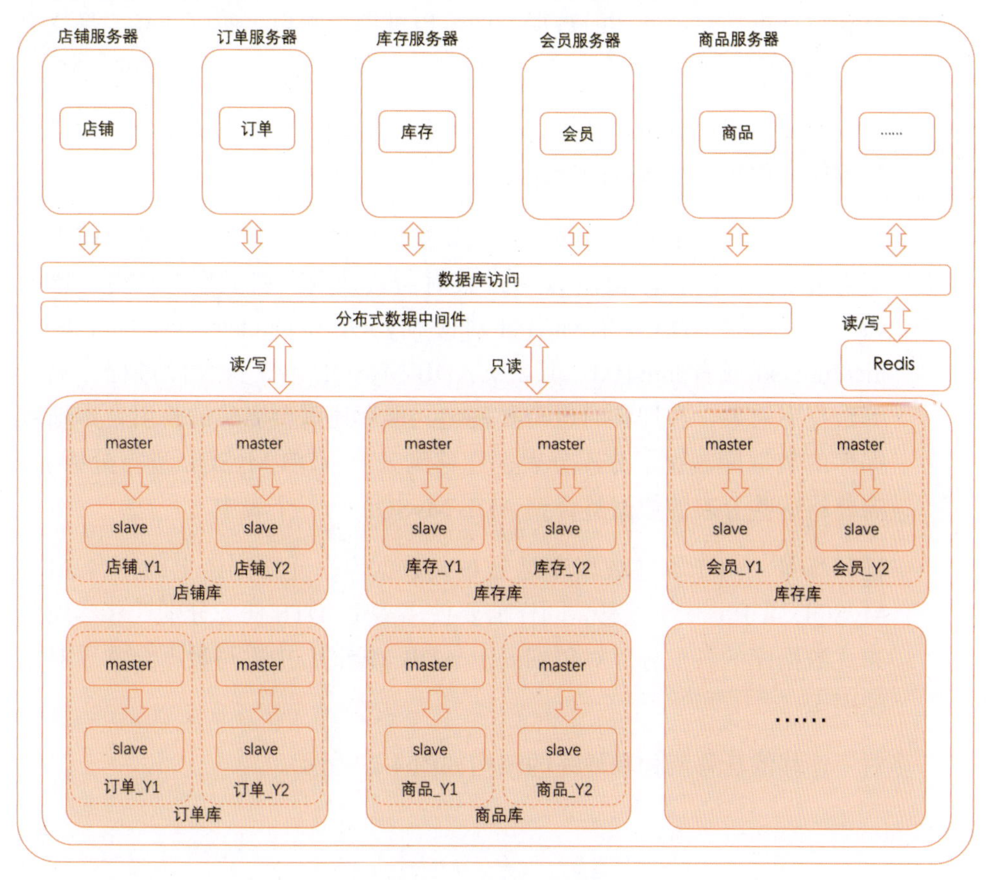

图 4-21　多业务原始模型

更换到这个架构之后，当前系统可以满足业务相当长一段时间的发展。但是这个架构在进行实时报表分析时，无法满足分析要求，技术团队决定将这些数据迁移到云上 OLAP 数据库进行实时报表分析。在产品选型方面，由于本地数据库是 MySQL 数据库，技术团队考虑使用云上的云原生数据仓库 MySQL 版（简称 ADB MySQL）进行实时报表分析。

在迁移评估要素方面，技术团队比之前增加了如下几点。

- 迁移工具：由于 DTS 对 MySQL → ADB MySQL 的迁移支持较完善，且支持增量迁移方便实时数据的同步以及库表映射，所以迁移工具决定使用 DTS。
- 停机时间：报表分析业务是一套允许停机时间的独立业务系统，停机时间可以不作为重点考量的对象。
- 数据库对象映射：由于 ADB MySQL 数据库语法、数据库对象、数据类型等并非 100% 兼容 MySQL，迁移时需要涉及一些类型的映射，比如 varchar 类型，ADB 中的 varchar 对应 MySQL 中的 char、varchar、text、mediumtext 或者 longtext。其次，ADB MySQL 不支持存储过程、函数等数据库对象，在迁移时也需要避免。最后还需要名称的映射，本地数据库的数据库表做了分库分表，迁移到云上 ADB MySQL 进行分析后，需要将这些分表的数据整合到 ADB MySQL 的一个表中。
- 迁移场景：由于本地数据库是分布式数据库，迁移到云上的一台 ADB MySQL 属于 n ：1 迁移，同样需要使用多个 [1]DTS 任务分别迁移本地分布式数据库的各个分库对象到云上 ADB MySQL 中进行数据合并（对象映射）。

多对一迁移的迁移流程和最终的架构如图 4-22 所示。

1 如果使用的分布式数据中间件可以满足DTS结构+全量+增量数据抽取，则可以只启动一个DTS然后连接分布式数据中间件获取数据，不需要直连底层的MySQL实例。常见的情况是连接底层的MySQL实例抽取数据，尤其是在涉及增量数据实时同步的情况下。

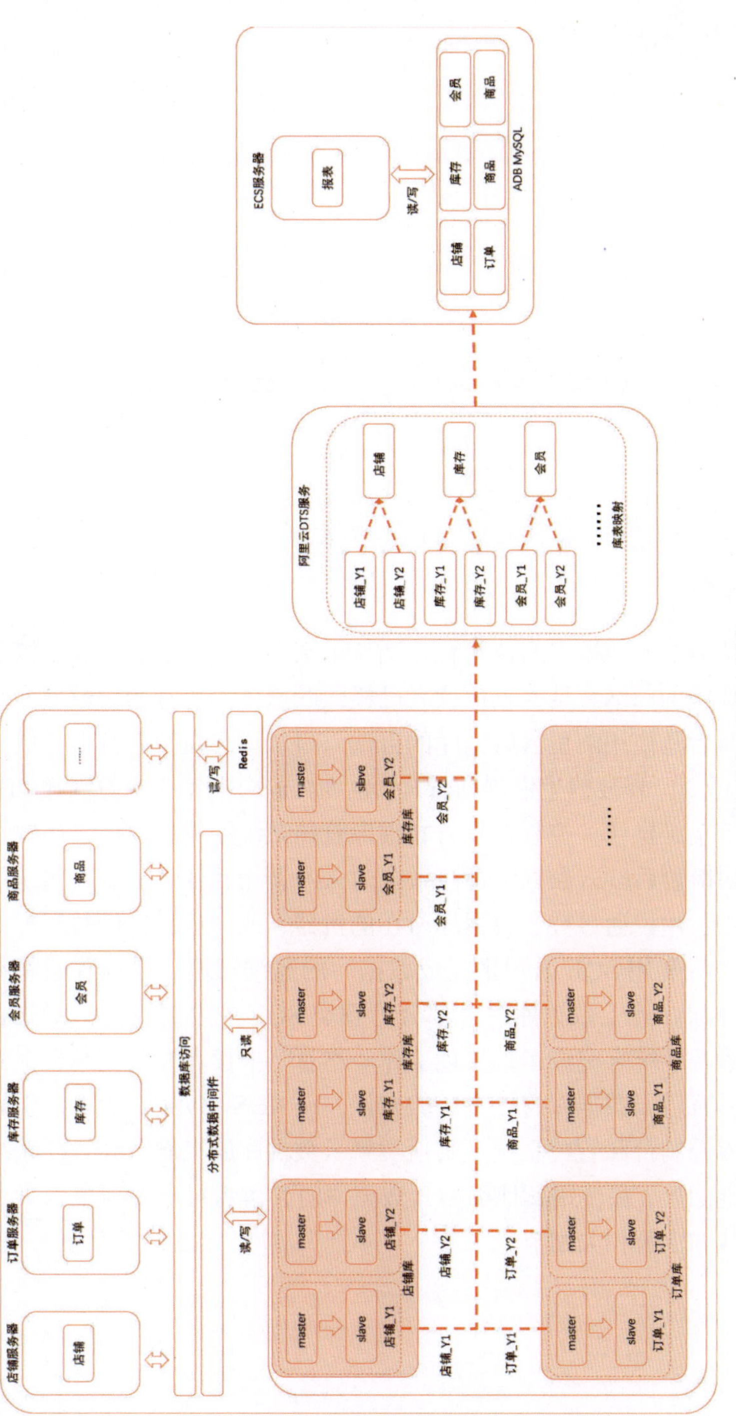
店铺服务器
店铺
订单服务器
订单
库存服务器
库存
会员服务器
会员
商品服务器
商品
数据库访问
分布式数据中间件
读/写
只读
Redis
master
slave
店铺_Y1
店铺_Y2
店铺库
库存_Y1
库存_Y2
库存库
会员_Y1
会员_Y2
订单_Y1
订单_Y2
订单库
商品_Y1
商品_Y2
商品库
阿里云DTS服务
库表映射
ECS服务器
报表
ADB MySQL

图 4-22 多对一迁移

第5章 云上数据库运维指南与最佳实践

前面章节对云数据库的技术特点和技术选型、典型场景实践，以及数据库迁移做了详细的归纳总结，相信读者已经跃跃欲试，要开始云数据库的体验之旅了。控制台是使用阿里云数据库的首选入口，用户在控制台上完成实例的购买、续费、变配、释放等生命周期管理，也在控制台上完成备份恢复、HA 切换、修改参数等运维操作。控制台是云数据库管控系统的用户界面，用户在控制台上的操作对应着后端云数据库管控系统的 API 调用和任务流。在传统的数据库部署环境中，用户通过登录数据库所在的机器，或者远程连接数据库，直接执行系统命令或利用 SQL 语句来完成数据库的运维管理，但云数据库不提供物理机器的登录，连上数据库时，部分管理类 SQL 被限制执行，因此必须通过云数据库管控系统来完成运维管理工作。本章将向读者介绍控制台上常见功能的使用及其背后云数据库管控系统的知识，以 RDS MySQL 为例，引导读者熟悉云数据库控制台和管控系统。其他类型云数据库的控制台和管控系统大部分与之有相通之处，在使用其他类型云数据库时，读者可参考阿里云官方产品文档进行确认和了解相关细节。

5.1　快速入门使用云数据库

通常开始使用云数据库需要完成如图 5-1 所示的操作。阿里云 RDS 官方文档对这些操作的具体执行步骤有详细介绍，这里将对其中的一些重要知识点进行讲解。

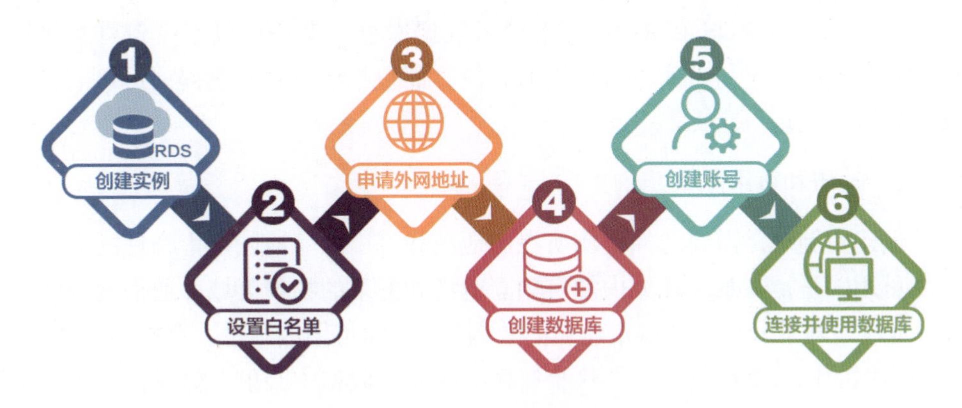

图 5-1　快速入门使用云数据库

5.1.1　创建 RDS 实例

使用云数据库 RDS MySQL 需要先创建 RDS MySQL 实例，当用户按照官方文档步骤，在控制台上打开实例创建页面时，需要对实例多方面的配置进行选择。关于数据库引擎类型和版本的选择，相信通过之前章节的学习，读者已经知道如何选择了。另一部分配置选项中涉及一些云数据库管控方面的概念，下面，将对这些概念进行介绍，并给出最佳的选择路线。

1. 计费方式

实例创建页面上的计费方式有如下三种。

- 购买专属集群主机。
- 购买包年或包月服务。
- 按使用量付费。

专属集群主机是一种相对特殊的实例部署方式；购买包年或包月服务属于

预付费，即在新建实例时需要支付费用；按使用量付费属于后付费，即按小时扣费。对于包年或包月和按量付费之间的选择，一般短期使用的实例适合按使用量付费，用完可立即释放实例，节省费用，而长期使用的实例则建议选择包年或包月，价格比按量付费更实惠，并且购买时长越长，折扣力度越大。

几乎所有类型的云数据库都支持创建实例后将按量付费实例转为包年或包月，但目前只有 RDS 和 Redis 等部分云数据库类型支持将包年或包月实例转为按量付费。按量付费实例可以随时释放，而包年或包月实例提前退订需要提交工单进行处理。

2. 地域和可用区

创建实例时，需要选择实例所在的地域和可用区。地域是指物理的数据中心；可用区是指在某个地域内拥有独立电力和网络的物理区域。通俗地理解就是，地域是阿里云在某个城市建立的数据中心，而可用区则是一个机房。例如，某个实例的地域是杭州，表示这个实例在杭州的数据中心里，更具体地说，实例在杭州可用区 F，则进一步指明了实例所在的机房。一个地域可以有多个可用区，地域与可用区之间的关系如图 5-2 所示。

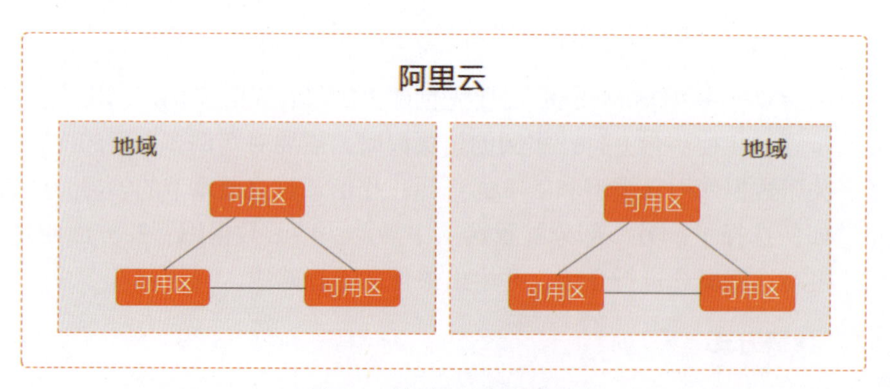

图 5-2　地域与可用区的关系

数据库实例购买后可以迁移可用区，但无法更换地域。相同可用区内网络通信最快，跨地域则网络上会有延迟。一般情况下，同地域跨可用区的网络 RTT（Round-Trip Time）是毫秒级别的，跨地域的网络延迟则视地域距离而定。因此数据库实例应该和客户端 ECS 实例位于同一地域，能在同一可用区更好，以实现最高的访问性能。主备实例多可用区部署可以实现可用区级别容灾，例如，由于电力故障，一个可用区无法提供服务时，另一个可用区的备实例可以继续服务保障业务不受影响。而单可用区部署能保证最高的性能稳定，不会因为主备切换造成的可用区变化产生网络延迟。

在阿里云控制台上，实例列表是按地域来展示的。例如，进入 RDS 控制台的实例列表后，默认会展示杭州地域（或用户上次选择的地域）的实例，要查看其他地域的实例，需要在页面左上角更改地域。如果没有在实例列表中找到实例，建议检查地域是否正确。

3．存储类型

为满足不同场景的需求，云数据库 RDS 提供本地 SSD 盘、SSD 云盘和 ESSD 云盘三种数据存储类型。本地 SSD 盘与数据库引擎位于同一节点，是直接挂载在实例所在主机上的 SSD 盘，因此 I/O 延时低。SSD 云盘是基于分布式存储架构的弹性块存储设备，将数据存储于 SSD 云盘，实现了计算与存储分离。ESSD 云盘是增强型（Enhanced）SSD 云盘，提供 PL1、PL2、PL3 三个性能级别 (Performance Level)。不管是哪一种存储类型，RDS 的可靠性、持久性和读写性能均会满足产品 SLA 承诺。不同存储类型的对比见表 5-1。

表5-1　存储类型对比

对 比 项	本地SSD盘	SSD云盘	ESSD云盘
I/O性能	I/O延时低，性能好	有额外的网络I/O延时，性能较差	相对SSD云盘有大幅提升
规格配置灵活性	可选配置较多，存储容量也可单独调整。仅部分本地SSD盘实例的存储空间大小与实例规格绑定，无法单独调整	可选配置较多，存储容量也可单独调整	可选配置较多，存储容量也可单独调整
弹性扩展能力	需要拷贝数据，拷贝时间可能需要几个小时	分钟级	分钟级

4．实例规格族

选择实例规格时，CPU 核数和内存大小需要根据业务负载来选择，这里重点介绍规格分类，也称实例规格族。实例创建页面上将实例规格分为入门级和企业级。入门级对应通用型的实例规格，这类规格的实例独享被分配的内存，与同一物理机上的其他通用型实例共享 CPU 和存储资源，通过资源复用享受规模红利，性价比较高，但有一定的资源争抢风险，可能会受同机器上其他实例的影响，适合对性能稳定性要求较低的应用场景。企业级实例是独享型的实例，具有完全独享的 CPU 和内存，性能长期稳定，不会因为物理机上其他实例的行为而受到影响。独占物理机型是独享型的顶配，也称为独占主机型，完全独占一台物理机的所有资源。通用型与独享型的区别如图 5-3 所示。

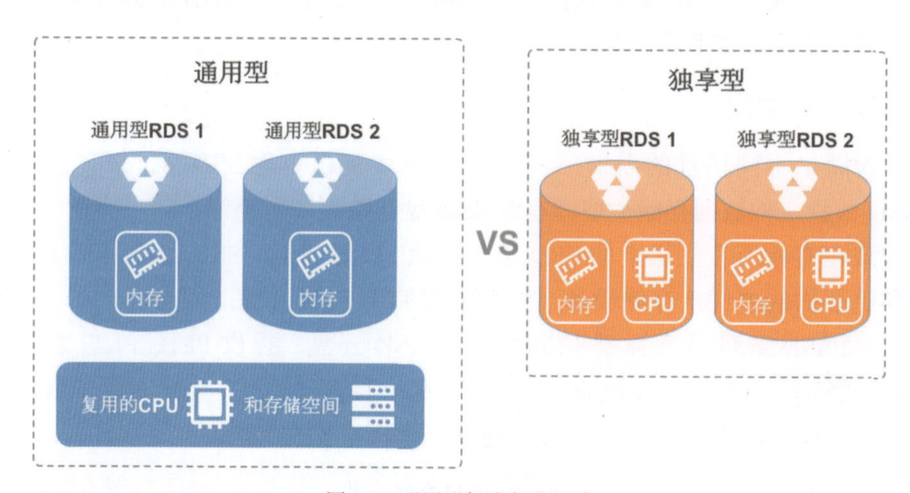

图 5-3　通用型与独享型区别

5. 经典网络和专有网络

经典网络是传统的网络类型，同一地域的所有经典网络实例在同一个网络中，能够互通。专有网络也称 VPC（Virtual Private Cloud），是在云上创建的专用虚拟网络，安全性和性能均高于传统的经典网络，是推荐采用的网络类型。VPC 不能跨地域，不同的 VPC 之间是隔离的，无法互通，VPC 与经典网络之间也不能互通，因此访问数据库的客户端 ECS 与数据库要么都是经典网络，要么在同一个 VPC 中。

RDS MySQL 实例创建后，支持切换网络类型，既可从经典网络切换成专有网络，也可以从专有网络切换成经典网络，如图 5-4 所示。当将实例从经典网络切换到 VPC 时，为了避免经典网络中的 ECS 不能再通过内网访问实例，实现平滑的网络迁移，在切换时可以选择保留经典网络地址，开启网络混访功能，这时会给实例新增一个 VPC 内网地址。在混访期间，实例可以同时被经典网络和专有网络中的 ECS 访问。基于安全及性能的考虑，阿里云推荐仅使用 VPC，因此混访期有一定的时限。原经典网络的内网地址在保留时间到期后会被自动释放，应用将无法通过经典网络的内网地址访问数据库。为避免对业务造成影响，需要在混访期内将 VPC 下的内网地址配置到所有应用中，以实现平滑的网络迁移。如果实在无法在混访期内完成应用的修改，可以在控制台上延长混访期限，每次允许延长 120 天，延长次数无限制。如果切换时选择不保留经典网络地址，则经典网络的内网地址会变为 VPC 的内网地址（连接字符串没有变化，背后的 IP 地址有变化），会造成一次 30 秒内的闪断。

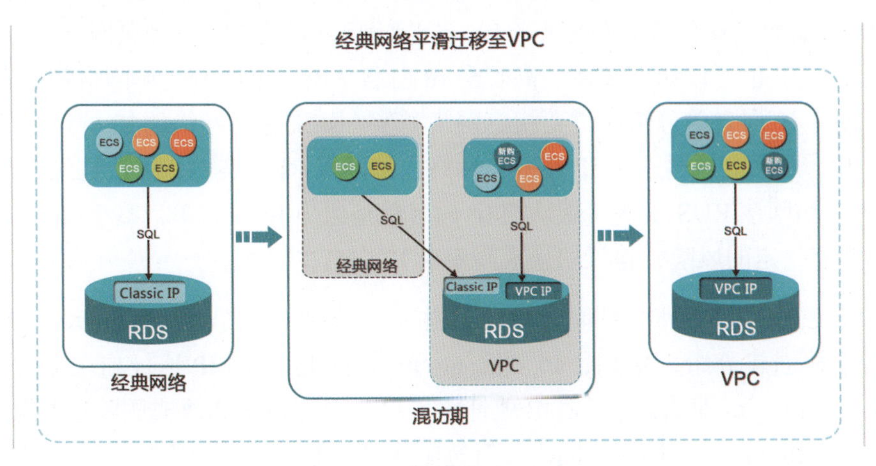

图 5-4　经典网络迁移至 VPC

5.1.2　设置白名单

RDS MySQL 实例创建完成后，必须设置白名单后才能被访问。只有白名单上列出的设备才能访问实例，使实例得到高级别的访问安全保护。建议用户定期维护白名单，修改白名单不会影响实例的正常运行。

白名单有 IP 白名单和安全组两种形式，两者可以同时进行设置。

- IP 白名单：通过 IP 地址指定能够访问实例的设备。
- 安全组：安全组是一种虚拟防火墙，用于控制安全组中 ECS 实例的出入流量。

在白名单中添加安全组后，该安全组中的 ECS 实例就可以访问实例。默认的 IP 白名单只包含 127.0.0.1，表示任何设备均无法访问该 RDS 实例。默认的 IP 白名单可以修改或清空，但是无法删除这个默认分组。如果 IP 白名单中包含 0.0.0.0/0，则表示允许任何设备访问实例。这种设置风险很高，强烈建议禁止这种设置，但在排查连接不通的问题时，临时短暂地将 0.0.0.0/0 加入白名单可以快速定位问题。除了向默认白名单分组中添加 IP 地址外，还可以新创建 IP 白名单分组，使业务 IP 分组更便于维护管理。

IP 白名单分为通用 IP 白名单和高安全 IP 白名单两种模式。通用 IP 白名单模式中的 IP 地址既适用于经典网络，也适用于专有网络。这种模式有安全风险，例如期望专有网络内的某个 IP 访问实例，设置该 IP 后，经典网络（外网）内的这个 IP 也可以访问实例。高安全 IP 白名单模式中区分经典网络和专有网络，创建 IP 白名单分组时需要指定网络类型。如果专有网络的 IP 分组内放行某个 IP，则只能通过这个 IP 在专有网络内访问该 RDS 实例，无法从经典网络（外网）访问该 RDS 实例。默认的 IP 白名单是通用 IP 白名单，鉴于通用 IP 白名单具有一定的风险，建议切换成高安全 IP 白名单模式。

在使用云上工具产品时，由于这些工具需要访问实例，会自动添加 IP 白名单并创建分组，例如，ali_dms_group 是 DMS 产品 IP 地址白名单分组、hdm_security_ips 是 DAS 产品 IP 地址白名单分组。请勿修改或删除这些分组，以免影响相关产品的使用。同时，请勿在这些分组里增加业务 IP，以免相关产品更新时覆盖掉业务 IP，影响业务正常运行。

5.1.3 设置连接地址

实例创建完并设置了白名单后，默认只提供内网地址来访问实例。通过内网访问实例安全性高，可以实现最佳访问性能。当无法通过内网访问实例时，例如，ECS 实例与 RDS 实例位于不同地域，或者阿里云以外的设备要访问 RDS 实例，可以申请实例的外网地址，外网地址申请后，不需要时可以释放。

自动分配的内网地址和外网地址，连接地址前缀默认是实例 ID（再加两个随机字母）。如果觉得默认的连接地址前缀不方便记忆和使用，或者应用程序中使用的旧连接地址不方便更改，则可以修改实例的连接地址前缀和端口，修改立即生效，不需要重启实例。修改实例的连接地址前缀和端口后，应用程序只有使用修改后的地址才能连接实例。

5.1.4　创建数据库和账号

创建 RDS 数据库的操作比较简单，需要注意的是数据库字符集的选择，如果业务上需要存储表情符号，数据库字符集必须选择 utf8mb4 字符集。

RDS MySQL 实例支持两种数据库账号：高权限账号和普通账号。由于 RDS MySQL 不开放 root 账号权限，因此高权限账号就是用户的实例管理员账号。高权限账号在一个实例中只能创建一个，拥有实例下所有数据库的所有权限，可以对普通账号进行个性化和精细化的权限管理，例如，可按用户分配不同表的查询权限。高权限账号可以断开任意普通账号的连接。

高权限账号只能通过控制台（或 API）创建和管理，普通账号则还可以通过 SQL 语句创建。用 SQL 语句创建普通账号，还能限制账号从指定 IP 地址访问实例，例如，通过如下语句创建的 test001 用户，只能从 42.120.74.119 访问实例。

```
CREATE USER 'test001'@'42.120.74.119'IDENTIFIED BY 'passwd';
```

对于普通账号，需要手动在控制台上授予特定数据库的权限。控制台上的授权默认可以管理整个数据库，如果只想用账号管理数据库中的某个表、视图、字段，可以通过 SQL 命令进行授权，例如，如下 SQL 语句授权用户 test01 更新表 testtable 的字段 testid。

```
grant update (testid) on table testtable to test01;
```

5.1.5　常见运维管理

经过前面四步，RDS 实例已经可以被连接及接受业务请求了，但要保持 RDS 的高性能、高稳定性、数据安全，还需要对实例进行必要的运维管理。常见的运维管理操作有如下四种，阿里云官方帮助文档上都有详细介绍。

- 修改实例参数。
- 设置备份策略。
- 升级实例小版本。
- 变更实例配置。

5.2 主备切换（HA）

高可用版实例自带一个备实例，通过主备实例的切换实现高可用。主备切换是在实例运维管理中出现频率较高的事件，会造成不超过 30 秒的连接闪断，应用需要用重连机制，以便主备切换发生后可以及时恢复连接。从主备切换发起的原因来看，有以下三种主备切换的场景。

- 用户动手动进行主备切换。
- 实例状态不健康触发自动主备切换。
- 其他运维操作隐含主备切换。

在某些场景下，主备切换能起到类似于重启实例的效果，但主备切换比重启实例执行更快，例如，当业务异常导致数据库资源使用率较高时，可以通过主备切换快速将数据库恢复到正常状态。RDS MySQL 控制台上提供了手动发起主备切换的功能，进入实例管理页面，在左侧导航栏中选择“服务可用性”菜单项，然后在右侧页面上的“实例可用性”区域就能看到“主备库切换”按钮，如图 5-5 所示。如果没有“主备库切换”按钮，请检查实例是否是高可用版本，基础版实例没有备实例，因此不支持主备实例的切换。

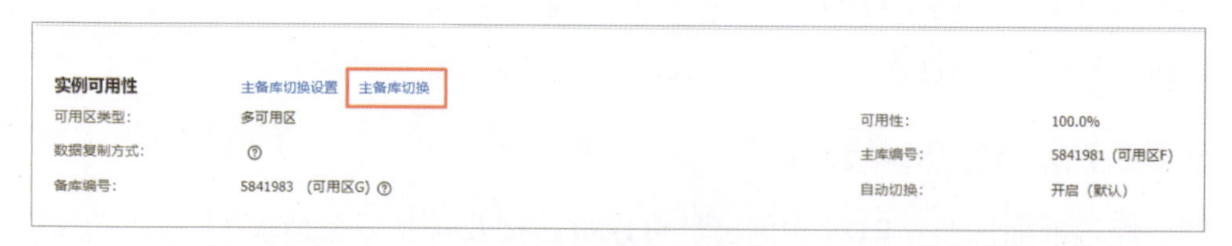

图 5-5　主备切换功能

为了减小各种运维操作对业务的影响，大多数运维操作中有进行主备切换的动作，例如，实例小版本升级会首先对备实例进行小版本升级，这时主实例仍然正常提供服务。等备实例小版本升级完成后进行主备切换，备实例变成新的主实例继续提供服务，而原来的主实例变成了备实例，并开始升级小版本。通过主备切换优化了整个任务的流程，使得升级小版本操作对业务的影响只有不超过 30 秒的闪断，即只有主备切换的影响。

5.2.1　HA 健康检测机制

HA 组件会定期对高可用实例进行心跳检查，确认实例运行正常。如果通过心跳检查发现实例响应超时或报错，会根据报错情况做出决策，发起主备切换，实现实例的高可用，降低用户业务受到的影响。HA 组件开始健康检测时，会连接主库执行心跳检查 SQL 语句，如果执行失败的话，会进行重试，总共执行 3 次，以最后一次的执行结果为依据进入决策流程，心跳检查原理如图 5-6 所示。

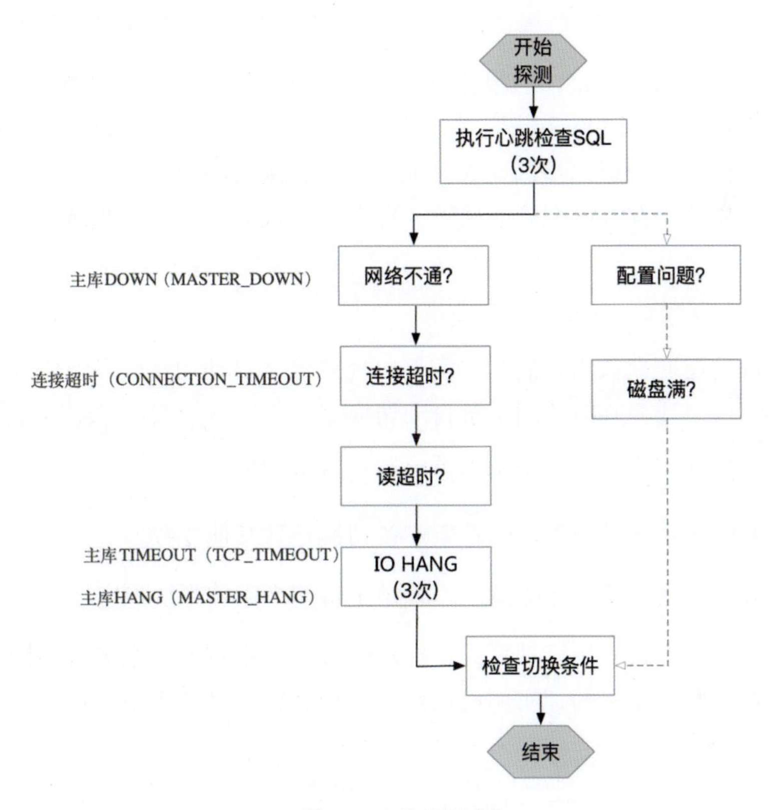

图 5-6　心跳检查原理

如果主库探测结果有异常，根据报错信息设置切换原因。常见的报错信息，以及对应的切换原因见表 5-2。当遇到 IO HANG（TCP_TIMEOUT 和 MASTER_HANG）类的报错时，会进一步重试 3 次，确保探测结果可靠。

表5-2 HA报错信息及原因

报错信息	报错原因	切换原因标记
java.net.ConnectException: Connection refused java.net.SocketException: Connection reset java.net.SocketException: Socket closed	网络不通，主库无监听	MASTER_DOWN
java.net.ConnectException: Connection timed out java.net.SocketTimeoutException: connect timed out	连接超时	CONNECTION_TIMEOUT
java.net.SocketTimeoutException: Read timed out	读超时	TCP_TIMEOUT
MySQLTimeoutException	主库HANG	MASTER_HANG

如果主库探测有报错，但报错信息不是表 5-2 列举这些，例如，如果报错信息为“Access denied for user”，则说明实例的后端配置存在问题，HA 组件无法处置这种情况，会退出探测流程。如果不存在配置问题，则会进一步检查实例所在的主机是否存在磁盘满的风险，存在的话也会进行主备切换。

5.2.2 临时关闭主备自动切换

主备自动切换默认为开启，主实例出现故障会自动切换到备实例，在遇到如下情形时可以选择临时关闭主备自动切换。

- 大促活动等，不希望主备切换影响系统可用性。
- 重要应用系统升级等，不希望主备切换导致其他变数。
- 重大事件或者稳定保障期，不希望主备切换影响系统稳定性。

通过控制台进入实例管理页面，在左侧导航栏中选择“服务可用性”菜单项，然后在右侧页面上的“实例可用性”区域就能看到“主备库切换设置”按钮，如图 5-7 所示。

图 5-7 配置 HA 入口

单击“主备库切换设置”按钮，在弹出窗口中选择“临时关闭”选项并设置临时关闭截止时间，如图 5-8 所示。临时关闭主备切换默认设置为 1 天，最长可设置为 7 天，到达临时关闭截止时间后，实例恢复为自动进行主备切换。

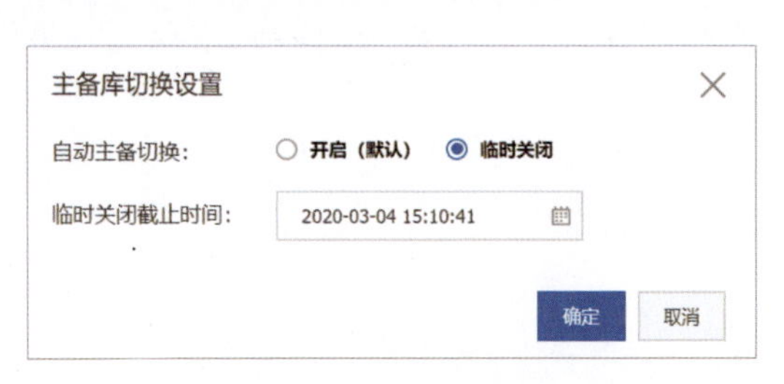

图 5-8　主备库切换设置

5.3　主动运维

云数据库的稳定运行，离不开管控系统在后端定期巡检和维护，例如，对有风险硬件进行汰换，对设备升级提升性能，将实例迁移分散避免单台机器负载过高等。通过后端的主动运维消除隐患，最大限度地避免用户业务受到意外 HA 切换的影响。但后端的主动运维操作大多也会进行实例的 HA 切换，需要用户侧进行一定的配合，才能将主动运维操作对业务的影响降到最低。

5.3.1　消息接收管理

后端进行主动运维时，会提前几天给用户发送通知。用户可以在消息中心中进行消息接收管理。单击阿里云控制台右上角的铃铛图标，如图 5-9 中方框所示，即可进入消息中心。

图 5-9　阿里云控制台界面

进入消息中心后，在左侧导航栏中选择“消息接收管理”下面的“基本接收管理”菜单项，即可为每类通知选择接收方式和接收人。接收方式支持站内信、手机短信和电子邮件三种。站内信在消息中心查看，控制台右上角的铃铛图标上有红点，即表示有未读的站内信。手机短信和电子邮件则是根据用户基本信息中预留的手机号和电子邮箱地址进行发送。云数据库的主动运维通知在消息中心对应的设置项是“云数据库故障或运维通知”，如图 5-10 中方框所示，用户设置好通知方式和接收人后，才能及时收到主动运维事件的通知。

图 5-10　数据库消息通知

5.3.2　设置可维护时间段

每个实例必须设置一个可维护时间段作为管控系统执行维护操作的时间窗口。一般情况下，运维操作进行 HA 切换，会导致约 30 秒的连接闪断，请确保应用有重连机制。默认的可维护时间段是 02:00~06:00，用户需要根据业务规律将可维护时间段设置在业务低峰期，以减小业务受到的影响。在实例的基本信息页面上的“配置信息”区域可以看到实例当前的可维护时间段，单击后面的“设置”按钮可以修改实例的可维护时间段，如图 5-11 所示。

实例维护当天，为保障整个维护过程的稳定性，实例会在可维护时间段将实例状态切换为“实例维护中”。当实例处于该状态时，对数据库的访问以及查询类操作（如：性能监控）不会受到任何影响，但除了账号管理、数据库管理和 IP 白名单设置外的变更操作（如：升降级、重启等）均暂时无法进行。

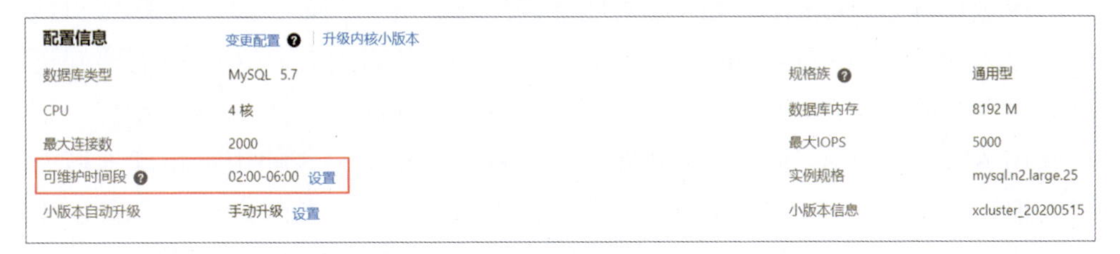

图 5-11　可运维时间段配置

5.3.3　待处理事件

管控系统在发起主动运维任务时，除了会提前几天按用户消息管理中的设置发送通知外，也会在 RDS 控制台的待处理事件中列出运维事件。在待处理事件页面上，可以查看具体的事件类型、地域、流程和注意事项，以及涉及的实例列表。更重要的一点是，待处理事件页面上可以看到运维事件的计划切换时间（在某天的可维护时间段内），用户可以在这个页面上修改计划切换时间，设置成更合适的自定义时间，确保业务影响最小化。

5.4　使用 Open API

用户除了可以通过控制台这个图形化的界面操作和管理实例外，还可以通过调用 Open API 来操作和管理实例。控制台上的大部分操作都有与之对应的 API，通过程序代码调用 API 能够实现自动化和批量化地对实例进行操作和管理。使用阿里云开发者工具套件（SDK）可以不用复杂编程即可发起 API 调用。阿里云数据库产品的官方文档上有 API 参考，列出了可用的 API 及其传参要求，本节将介绍 API 使用方面的知识，但某个具体 API 的使用请参考阿里云官方文档。

5.4.1　API 通信协议

Open API 以 Web Service 的方式提供服务，用户通过向 API 的服务地址

（Endpoint）发送 HTTP 请求实现 API 调用。Open API 也支持 HTTPS 通道的通信请求，为了获得更高的安全性，推荐使用 HTTPS 通道发送请求。由于云产品的区域化部署，Open API 的接入地址因地域而异，例如，RDS 在张家口地域的接入地址是 rds.cn-zhangjiakou.aliyuncs.com，因此在使用 API 前需要知道目标实例的地域，在阿里云官方文档上查看目标实例所在地域的接入地址。如果调用 API 返回找不到实例的报错信息，就需要检查是否使用了正确地域的接入地址。使用 HTTP(S) GET 方法发送请求时，请求参数包含在请求的 URL 中。请求及返回结果都使用 UTF-8 字符集进行编码。API 返回数据支持 XML 和 JSON 两种格式，可以通过在请求时传入 Format 参数来制定返回数据的格式。API 通信协议的实现，大部分都已由阿里云 SDK 封装好了，不需要用户过多地编码。

5.4.2 API 签名机制

调用 API 时，每个调用请求都需要进行身份验证，无论是使用 HTTP 还是 HTTPS 协议发送请求，都需要在请求中包含签名信息。用户首先需要通过阿里云官方网站申请 AccessKey ID 和 AccessKey Secret，其中 AccessKey ID 用于标识访问者的身份，AccessKey Secret 用于加密签名字符串。登录控制台后，将光标移动到页面右上角的用户头像上，在弹窗层上即可看到"AccessKey 管理"菜单项，如图 5-12 所示，单击这个菜单项即可跳转到"AccessKey 管理"页面。

图 5-12　AccessKey 管理

在“AccessKey 管理”页面上，用户可以查看已有的 AccessKey ID 及其状态，只有状态是“已启用”的 AccessKey ID 才能用于调用 Open API。如果还没有 AccessKey ID 则可以在这个页面上单击“创建 AccessKey”按钮，创建 AccessKey 时，会向用户展示生成的 AccessKey Secret。注意，AccessKey Secret 只向用户展示一次，因此建议妥善保存，如果忘记了 AccessKey ID 对应的 AccessKey Secret，则只能再创建新的 AccessKey 来使用了。AccessKey Secret 也是服务器端验证签名字符串的密钥，必须严格保密，只有阿里云和用户知道。

用户调用 API 时，对请求进行签名处理的主要步骤如下。

① 使用请求参数构造规范的请求字符串（Canonicalized Query String）。

② 使用上一步构造的规范字符串按相应规则进一步构造用于计算签名的字符串。

③ 按照 RFC2104 的定义,使用上面的用于签名的字符串计算签名 HMAC 值。

④ 按照 Base64 编码规则把上面的 HMAC 值编码成字符串，即得到签名值（Signature）。

⑤ 将得到的签名值作为 Signature 参数添加到请求参数中，即完成对请求签名的过程。

以上每一步的具体实现方法，阿里云官方文档都上有详细说明。在使用阿里云 SDK 调用 API 时，签名计算由阿里云 SDK 完成，不需要用户编写代码来计算签名，因此用户重点理解 AccessKey ID 和 AccessKey Secret 的概念和作用即可，不必过多关注签名算法的实现。

5.4.3　OpenAPI Explorer

OpenAPI Explorer 提供在线调用云产品 API，动态生成 SDK 示例代码和快速检索接口等功能，显著降低了使用 API 的难度。在阿里云官方文档中，每个 API 的介绍页面上都有 OpenAPI Explorer 入口，如图 5-13 所示，方便用户对照文档填写 API 参数。必须注意，OpenAPI Explorer 中对 API 的调用是真实调用，对实例做的任何变更都会真实生效，因此请谨慎操作。如果只是为了验证

API 的行为和返回数据，建议填写测试实例 ID 作为参数。

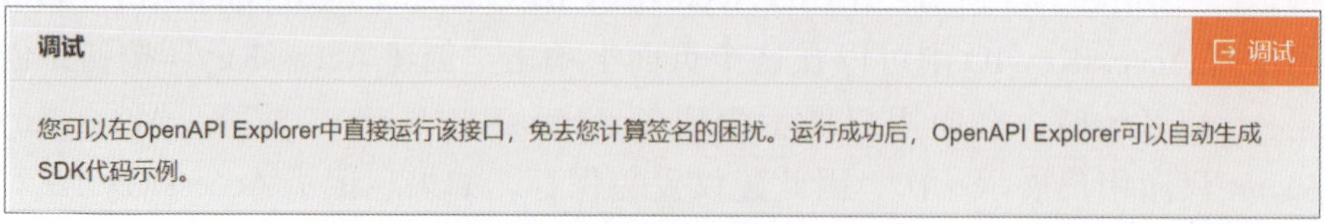

调试

调试

您可以在OpenAPI Explorer中直接运行该接口，免去您计算签名的困扰。运行成功后，OpenAPI Explorer可以自动生成SDK代码示例。

图 5-13　OpenAPI Explorer 入口

图 5-14 是 OpenAPI Explorer 的可视化调试页面。这个页面最左侧一栏是产品列表，在这里列出了常用产品如 ECS、VPC、RDS 等供用户快捷选择，将光标移动到这一栏上方的箭头图标上会弹出完整的产品列表。当用户选择了产品后，左侧第二栏会列出这个产品的所有可用 API，并且上方有检索框供用户快速查找 API。图 5-14 选择了云数据库 RDS 产品，并且选择了 RDS 的 CreateAccount 这个 API，那么左侧第三栏就列出了调用这个 API 需要填写的参数，带有红色星号标记的参数是必须填写的。填好参数后，页面右侧的窗口中就动态生成了 SDK 代码，支持 Java、PHP、Python 等多种编程语言，用户可以复制代码到自己程序中。如果需要验证调用结果，可以单击“发起调用”按钮，将使用由系统根据用户身份生成的临时 AccessKey 发起一次真实的 API 调用。

5.4.4　API 问题诊断

调用 API 服务如果出错，返回的消息中会有具体的错误代码及错误信息，还包含全局唯一的请求 ID（RequestID）。如果根据错误信息无法定位错误原因需要阿里云售后技术支持协助，那么 RequestID 是一个非常重要的信息，用户在描述问题时，需要提供 RequestID 以便阿里云侧分析 API 调用失败的原因。

一个常见的 API 报错是缺失参数，这时用户需要根据 API 文档列出的传参要求，仔细检查请求时是否漏掉了必要的参数。每个 API 除了在其单独文档页面上列出的参数外，还有一部分所有 API 都需要用到的请求参数，即公共参数。公共参数在阿里云官方文档上有专门的页面进行说明，用户也需要检查公共参数是否有遗漏。

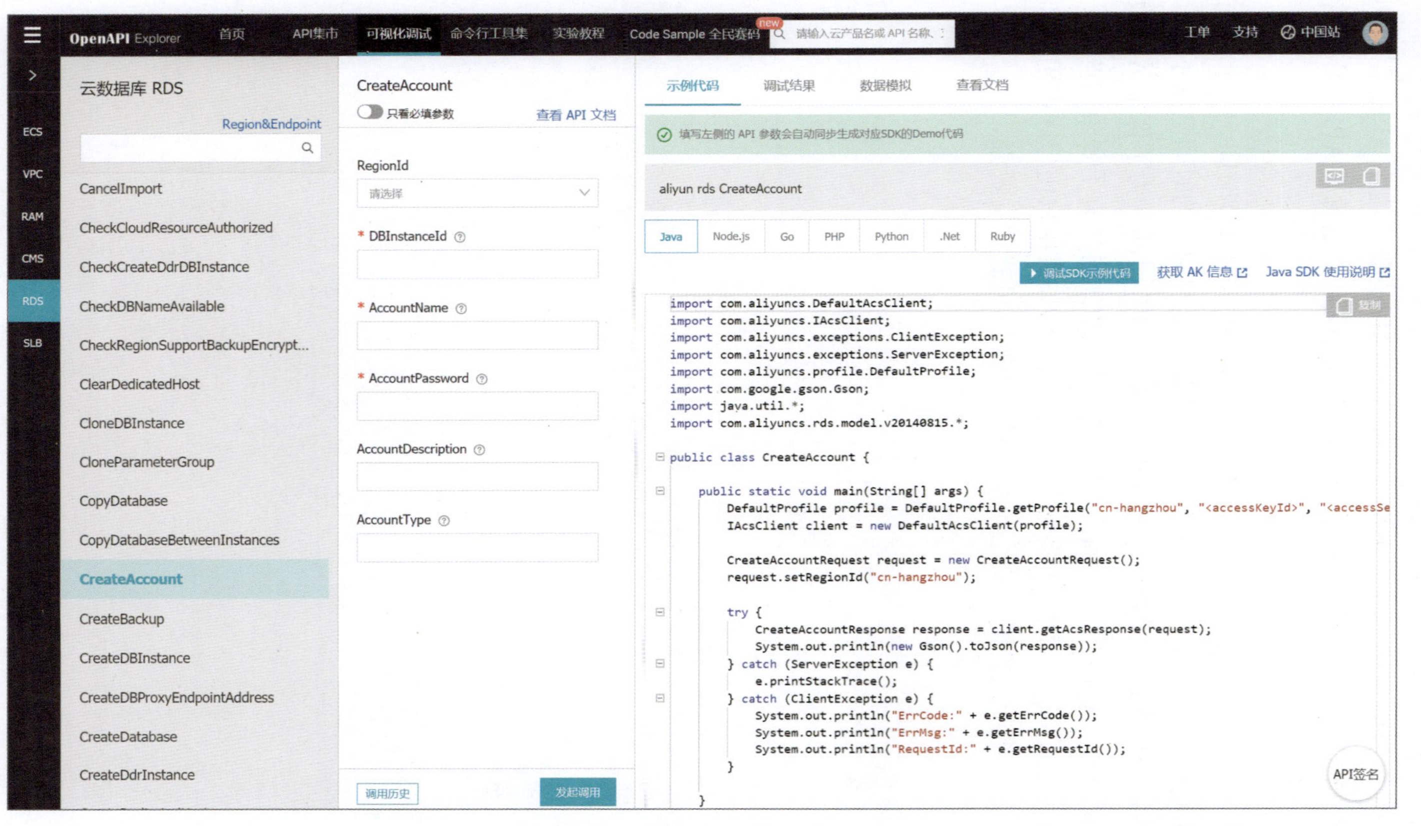

图 5-14　OpenAPI 的可视化调试页面

另一个常见的报错是权限不足，如果用户使用子账号调用 API，需要通过阿里云的访问控制 RAM 服务赋予子账号对应的权限才能通过 API 操作和管理实例。

对于时间戳类型的参数需要注意，API 接受的是 UTC 时间，与北京时间有 8 个小时的时差，当 API 查询不到最新数据或返回数据的时间范围不符合预期时，请检查传入的时间戳参数是否换算成了 UTC 时间。为了保证 API 服务的稳定性，每个 API 对单个主账号每分钟调用次数（含所有子账号的调用）有限制，大多数情况下，用户不会触及这个限制，但如果用户用程序调用 API 实现自动化的运维或监控时，调用频率设置不当则有可能触发限流。

第6章 安全管理 DMS

数据库系统几乎是所有业务系统的核心，对数据库系统的日常运维不仅仅局限在参数优化、性能优化，作为核心系统，稳定性、安全性是同样重要的。相信我们也不止一次听到关于“删库跑路”这样的安全事故发生，因此，如何确保线上数据库系统运行的安全性、稳定性也是我们所面临的关键问题。本章将会详细介绍阿里巴巴集团在这方面的探索、实践，以及在云上的产品——DMS。

6.1 产品介绍

DMS 是阿里巴巴集团经过多年沉淀的数据库管理平台工具，支持多种数据库类型、多角色多用户管理，满足日常如表结构变革、数据变更等多种数据库操作行为安全审核。下面将详细介绍 DMS 的功能、架构、最佳实践等。

6.1.1 什么是数据管理 DMS

数据管理 DMS 支持统一管理 MySQL、SQL Server、PostgreSQL、PolarDB、DRDS、OceanBase、Oracle 等关系型数据库，AnalyticDB、Data

Lake Analytics、ClickHouse 等 OLAP 数据库，以及 MongoDB、Redis 等 NoSQL 数据库。它是一种集数据管理、结构管理、用户授权、安全审计、数据趋势分析、数据追踪于一体的数据管理服务。用户可以通过数据管理服务实现易用的数据库管理工作，让数据更安全、管理更高效、数据价值更清晰。

1. 为什么选择数据管理 DMS

您还在使用数据库账号直接操作数据库吗？如果是，那您一定遇到过如下问题。

- 自己的敏感数据被别人浏览或者导出。
- 始终无法杜绝线上的数据被窜改。
- 每次员工离职都要更新所有账号的密码。
- 误操作清空了所有线上数据。
- 随意的 DDL 导致数据库性能陡降，使业务服务不可用。
- DBA 来不及变更导致发布延期。
- 给开发人员开放权限导致出现故障。
- 低价值重复工作导致 DBA 流失，使业务无人支撑。

数据管理 DMS 可支持数万人每天对海量数据库表进行访问与变更，DBA 介入率不到 1%，99% 以上的业务可在平台规则保障下实现自助研发。

2. 功能介绍

- 提供从线下环境结构设计到 SQL Review 再到生产发布的完整数据库研发流程。
- 提供字段级别细粒度操作权限管控，所有用户操作在线化、可溯源。
- 支持根据业务灵活配置结构设计、数据变更、数据导出等操作的审批流程。
- 统一研发与数据库交互的入口，任何用户都不再直接接触数据库账号密码，也不需要频繁切换数据库连接进行管理。

- 通过平台统一接入数据库，员工无须接触数据库账号即可访问数据库。
  - 员工在平台上通过流程审批开通库、表、列的查询、导出、变更权限，全部操作记录可审计、可溯源。
  - 单人单次查询数据返回行数上限及每天查询行数、次数上限等均支持灵活定义。
- 平台自动检测变更风险，DBA 可根据经验制定规范分级管控。
  - 无风险操作经轻流程或无流程审核后，研发人员自助触发平台调度执行。
  - 有风险操作经 DBA 评估后，再触发平台调度执行。
  - 语法正确性自动保障、变更类型识别、定时自动调度、反馈执行结果无须人工在线值守。

6.1.2　基础架构

阿里云数据管理提供的数据库管理服务包含三层结构：业务层、调度层、连接层，用于对 RDBMS、NoSQL 的实时数据访问和后台数据任务的调度。

1．业务层

- DMS 业务层为用户提供数据库实时访问功能，业务层为无状态节点，可线性扩展，确保 DMS 整体服务能力的提升。
- 宕机时可无状态切换，确保 7×24 小时服务。

2．调度层

DMS 调度层为用户提供的调度功能主要包含：导出、导入、表结构对比、数据趋势，其后台主要通过线程池进行调度，分为实时调度和后台定时调度两类。

- 实时调度可实现前端点击后立即调度并一次性任务处理，用户提交任务后无须等待结果，数据管理后台自动完成所有工作，用户可立即下载或查看结果。
- 后台定时调度任务用于定时获取用户指定的数据（如：数据趋势），数据管理后台将统一定义调度各项任务，对各项业务数据进行采集，提供查阅和分析功能。

3．连接层

连接层为数据管理的访问数据的核心部件，主要功能包含以下 4 点。

- 兼容 MySQL、SQL Server、PostgreSQL、PPAS、Redis、MongoDB 的请求。
- 前端操作上，通过数据管理打开多个 SQL 窗口，各 SQL 窗口间的会话相互隔离，并尽可能保持各 SQL 窗口内的会话状态，接近客户端的体验。
- 实例会话数量控制，防止对单个实例建立大量的连接数。
- 按功能分级回收连接策略，在尽可能确保不同功能体验的基础上减少对数据库的连接数。

6.1.3 DMS 优势

DMS 的优势包括以下 5 个方面。

1．轻松拥有数据分析能力

- 可以基于 SQL 结果集直接绘制图表。
- 行 / 列变化追踪灵活，库 / 表 / 行数据回滚精准。
- 业务表读取 / 插入 / 删除 / 更新行数分析直观清晰。

2．极大提升研发效率

- 具有表结构对比功能。
- SQL 智能提示，自定义 SQL/SQL 模板的复用。
- 工作环境自动恢复。
- 支持数据字典文档导出。

3．实时优化数据库性能

- 提供实例会话管理。
- 核心指标可以做到秒级监控。

- 支持图形化锁管理。
- 提供 SQL 索引实时建议。
- 提供实例整体性能诊断报告。

4. 全面的访问安全保护

- 提供四层认证体系，保障访问安全。
- 用户授权体系完善，提供细粒度授权。
- 用户登录 / 操作各个阶段都支持审计。

5. 丰富的数据源支持

- 关系型数据库：MySQL、SQL Server、PostgreSQL、PPAS、OceanBase、PetaData 等。
- 非关系型数据库：Redis、MongoDB 等。
- 分析型数据库：ADB 等。
- 服务器：Linux 等。

当前阶段产品的各个功能模块与数据库引擎的支持情况，如图 6-1 所示。

6.2　使用指南

上文已详细介绍了 DMS 的功能与技术实现架构，随着 DMS 产品的发展和客户对产品本身要求的不断提高，目前 DMS 产品已具备了非常丰富的数据库管理功能，来满足不同业务场景下对数据库管理工作的需要，接下来将详细介绍云 DMS 的功能使用情况。

6.2.1　系统管理

DMS 系统管理包括用户管理、实例管理、数据库分组等全局运维管理，下面会围绕系统管理的 6 个功能进行详细介绍。

项目	功能模块	MySQL	DRDS	PolarDB-MySQL	SQLServer	PostgreSQL	OceanBase	Oracle	ADB	MongoDB	Redis
实例管理	录入实例	Y	Y	Y	Y	Y	Y	Y	Y	Y	Y
	查看实例	Y	Y	Y	Y	Y	Y	Y	Y	Y	Y
	配置实例DBA	Y	Y	Y	Y	Y	Y	Y	Y	Y	Y
	配置实例安全规则	Y	Y	Y	Y	Y	Y	Y	Y	Y	Y
	编辑实例	Y	Y	Y	Y	Y	Y	Y	Y	Y	Y
	同步实例（字典元数据）	Y	Y	Y	Y	Y	Y	Y	Y	Y	Y
	禁用实例	Y	Y	Y	Y	Y	Y	Y	Y	Y	Y
	启用实例	Y	Y	Y	Y	Y	Y	Y	Y	Y	Y
	删除实例	Y	Y	Y	Y	Y	Y	Y	Y	Y	Y
	设置白名单	Y	Y	Y	Y	Y	Y	Y	Y	Y	Y
	查看库表权限	Y	Y	Y	Y	Y	Y	Y	Y	Y	Y
	授予库表权限	Y	Y	Y	Y	Y	Y	Y	Y	Y	Y
	回收库表权限	Y	Y	Y	Y	Y	Y	Y	Y	Y	Y
	查看产品规格	Y	Y	Y	Y	Y	Y	Y	Y	Y	Y
	产品续费	Y	Y	Y	Y	Y	Y	Y	Y	Y	Y
	产品升级	Y	Y	Y	Y	Y	Y	Y	Y	Y	Y
用户管理	录入用户	Y	Y	Y	Y	Y	Y	Y	Y	Y	Y
	查看用户	Y	Y	Y	Y	Y	Y	Y	Y	Y	Y
	同步子账号	Y	Y	Y	Y	Y	Y	Y	Y	Y	Y
	编辑用户	Y	Y	Y	Y	Y	Y	Y	Y	Y	Y
	启用用户	Y	Y	Y	Y	Y	Y	Y	Y	Y	Y
	禁用用户	Y	Y	Y	Y	Y	Y	Y	Y	Y	Y
	删除用户	Y	Y	Y	Y	Y	Y	Y	Y	Y	Y
	查看人员权限	Y	Y	Y	Y	Y	Y	Y	Y	Y	Y
	授予人员权限	Y	Y	Y	Y	Y	Y	Y	Y	Y	Y
	回收人员权限	Y	Y	Y	Y	Y	Y	Y	Y	Y	Y
	查看产品规格	Y	Y	Y	Y	Y	Y	Y	Y	Y	Y
	产品续费	Y	Y	Y	Y	Y	Y	Y	Y	Y	Y
	产品升级	Y	Y	Y	Y	Y	Y	Y	Y	Y	Y
任务管理	查看任务	Y	Y	Y	Y	Y	Y	Y	Y	Y	Y
	新建任务	Y	Y	Y	Y	Y	Y	Y	Y	Y	Y
	删除任务	Y	Y	Y	Y	Y	Y	Y	Y	Y	Y
	暂停任务	Y	Y	Y	Y	Y	Y	Y	Y	Y	Y
	重试任务	Y	Y	Y	Y	Y	Y	Y	Y	Y	Y
	查看执行日志	Y	Y	Y	Y	Y	Y	Y	Y	Y	Y
	修复任务	Y	Y	Y	Y	Y	Y	Y	Y	Y	Y
	跳过执行	Y	Y	Y	Y	Y	Y	Y	Y	Y	Y
安全规则	查看审批节点	Y	Y	Y	Y	Y	Y	Y	Y	Y	Y
	新增审批节点	Y	Y	Y	Y	Y	Y	Y	Y	Y	Y
	编辑审批节点	Y	Y	Y	Y	Y	Y	Y	Y	Y	Y
	删除审批节点	Y	Y	Y	Y	Y	Y	Y	Y	Y	Y
	查看审批流程线	Y	Y	Y	Y	Y	Y	Y	Y	Y	Y
	新增审批流程线	Y	Y	Y	Y	Y	Y	Y	Y	Y	Y
	编辑审批流程线	Y	Y	Y	Y	Y	Y	Y	Y	Y	Y
	删除审批流程线	Y	Y	Y	Y	Y	Y	Y	Y	Y	Y
	查看安全规则	Y	Y	Y	Y	Y	Y	Y	Y	Y	Y
	新增安全规则	Y	Y	Y	Y	Y	Y	Y	Y	Y	Y
	编辑安全规则	Y	Y	Y	Y	Y	Y	Y	Y	Y	Y
	删除安全规则	Y	Y	Y	Y	Y	Y	Y	Y	Y	Y

图 6-1　MySQL 各个功能模块与数据库引擎的支持情况

6.2.1.1　用户管理

数据管理 DMS 中的用户管理功能，包含添加或删除用户、管控用户权限等。

1. 前提条件

用户管理的前提条件是用户角色为管理员。

2. 注意事项

- 用户可按需调整管理员角色，需确保一个租户内至少有一个有效的管理员角色账号（应用内有限制保障）。原则上，DMS 中的所有用户都可设置为管理员角色，与账号本身的属性（主账号、子账号或普通云账号）无关。

- 一个租户下可添加多个用户（云账号，支持添加其他主账号、子账号或普通云账号）。

3．添加用户

（1）登录DMS控制台。

（2）在顶部菜单栏单击“系统管理”菜单下的“用户管理”选项。

（3）添加用户。

手动添加用户的步骤如下。

① 单击页面左上角的“添加用户”按钮。

② 在阿里云账号文本框中输入需要添加用户的账号，如图6-2所示。账号获取方法：账号所有人访问阿里云UID，查看账号ID，如图6-3所示。

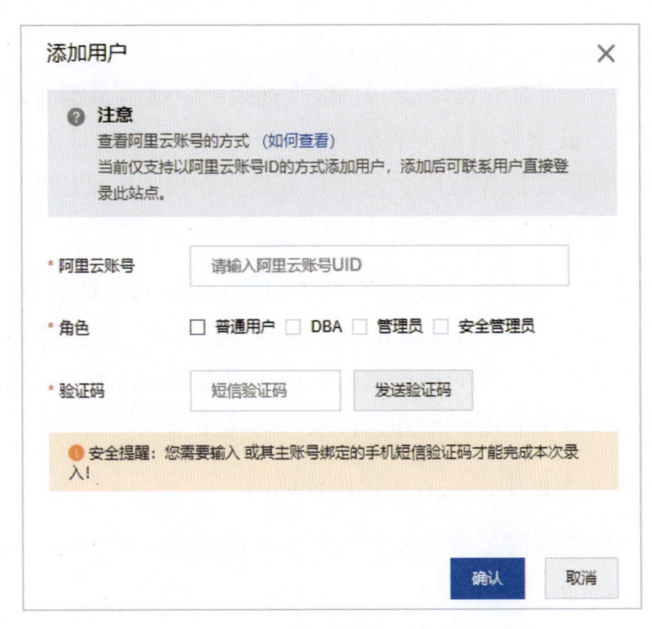

图6-2　添加用户

图 6-3 查看用户账号 ID

③ 为待添加用户选择一个角色，角色权限包括以下 4 种。

- 普通用户：不具备额外权限，仅允许登录数据管理 DMS 服务，服务内的所有操作需申请权限后方可处理。
- DBA：具备所有数据库表的直接查询权限，具备系统管理 - 实例管理、任务管理、安全规则、配置管理这几项系统管理的操作权限，但不具备提交非权限申请以外其他类型工单的权限（需要显示开通权限才可提交）。
- 管理员：具备所有数据库表的直接查询权限，具备系统管理 - 实例管理、任务管理、安全规则、配置管理、用户管理、操作日志、访问 IP 白名单等系统管理的操作权限，但不具备提交非权限申请以外其他类型工单的权限（需要显示开通权限才可提交）。
- 安全管理员：具备所有数据库表的直接查询权限，具备系统管理 - 智能化运维、操作日志、数据保护伞、敏感数据管理、权限管理、库表结构、数据方案等系统管理的操作权限，但不具备提交非权限申请以外其他类型工单的权限（需要显示开通权限才可提交）。

④ 在验证码文本框中，输入短信验证码。

添加跨账号用户时需要输入短信验证码才能完成录入，若添加本账号的子账号无须该验证码即可直接添加。

⑤ 单击“确认”按钮完成操作。

同步子账号的步骤如下。

① 单击页面上的“同步子账号”按钮。

② 选择目标子账号 ID，单击“添加选中用户”按钮完成操作，如图 6-4 所示。

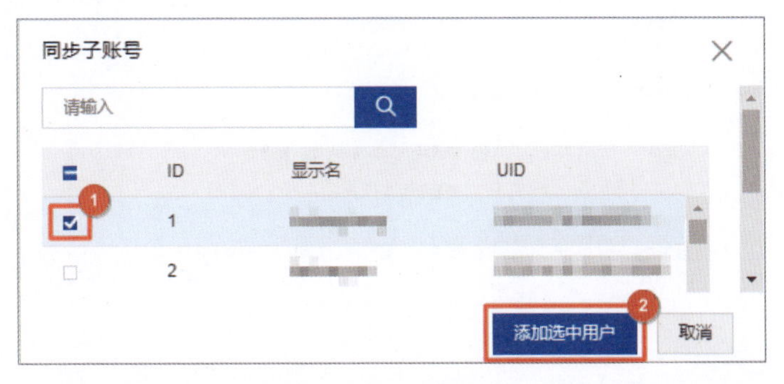

图 6-4　添加选中用户

说明

该方式仅支持主账号与 RAM 授权 ListUser 权限的子账号操作。

该方式添加进来的用户，一律为普通用户角色。

4. 编辑用户

（1）登录 DMS 控制台。

（2）在顶部菜单栏单击“系统管理”菜单下的“用户管理”选项。

（3）编辑用户信息。

编辑用户信息的步骤如下。

① 勾选目标用户，单击页面上的“编辑用户”按钮，弹出如图 6-5 所示页面。

② 在该页面可填写用户显示名、手机（钉钉号）、邮箱、角色、通知方式、当天查询上限次数、当天查询上限行数等信息。

说明

若某用户由于发布、跟踪系统等原因，导致当天的查询行数或者次数超过限额，可以找到对应用户，调大对应的上限值。

图 6-5 编辑用户

③ 单击“确定修改”按钮完成操作。

5. 授权

（1）勾选目标用户，单击页面右上角的“授权实例”按钮。

（2）参照表 6-1 配置权限，单击“确认”按钮完成操作，如图 6-6 所示。

表6-1 授权与权限配置

类　别	配　置	说　明
授权的实例	无	选择需要授权的数据库实例，支持多选实例
权限设置	权限类型	非安全协同模式实例支持实例登录；安全协同模式实例支持性能查看
	过期时间	选择该权限过期日期

启用、禁用用户的步骤如下。

① 勾选目标用户，单击页面上的“启用用户”或“禁用用户”按钮。

- 启用用户：从禁用状态启用后，目标用户的原有权限仍然有效，可直接使用；从删除状态启用后，目标用户等同于一个全新的用户，所有权限、配置都需重新申请开通。
- 禁用用户：无法禁用用户角色为某数据库实例 DBA 的用户，需要将该数据库实例 DBA 修改为其他角色后再进行操作。禁用后，该用户仍占用用户规格的一个名额，将无法登录数据管理 DMS 服务，但其原有的权限等配置数据不会被处理，再次启用后仍然可以使用。

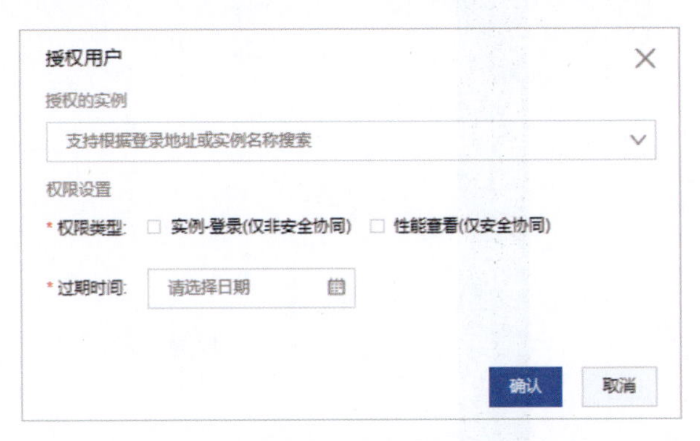

图 6-6 授权用户

② 在弹出的窗口中，单击“确认”按钮完成操作。

6. 开启用户访问控制

若目标用户开启了元数据访问控制功能，那么该用户会受到如下限制。

- 仅能在 DMS 查询与访问已被授权的数据库，可以在“我的权限”页面中查询已被授权的权限。
- 无法查看到该实例下的其他数据库与其他实例（包括实例左侧菜单栏、顶部搜索栏、权限申请搜索栏等），也无法主动申请其他实例、数据库的权限。

开启用户访问控制的步骤如下。

① 登录 DMS 控制台。

② 在顶部菜单栏单击“系统管理”菜单下的“用户管理”选项，如图 6-7 所示。

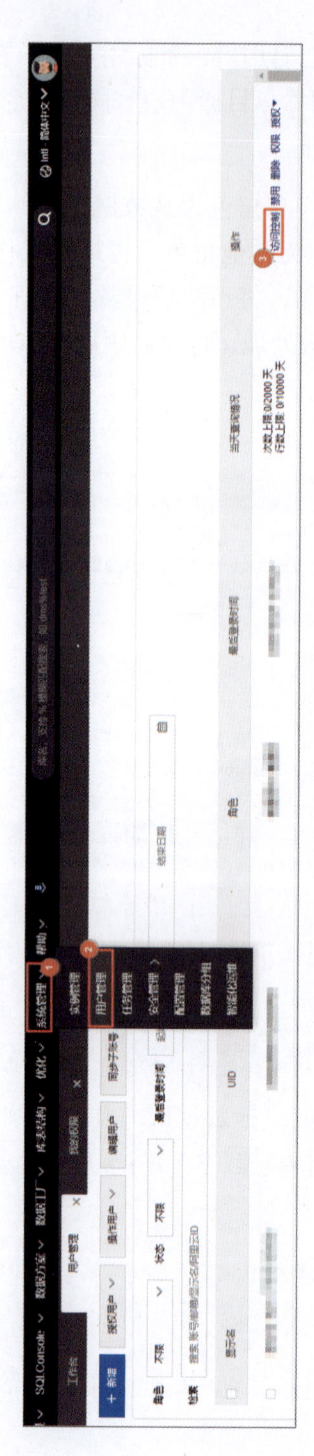
SQL Console
数据方案
数据工厂
库表结构
优化
系统管理
帮助
简体中文
实例管理
用户管理
任务管理
安全管理
配置管理
数据库分组
智能化运维
工作台
用户管理
新增
同步子账号
角色
不限
状态
最后登录时间
结束日期
显示名
UID
角色
最后登录时间
当天查询情况
操作
次数上限:0/2000 天
行数上限:0/10000 天
访问控制
禁用
删除
权限
授权

图 6-7　访问控制

③ 找到目标用户，单击右侧操作列表中的“访问控制”按钮。

说明

也可以批量选中多名用户并单击页面上方的“访问控制”按钮，批量开启多名用户的访问控制开关。

④ 在新弹窗中，打开元数据访问控制开关，如图 6-8 所示，并单击“确认”按钮完成操作。

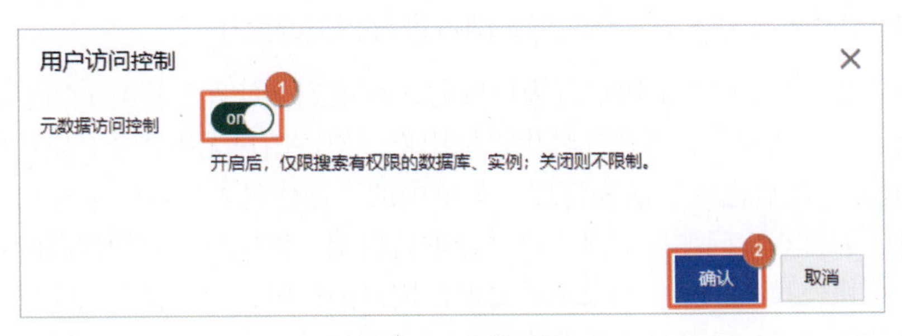

图 6-8　确认元数据访问

7. 删除用户

（1）登录 DMS 控制台。

（2）在顶部菜单栏单击“系统管理”菜单下的“用户管理”选项。

（3）找到目标用户，单击右侧操作列中的“删除”按钮。

（4）在弹出的如图 6-9 所示的页面，单击“确认”按钮完成操作。

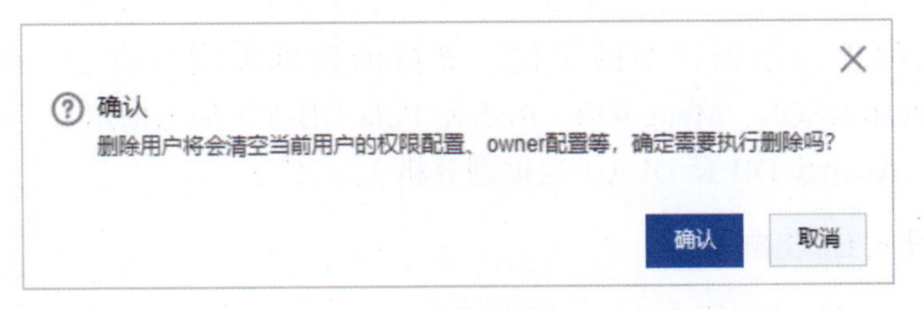

图 6-9　确认删除用户

说明

- 删除时，目标用户不能绑定任何资源信息，如系统实例管理里的 DBA、安全规则里的审批节点人员，这两项必须先替换掉目标用户方可操作。

- 删除后，目标用户所有的数据 owner 配置、权限数据都将被清空，用户记录和操作日志不会被清除，但会在用户信息上打已删除的标签，且该目标用户不会再占用企业用户的名额。

8. 常见问题

问题 1：DMS 中的管理员或者 DBA 角色可以是子账号吗？答案：可以，在 DMS 中只要有对应的角色配置，即可进行相关的操作。

问题 2：当发现某个用户行为可疑时，应该怎么处理？答案：如果还需要保留目标用户的权限，可选择禁用目标用户，使该用户无法登录对应数据管理 DMS 服务，然后进入“系统管理”菜单中的“操作日志”选项进行相关行为的审计，如排查无问题后，对用户进行重新启用，该用户原有的权限配置仍然存在，可快速投入工作。如果不需要保留用户的权限，可选择“删除用户”选项，即该用户无法登录对应数据管理 DMS 服务，同时，该账号下的所有权限、数据 owner 等配置会被清空。

问题 3：如何快速找到一个账号？答案：可以通过账号显示名、邮箱、阿里云 UID 三个维度进行关键字检索，系统也支持状态的快速过滤。

6.2.1.2 实例管理

本节介绍数据管理 DMS 支持的实例类型，以及在 DMS 中录入实例的方法。

1. 录入云数据库

录入阿里云数据库中的实例，支持的数据库类型有：MySQL、SQL Server、PostgreSQL、MongoDB、Redis、PolarDB-X（原 DRDS）、OceanBase、PolarDB、AnalyticDB 及 DLA（数据湖分析）。

2. 录入 ECS 自建库

目前云上除了云数据库外，也有用户通过 ECS 自己搭建的各种数据库。数据管理 DMS 支持 ECS 自建库的录入，支持的数据库类型有：MySQL、SQL Server、PostgreSQL、Oracle、MongoDB 及 Redis。

3. 录入 IDC 自建库

数据管理 DMS 支持多种来源的 IDC 自建库的录入，支持的数据库类型有：MySQL、SQL Server、PostgreSQL、Oracle、MongoDB 及 Redis。

4. 录入第三方数据库

数据管理 DMS 支持多种来源的第三方云数据库的录入，支持的数据库类型有：MySQL、SQL Server、PostgreSQL、Oracle、MongoDB 及 Redis。

6.2.1.3　数据库分组

本节介绍如何创建数据库分组，用户可以在 SQL 变更或结构设计中快速载入该分组中的所有数据库。

1. 前提条件

待分组的目标数据库需满足下述条件。

- 管控模式为安全协同。
- 同为物理库或逻辑库。
- 环境类型一致，例如，同为 Dev 环境。
- 数据库引擎类型一致，例如，同为 MySQL。

2. 背景信息

当业务部署在多个地域且存在多个数据库时，每次数据库变更均需要推送到所有数据库。通常，我们需要记住所有地域数据库的地址，并在 SQL 变更或结构设计发布时，将这些数据库都选上。如果漏选了数据库，则会给业务带来稳定性风险。当数据库较多时，人工选择较消耗精力且易出错。

因此，DMS 推出了数据库分组功能，帮用户解决这些烦恼。数据库分组功能支持将多个数据库环境、引擎类型相同的数据库绑定成为一个分组。当用户在 SQL 变更、结构设计或选择数据库时，如果选中的数据库是某个分组内的数据库，DMS 将提醒用户该分组下还有其他数据库，是否需要一起变更。如果确认一起变更，则 DMS 将自动载入到数据库的变更列表中。

3．创建数据库分组

（1）登录 DMS 控制台。

（2）在顶部导航栏单击“系统管理”菜单下的“数据库分组”选项。

（3）单击“新建分组”按钮。

（4）在新建分组对话框中，配置以下信息：

① 在分组名称文本框输入创建的分组名称。

② 在分组类型区域单击“普通分组”选项。

③ 单击“增加数据库”按钮，在“搜索数据库”对话框中搜索数据库名称，并单击目标数据库右侧的“添加”按钮，如图 6-10 所示。

图 6-10　搜索数据库

④ 添加完数据库后，单击此弹窗右上角的╳图标，关闭对话框。

（5）完成配置后，单击“保存”按钮完成操作，如图 6-11 所示。

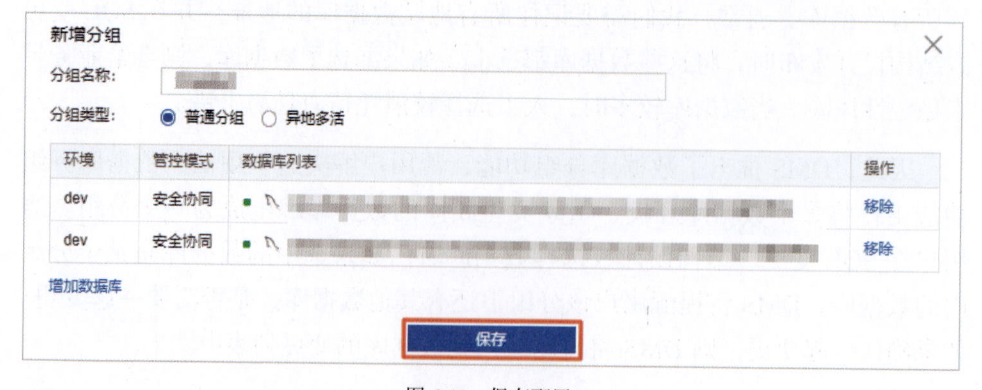

图 6-11　保存配置

4. 支持的应用场景

1）SQL 变更

当 SQL 变更工单中选择某数据库分组中的任意一个数据库时，DMS 将会弹窗提醒所选的数据库处于多套变更的分组绑定中。此刻若单击“确定”按钮，DMS 将会快速将对应分组中的所有数据库载入数据库列表中（无须依次选择）；若单击“取消”按钮则不会载入分组中的其他数据库，如图 6-12 所示。

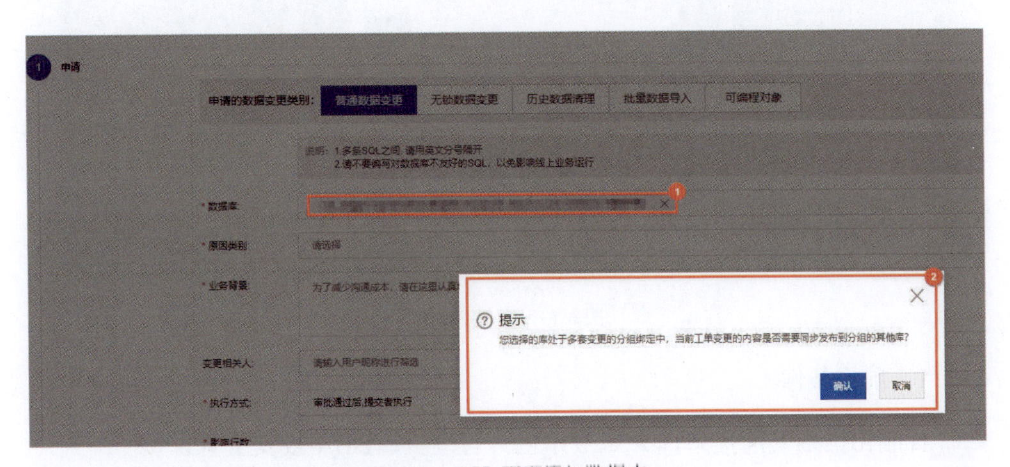

图 6-12　SQL 变更添加数据库

当前该功能支持数据变更类别为：普通数据变更、无锁数据变更、历史数据清理、数据导入及可编程对象。

2）结构设计

结构设计项目中选择某数据库分组中的任意一个数据库为基准库，当单击执行变更到基准库时，DMS 将会提示选择的库处于多套发布的分组绑定中，工单变更的内容将同步发布到分组的其他库中，如图 6-13 所示。

6.2.1.4　智能化运维

DMS 智能化运维以 T+1（产生数据的第二天）的方式汇总用户数据，通过报表展现 DMS 的具体使用情况。本节介绍智能化运维的操作步骤与相关功能。

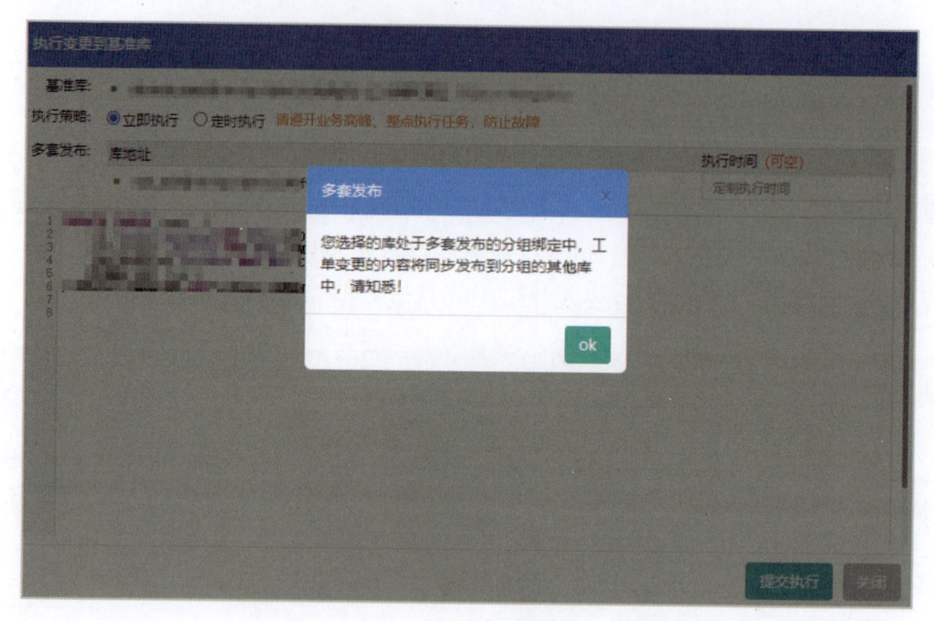

图 6-13　多套发布组

1. 前提条件

智能化运维的前提条件为账号角色为管理员、DBA 或安全管理员。

2. 操作步骤

（1）登录 DMS 控制台。

（2）在顶部导航栏单击“系统管理”菜单中的“智能化运维”选项。

在弹出的如图 6-14 所示的工单一览页面，包含以下功能。

- 工单量：支持查看任意时间长度不同工单类型的趋势、用户工单量排名（图 6-15）、按天查看工单的类型分布（图 6-16），以及工单的状态分布等。
- 查询量：支持查看任意时间长度查询量的趋势、单库 / 逻辑库查询排名、按天查看查询语句的类型分布。
- 用户量：支持查看任意时间长度用户量的趋势。
- 元数据：支持按天查看实例、数据库、表、敏感字段分布。

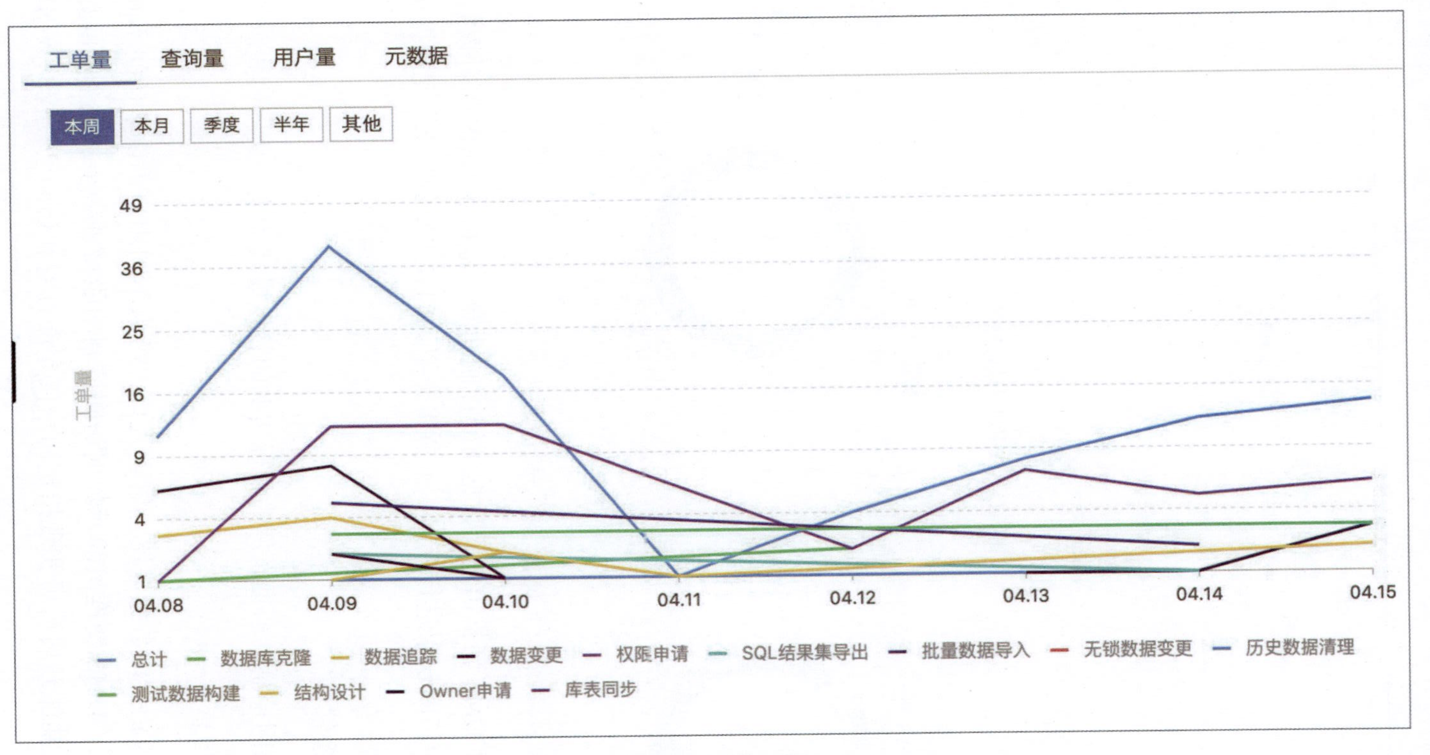

工单量
查询量
用户量
元数据
本周
本月
季度
半年
其他
工单量
49
36
25
16
9
4
1
04.08
04.09
04.10
04.11
04.12
04.13
04.14
04.15
总计
数据库克隆
数据追踪
数据变更
权限申请
SQL结果集导出
批量数据导入
无锁数据变更
历史数据清理
测试数据构建
结构设计
Owner申请
库表同步

图 6-14　工单一览

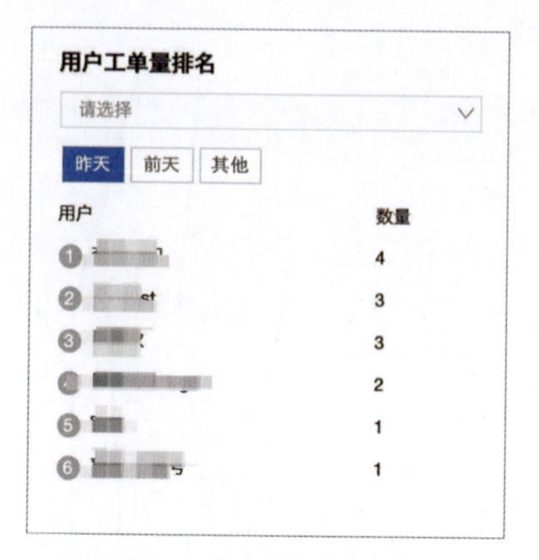

图 6-15　按用户名进行排序

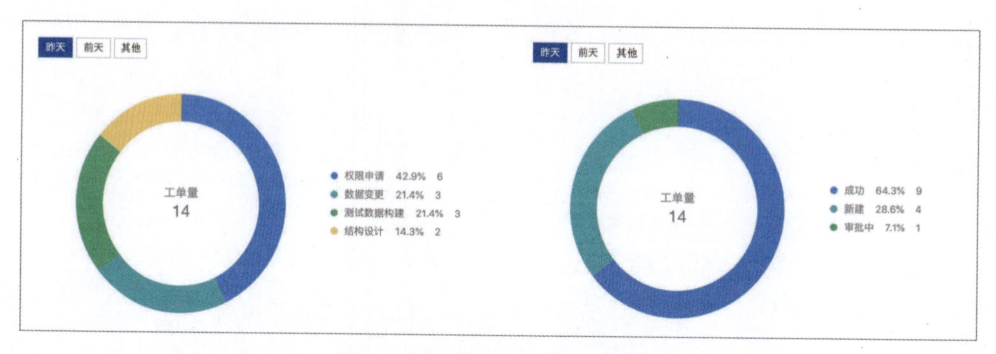

图 6-16　按天查看工单的类型分布

6.2.1.5　元数据访问控制

数据管理 DMS 新推出的元数据访问控制功能，是指在 DMS 中对数据库、实例的查看与访问权限进行控制。本节将介绍如何在 DMS 中开启元数据访问控制功能。

1．前提条件

元数据访问控制的前提条件为目标实例的管控模式为安全协同模式。

2．背景信息

DMS 作为企业内数据库统一管理入口，已为不同用户提供了访问不同数据的管控权限。DMS 新推出的元数据访问控制功能将进一步加强企业的数据安全管控，该功能开启后可实现指定用户仅允许查看和访问已授权的数据库，也可保障指定数据库仅允许被已授权的用户查看和访问。

说明

在 DMS 中，数据库级别的权限有查询、导出、变更，若某用户有其中任意一种权限被视为已授权该数据库，可在 DMS 中获取到如下信息：

- 查看到该数据库（包括实例左侧导航栏、顶部搜索栏、权限申请搜索栏等），能否查询该库的数据取决于是否拥有查询权限。
- 查看到该数据库所在的实例信息，但不能看到该实例下的其他数据库，能否查看到其他数据库取决于是否拥有其他数据库的查询权限。

可以从以下三种形式控制元数据访问权限。

- 用户访问控制：指定目标用户仅允许查看与访问已被授权的数据库。
- 数据库访问控制：指定目标数据库仅允许被已授权的用户查看与访问。
- 实例访问控制：指定目标实例以及该实例的所有数据库仅允许被已授权的用户查看与访问。

3．开启用户访问控制

（1）登录 DMS 控制台。

（2）在顶部菜单栏单击“系统管理”菜单下的“用户管理”选项。

（3）找到目标用户，单击右侧操作列下的“访问控制”按钮。

（4）在新弹窗中，打开元数据访问控制开关，并单击“确认”按钮完成操作。

若目标用户开启了元数据访问控制功能，那么该用户会受到如下限制。

- 仅能在 DMS 查询与访问已被授权的数据库，可以在“我的权限”页面中查询已被授权的权限。
- 无法查看到该实例下的其他数据库与其他实例（包括实例左侧菜单栏、顶部搜索栏、权限申请搜索栏等），也无法主动申请其他实例、数据库的权限。

4．开启数据库访问控制

（1）登录 DMS 控制台。

（2）在顶部菜单栏单击“系统管理”菜单下的“实例管理”选项。

（3）单击“数据库列表”标签。

（4）在“数据库列表”页面中，找到目标数据库，依次单击右侧操作列下的“更多”>“访问控制”按钮，如图 6-17 所示。

（5）在新弹窗中，打开元数据访问控制开关，并单击“确认”按钮完成操作。

5. 开启实例访问控制

（1）登录 DMS 控制台。

（2）在顶部菜单栏单击“系统管理”菜单下的“实例管理”选项。

（3）在“实例列表”页面中，找到目标实例，依次单击右侧操作列下的“更多”>“访问控制”按钮，如图 6-18 所示。

（4）在新弹窗中，打开元数据访问控制开关，并单击“确认”按钮完成操作。

6.2.1.6 查看租户信息

本节主要介绍在 DMS 中查看当前账户的租户信息与切换当前租户。

1. 背景信息

租户是在 DMS 产品内的一个逻辑概念，每个主账号都会开通一个属于自己账号的租户，租户内可以加入其他云账号（含子账号或其他主账号及普通账号），不同租户之间完全隔离。

2. 查看租户信息

（1）登录 DMS 控制台。

（2）在控制台首页，将光标放置在页面右上角的头像上，即可查看租户 ID 与租户名，如图 6-19 所示。

3. 切换租户

（1）登录 DMS 控制台。

（2）在控制台首页，将光标放置在页面右上角的头像上，在弹出的列表中单击“切换租户”选项，如图 6-20 所示。

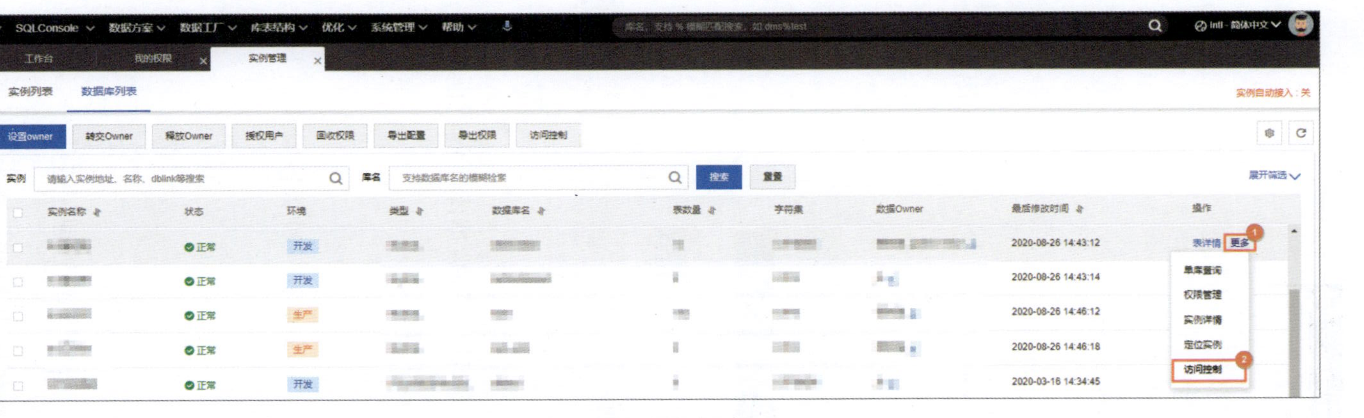

图 6-17　访问控制入口

图 6-18　实例访问控制

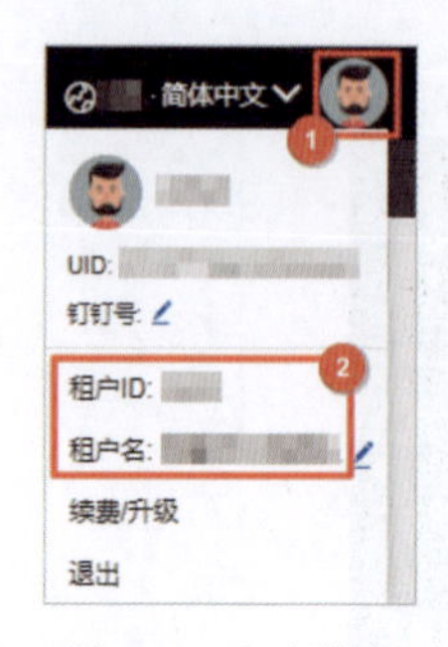

图 6-19　租户信息

图 6-20　切换租户

（3）在新弹窗中，选择目标租户，并单击“确定”按钮完成操作，如图 6-21 所示。

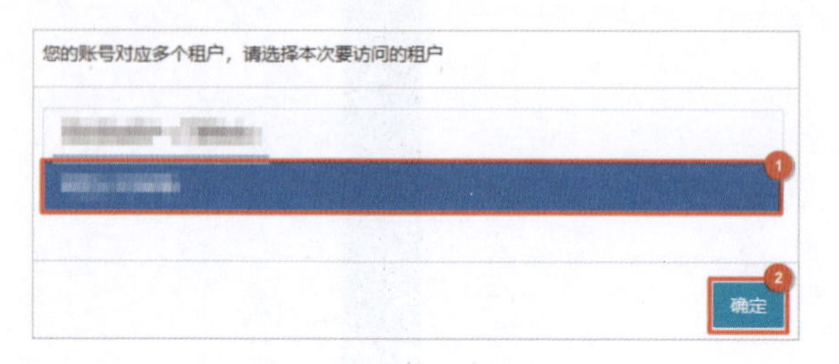

图 6-21　提示浮窗

6.2.2　实例管理

DMS 实例管理包括实例管控模式调整、访问控制等数据库实例层面的运维管理，下面会围绕系统管理的 6 个功能进行详细介绍。

6.2.2.1　查看管控模式

数据管理 DMS 提供自由操作、稳定变更、安全协同三种管控模式。下面介绍两种查看管控模式的方法。

1．通过顶部导航栏查看管控模式

（1）登录 DMS 控制台。

（2）单击顶部导航栏的“系统管理”菜单下的“实例管理”选项。

（3）在“实例列表”页面中，定位到目标实例，可以在目标实例对应的管控模式列中查看实例当前的管控模式，如图 6-22 所示。

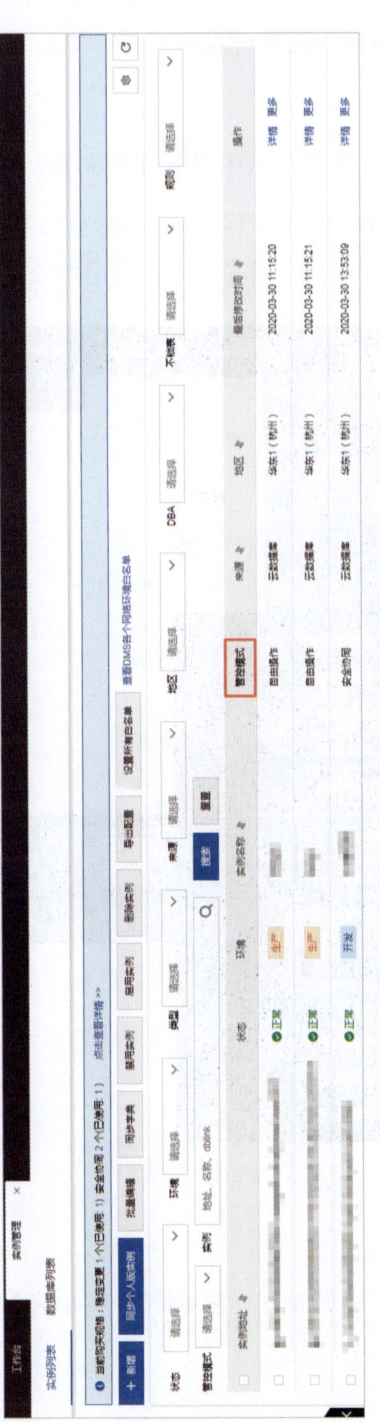

图 6-22　查看实例当前的管控模式

2. 通过左侧实例列表快捷查看管控模式

（1）登录 DMS 控制台。

（2）在页面左侧的实例列表中，右击目标实例名称。

（3）在弹出的右键菜单中，将光标移动到“管控模式”选项，弹出子菜单。系统会在子菜单中的当前管控模式名称前显，如图 6-23 所示。

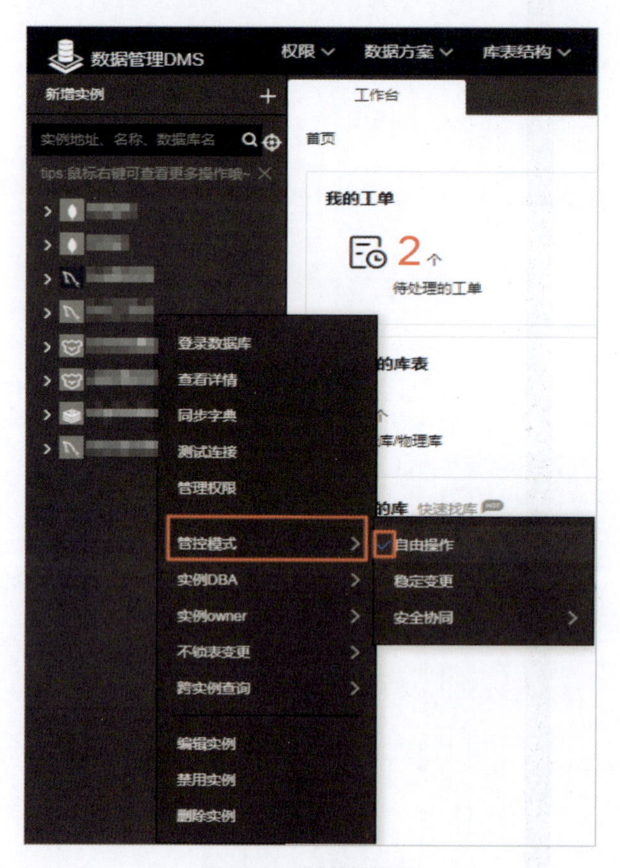

图 6-23　更改管控模式

6.2.2.2　编辑实例

实例录入到 DMS 后，可以调整单个实例的基本信息和高级信息，也可以通过批量编辑调整实例通用的信息。

1. 前提条件

执行该操作的用户角色需为 DBA 或管理员。

2. 操作步骤

（1）登录 DMS 控制台。

（2）在顶部导航栏单击“系统管理”菜单下的“实例管理”选项；也可以右击左侧实例列表中的目标实例，然后单击“编辑实例”按钮。

（3）根据业务需求，编辑单个实例或批量编辑实例。

① 编辑单个实例

a. 在实例列表页面找到目标实例。

b. 依次单击操作列的“更多”>“编辑实例”按钮。

c. 在弹出对话框中，调整实例的基本信息和高级信息。基本信息和高级信息内容解释如表 6-2 所示。

表6-2　基本信息和高级信息内容解释

标签名称	配　置	说　明
基本信息	数据库来源	选择数据库实例的来源
	数据库类型	选择数据库实例的类型
	实例地区	选择数据库网关所在的地区
	数据库网关	选择数据库网关，如未创建数据库网关，可以单击此处创建数据库网关
	登录地址	填入数据库的连接地址
	端口	填入数据库的服务端口
	数据库账号	输入数据库的登录账号
	数据库密码	输入数据库账号的密码
	管控模式	选择数据库的管控模式

续表

标签名称	配　置	说　明
高级信息	环境类型	选择数据库环境的类型
	实例名称	自定义实例的名称
	开启跨库查询	选择是否开启跨库查询功能
	不锁表结构变更	选择是否开启不锁表结构变更功能
	实例DBA	选择一个DBA角色进行后期权限申请等流程
	查询超时时间（s）	设定安全策略，当达到设定的时间后，SQL窗口执行的查询语句会中断，以保护数据库安全
	导出超时时间（s）	设定安全策略，当达到设定的时间后，SQL窗口执行的导出语句会中断，以保护数据库安全

d. 配置完成后，单击“测试连接”按钮验证正确性。如果信息填写正确，则提示连接成功；如果提示错误，则请根据提示调整填写的信息。

e. 单击“提交”按钮完成操作。

② 批量编辑实例

a. 在实例列表页面，单击目标实例对应的复选框。选择的目标实例的数据库类型必须一致，例如都是 MySQL。

b. 单击实例列表上方的“编辑实例”按钮。

c. 在弹出的对话框中，单击对应配置项的复选框，调整对应的实例信息。编辑实例复选框内容解释如表 6-3 所示。

表6-3　编辑实例复选框内容解释

配　置	说　明
数据库账号	填入数据库账号，如果修改此项配置，则请确认执行批量编辑的实例的数据库账号、密码一致
数据库密码	填入数据库账号的密码
实例名称	填入自定义的名称，便于业务识别
实例DBA	选择一个DBA角色负责后期权限申请等流程
管控模式	根据业务需求选择

续表

配　置	说　明
查询超时时间（s）	设定安全策略，当达到设定的时间后，SQL窗口执行的查询语句会中断，以保护数据库安全
导出超时时间（s）	设定安全策略，当达到设定的时间后，SQL窗口执行的导出语句会中断，以保护数据库安全
不锁表结构变更	根据业务需求选择

d. 单击“确认”按钮完成操作。

6.2.2.3　同步字典

实例录入 DMS 后，DMS 将自动采集数据库的字典信息。如果结构变更操作未通过 DMS 执行，则需要手动执行同步字典的操作。

1. 前提条件

执行该操作的用户角色为 DBA 或管理员。

2. 背景信息

字典信息用于实现数据库、表、字段、可编程对象的权限分级管控。采集的字典信息包含如下内容。

- 数据库的名称、字符集信息。
- 表的名称、占用的存储空间、记录行数、字符集、字段、索引及描述信息。
- 字段类型、精度及描述信息。
- 字典更新规则：结构变更通过 DMS 执行时，DMS 会自动同步字典信息；结构变更未通过 DMS 执行时，需要手动执行同步字典的操作。

3. 操作步骤

（1）登录 DMS 控制台。

（2）在顶部导航栏单击“系统管理”菜单下的“实例管理”选项。

（3）根据业务需求，同步单个或多个实例的字典信息。

① 同步单个实例的字典信息

a. 在实例列表页面，找到目标实例，也可以右击左侧实例列表中的目标实例，在弹出的菜单中单击“同步字典”选项。

b. 依次单击操作列的“更多” > “同步字典”选项。

c. 在弹出的对话框中，单击“确认”按钮完成操作。

② 同步多个实例的字典信息

a. 在实例列表页面，单击目标实例对应的复选框。

b. 单击实例列表上方的“同步字典”选项。

c. 在弹出的对话框中，单击“确认”按钮完成操作。

6.2.2.4 禁用或启用实例

实例在使用的过程中，可以根据业务需求启用或禁用实例，本节介绍相关操作方法。

1. 前提条件

执行该操作的用户角色为 DBA 或管理员。

2. 操作步骤

（1）登录 DMS 控制台。

（2）在顶部导航栏单击“系统管理”菜单下的“实例管理”选项。

根据业务需求，禁用或启用实例。

① 禁用实例

a. 在实例列表页面，单击目标实例对应的复选框。

b. 单击实例列表上方的“禁用实例”选项。执行禁用实例的操作后，该实例会从左侧实例列表移除，DMS 用户也无法通过平台检索到该实例中的库或表，请谨慎操作。

c. 在弹出的对话框中，单击“确认”按钮完成操作。

② 启用实例

a. 在实例列表页面，选择实例的状态。

b. 单击目标实例对应的复选框。

c. 单击实例列表上方的“启用实例”选项。执行启用实例的操作后，该实例会出现在左侧的实例列表中，且实例中的数据库恢复至可用状态。此时，DMS 用户申请过的相关权限可继续使用。

d. 在弹出对话框中，单击“确认”按钮完成操作。

6.2.2.5　设置访问控制

数据管理 DMS 新推出的元数据访问控制功能，是指在 DMS 中对数据库、实例的查看与访问权限进行控制。本节将介绍如何在 DMS 中开启实例访问控制与数据库访问控制。

1. 背景信息

DMS 作为企业内数据库统一管理入口，为不同用户提供访问不同数据的管控权限。DMS 新推出的元数据访问控制功能进一步加强企业的数据安全管控，该功能开启后可实现指定数据库仅允许被已授权的用户查看和访问。

2. 开启数据库访问控制

（1）登录 DMS 控制台。

（2）在顶部菜单栏单击“系统管理”菜单下的“实例管理”选项。

（3）单击“数据库列表”标签。

（4）在“数据库列表”页面中，找到目标数据库，依次单击右侧操作列下的“更多”>“访问控制”按钮，如图 6-24 所示。

（5）在新弹窗中，打开元数据访问控制开关，并单击“确认”按钮即可完成操作。

3. 开启实例访问控制

（1）登录 DMS 控制台。

（2）在顶部菜单栏单击“系统管理”菜单下的“实例管理”选项。

（3）在“实例列表”页面中，找到目标实例，依次单击右侧操作列下的“更多”>“访问控制”按钮，如图 6-25 所示。

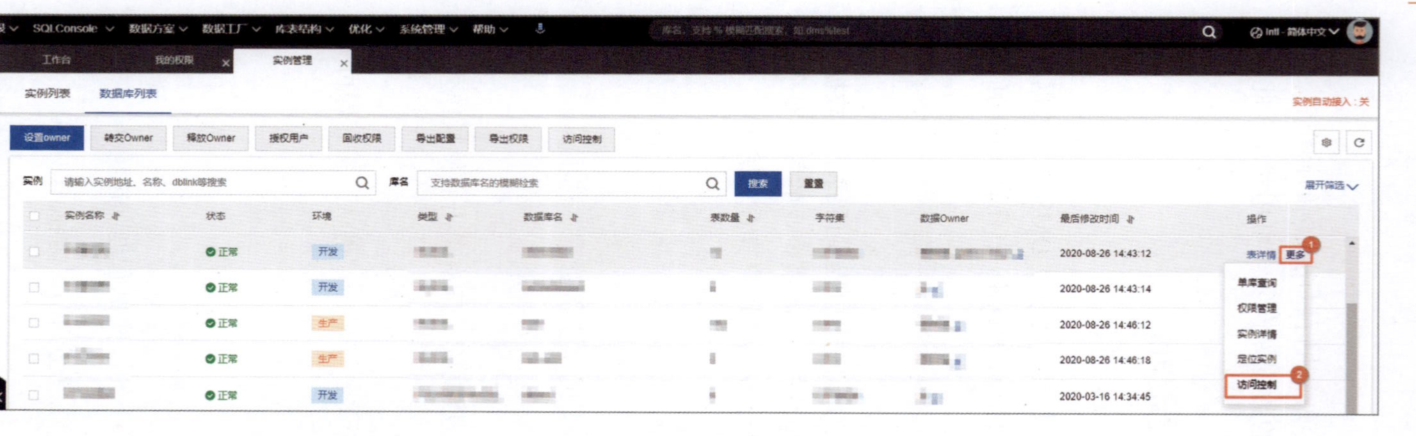

图 6-24　设置访问控制

图 6-25　实例级别配置

（4）在新弹窗中,打开元数据访问控制开关,并单击“确认”按钮完成操作。

6.2.2.6 删除实例

实例在使用的过程中，如不再需要该实例，可以手动删除。

1．前提条件

执行该操作的用户角色为 DBA 或管理员。

2．影响

实例会从左侧实例列表移除，用户不能再通过 DMS 使用该实例中的数据库。用户针对该实例申请的权限将会失效并删除。

3．操作步骤

（1）登录 DMS 控制台。

（2）在顶部导航栏单击“系统管理”菜单下的“实例管理”选项。也可以右击左侧实例列表中的“目标实例”选项，然后单击“删除实例”按钮。

根据业务需求，删除单个或多个实例。

① 删除单个实例

a. 在实例列表页面找到目标实例。

b. 依次单击操作列的“更多”>“删除实例”按钮。

c. 在弹出的对话框中，单击“确认”按钮完成操作。

② 删除多个实例

a. 在实例列表页面单击目标实例对应的复选框。

b. 单击实例列表上方的“删除实例”按钮。

c. 在弹出的对话框中，单击“确认”按钮完成操作。

4．常见问题

问题：已删除的实例可以恢复吗？答案：可以。在“实例列表”页面，过滤删除状态的实例，选择并启用目标实例，如图 6-26 所示。

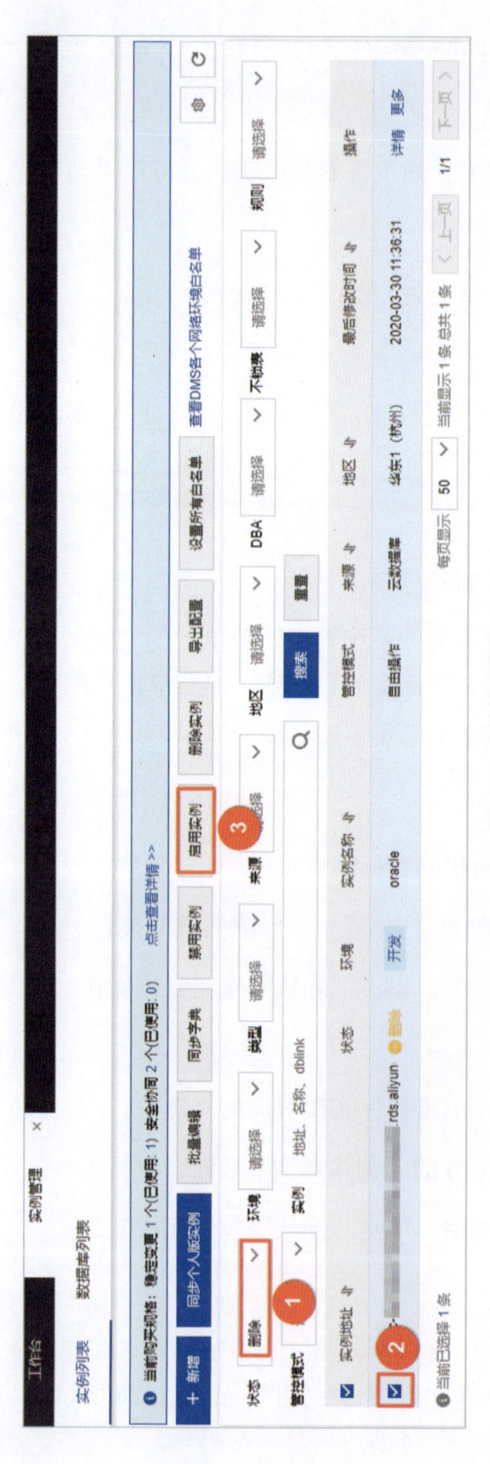
工作台
实例管理
实例列表
数据库列表
当前购买规格：稳定变更 1 个(已使用: 1) 安全协同 2 个(已使用: 0)
点击查看详情 >>
+ 新增
同步个人版实例
批量编辑
同步字典
禁用实例
启用实例
删除实例
导出配置
设置所有白名单
查看DMS各个网络环境白名单
状态
删除
环境
请选择
类型
来源
地区
DBA
不锁表
规则
管控模式
实例
地址、名称、dblink
搜索
重置
实例地址
状态
环境
实例名称
管控模式
来源
地区
最后修改时间
操作
rds.aliyun
删除
开发
oracle
自由操作
云数据库
华东1（杭州）
2020-03-30 11:36:31
详情
更多
当前已选择 1 条
每页显示
50
当前显示 1 条 总共 1 条
上一页
1/1
下一页
1
2
3

图 6-26　启用与删除

6.3　DMS 最佳实践

DMS 产品集合了很多实际业务中产生的极具特色的功能，例如，无锁表结构变更，该功能可以很好地解决 DDL 变更对业务的影响。

6.3.1　权限管理

本节主要介绍针对数据库、人员的权限管理及最佳实践。

6.3.1.1　数据库、表权限

1．owner 方案

- 适用范围：当前登录用户 owner 的库、表。
- 适用场景：可以针对库、表级别，对不需要的人员的权限或权限类型进行有效回收；也可以针对库、表级别，对有需要的人员的权限或权限类型进行有效授予。
- 路径:“工作台” > “owner 的库表”,找到目标库,单击 “管理” 按钮进入。

批量回收“查询”权限如图 6-27 所示。

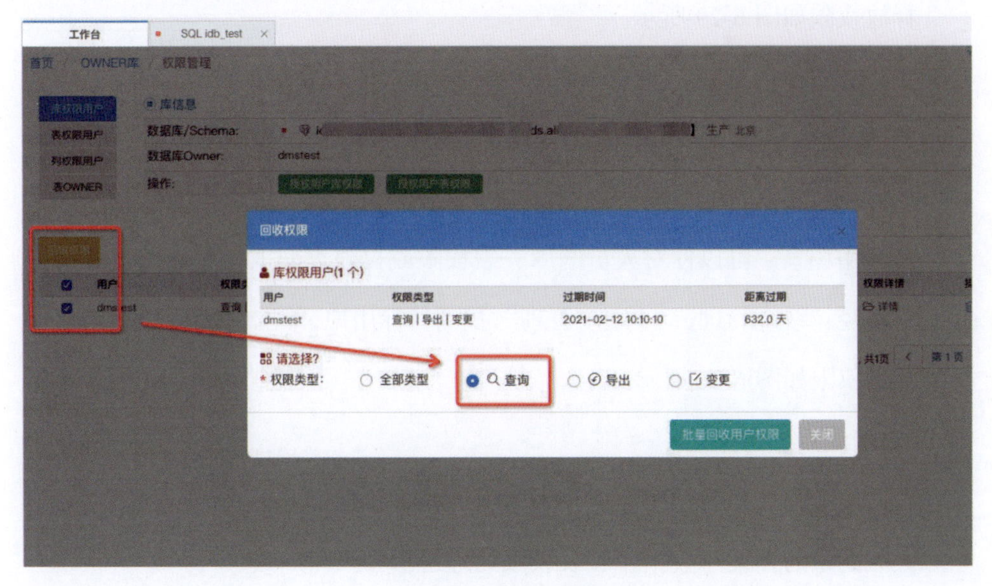

图 6-27　“查询”权限

2. 管理员 &DBA 方案

- 适用范围：企业版内所有数据库实例上的数据库。
- 适用场景：可以针对库、表级别，对不需要的人员的权限或权限类型进行有效回收；也可以针对库、表级别，对有需要的人员的权限或权限类型进行有效授予。
- 路径："系统管理" > "实例管理"，找到目标数据库实例，单击"权限详情"列的"查看"按钮进入。

"查看"管理员权限如图 6-28 所示。

3. 普通用户方案

- 适用范围：当前登录用户有权限的库表。
- 适用场景：可以针对库、表、字段级别，对不需要的权限或权限类型进行有效释放。
- 路径："工作台" > "我有权限的库表"，找到目标库、表，选中后单击"释放权限"按钮进入。

释放权限如图 6-29 所示。

6.3.1.2 人员权限

1. 管理员方案

- 适用范围：企业版内所有用户。
- 适用场景：可以针对人员的库、表权限或权限类型进行有效回收。
- 路径："系统管理" > "用户管理"，找到目标用户，单击"权限"按钮进入。

管理权限如图 6-30 所示。

2. 普通用户方案

- 适用范围：当前登录用户本人名下的权限管理。
- 此场景的方案与数据库、表权限处理逻辑和入口一致。

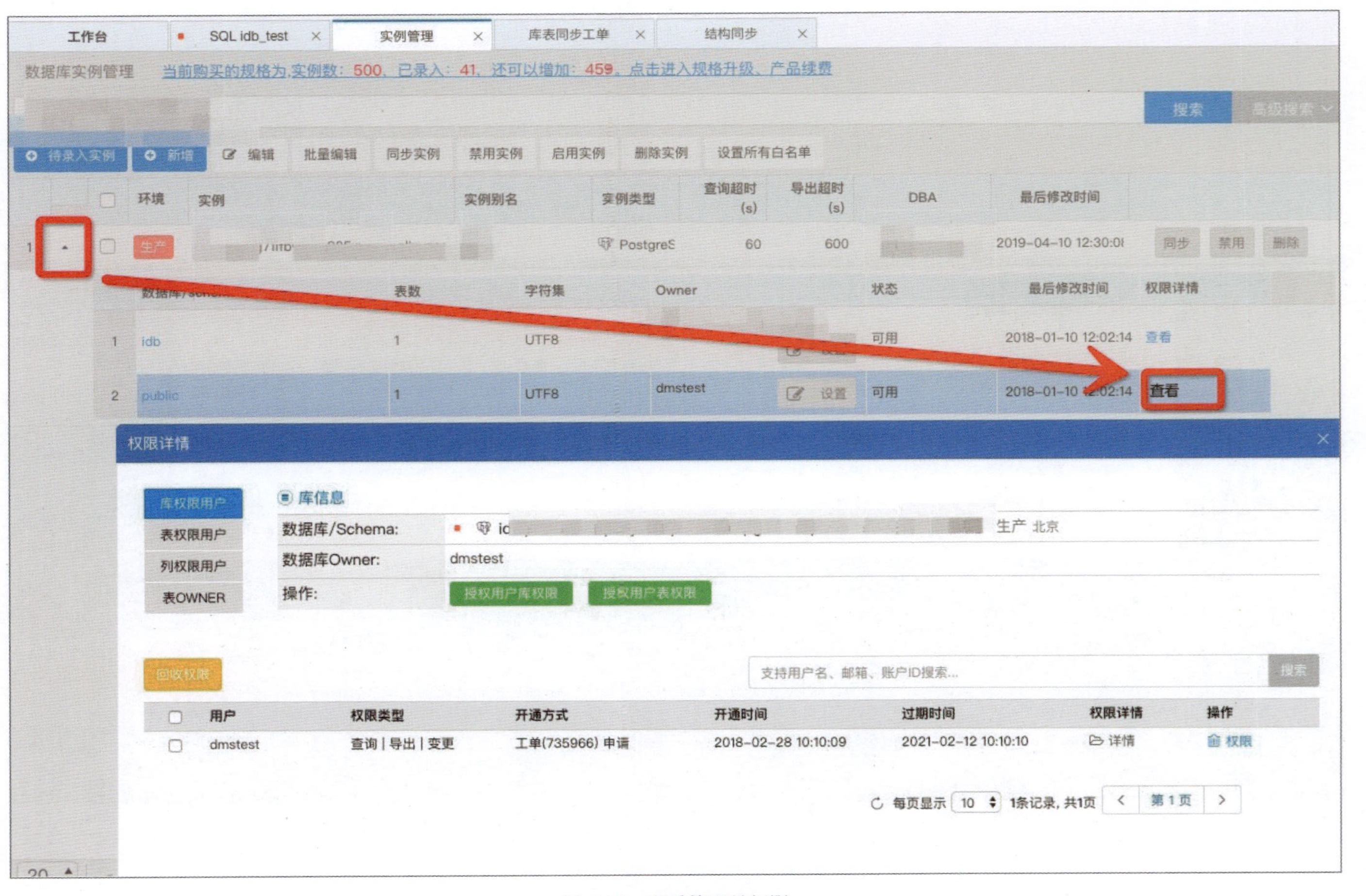

图 6-28　查看管理员权限

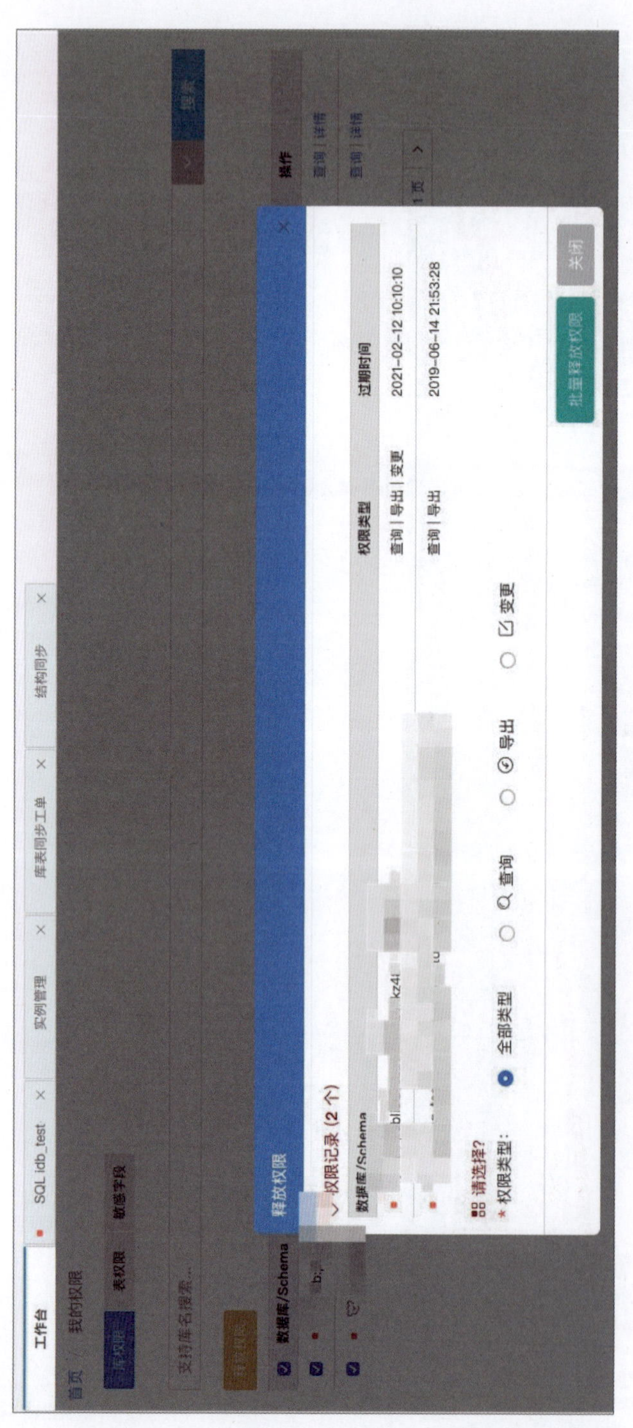

工作台
SQL idb_test
实例管理
库表同步工单
结构同步
首页 / 我的权限
库权限
表权限
敏感字段
支持库名搜索...
搜索
数据库/Schema
操作
查询 | 详情
查询 | 详情
1 页
释放权限
权限记录 (2 个)
数据库/Schema
权限类型
过期时间
查询 | 导出 | 变更
2021-02-12 10:10:10
查询 | 导出
2019-06-14 21:53:28
请选择?
* 权限类型：
全部类型
查询
导出
变更
批量释放权限
关闭

图 6-29 释放权限

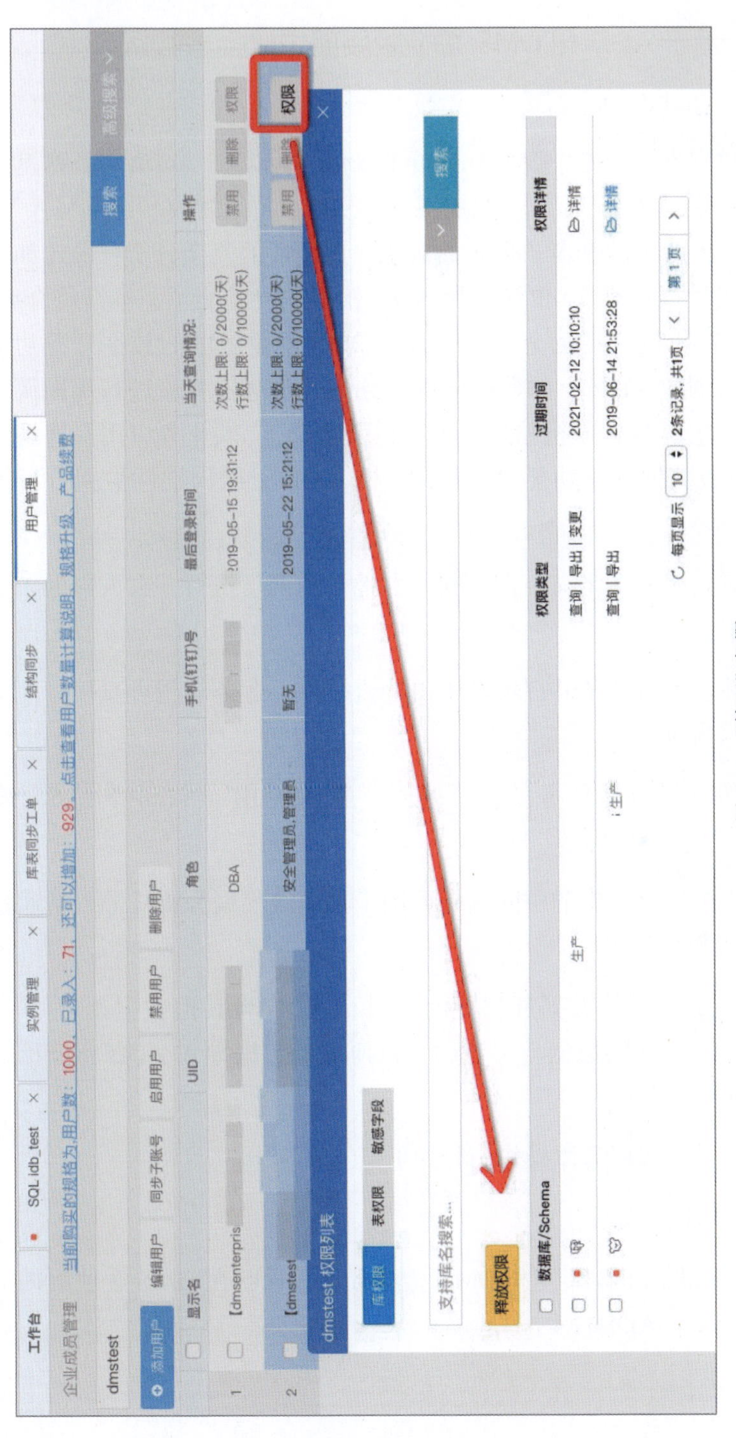
工作台
SQL idb_test
实例管理
库表同步工单
结构同步
用户管理
企业成员管理
当前购买的规格为用户数：1000，已录入：71，还可以增加：929，点击查看用户数量计算说明、规格升级、产品续费
dmstest
搜索
高级搜索
添加用户
编辑用户
同步子账号
启用用户
禁用用户
删除用户
显示名
UID
角色
手机(钉钉)号
最后登录时间
当天查询情况:
操作
DBA
2019-05-15 19:31:12
次数上限：0/2000(天)
行数上限：0/10000(天)
禁用
删除
权限
安全管理员,管理员
暂无
2019-05-22 15:21:12
dmstest 权限列表
库权限
表权限
敏感字段
支持库名搜索...
释放权限
数据库/Schema
权限类型
过期时间
权限详情
生产
查询 | 导出 | 变更
2021-02-12 10:10:10
详情
查询 | 导出
2019-06-14 21:53:28
每页显示
10
2条记录，共1页
第 1 页

图 6-30　“管理”权限

6.3.2 基于 ADB 和 DMS 企业版周期生成报表数据

6.3.2.1 背景介绍

分析型数据库 MySQL 版（AnalyticDB for MySQL，ADB）是阿里云上一款流行的实时数据仓库产品，它具有灵活、易用、超大规模和并发写入等特点，是企业数据分析的一款利器。但是面对用户周期性的复杂分析任务（如：按天或按小时生成数据报表），单纯使用 ADB 就不是很方便了。本节将介绍 ADB 引擎与 DMS 企业版这对黄金搭档，通过 DMS 企业版中的数据开发功能，用户可以方便地创建 ADB 上的数据分析任务流，并对任务流进行周期调度，从而周期性地产生出数据分析结果（如：报表数据），供业务应用快速访问。引入 DMS 企业版数据开发功能之后，用户在 ADB 上做周期性数据分析可获得如下好处。

- 任务流只需一次定义，即可周期性地自动调度执行，大大降低人工操作的成本。
- 周期性地执行任务并提前产生出分析结果，业务应用可直接查询结果获得快速响应。
- 可灵活选择分析任务的执行时间，避开 ADB 负载高峰期，合理利用 ADB 上的计算资源。
- 任务流执行时产生的中间结果可用于其他的数据分析任务，从而最大化 ADB 的资源。
- 数据开发提供的数据迁移能力，可让 ADB 与其他数据源（如：OLTP 数据库）之间的数据自由流动，方便历史数据导入 ADB 和分析结果回流至在线业务库。

周期生成报表数据具体操作步骤如下。

1. 前置条件

- 用户已购买 ADB 实例和 DMS 企业版，并且已在 DMS 企业版的实例管理中录入了 ADB 实例。

- 业务数据库（即存放待导入 ADB 做分析的数据）已录入 DMS 企业版。
- 用户在 DMS 企业版中已申请了 ADB 和业务数据库的相关权限，如：写入 ADB 需要 ADB 方面的变更权限。

2. 创建数据开发任务流

下面介绍如何在 DMS 企业版数据开发工作空间里创建和配置报表生成的任务流。首先要创建数据导入任务，实现数据导入有多种途径，下面介绍两种常用的方法。

1）使用跨实例 SQL 进行数据导入

DMS 数据开发集成了数据迁移的能力，支持将一个或多个源库的数据迁移至目标库。下面介绍如何通过数据开发的“跨实例 SQL”任务实现数据导入。

首先，在 DMS 企业版里为源库（待导入数据的业务数据库）和目标库（ADB）设置 DBLink。本例中将源库的 DBLink 命名为 dblink_source，目标库的 DBLink 命名为 dblink_adb。

然后，进入数据开发的开发空间，创建出用于报表生成的任务流（名称为生成报表任务流），并在任务流中添加一个“跨实例 SQL”任务节点（名称为数据导入）。

编辑“数据导入”节点的内容，添加如下 SQL 语句。

```
insert into dblink_adb.schema2.table2 (dt, column1, column2, column3, xxx)
as select dt, column1, column2, column3, xxx from dblink_source.schema1.
table1
where dt ='${bizdate}';
```

由于 DMS 企业版集成了跨实例查询功能，通过一个 INSERT INTO 语句即可完成数据从源库（dblink_source）到目标库（dblink_adb）的迁移。在该 SQL 语句中，${bizdate} 是数据开发中的系统变量，指代周期性任务的业务日期，默认为运行日期减一天。dt 字段用于描述按天保存的记录，方便按天进行增量数据迁移，如图 6-31 所示。

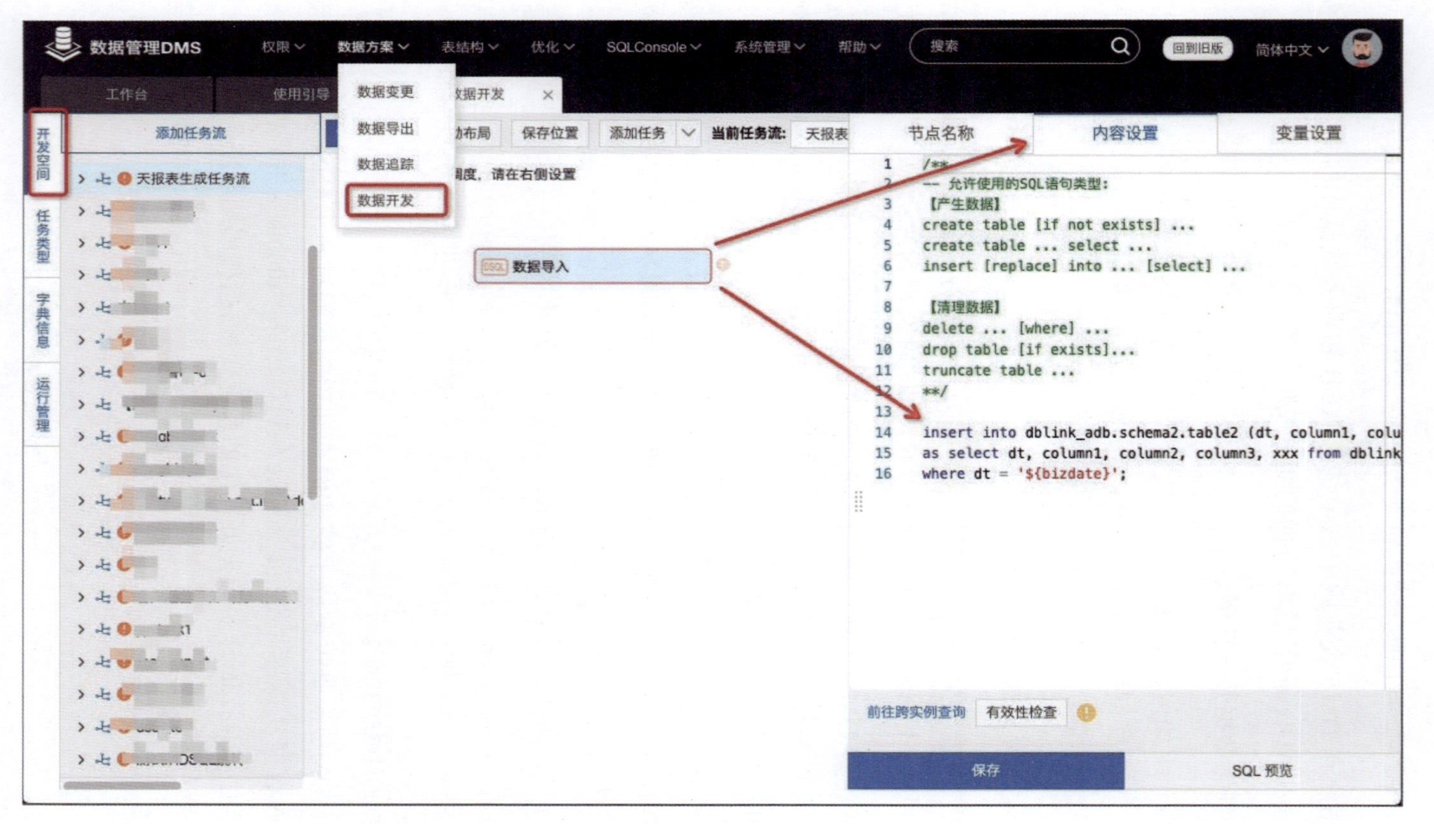
数据管理DMS
权限
数据方案
表结构
优化
SQLConsole
系统管理
帮助
搜索
回到旧版
简体中文
工作台
使用引导
数据变更
数据导出
数据追踪
数据开发
开发空间
任务类型
字典信息
运行管理
添加任务流
天报表生成任务流
保存位置
添加任务
当前任务流：
天报表
请在右侧设置
数据导入
节点名称
内容设置
变量设置
/**
-- 允许使用的SQL语句类型:
【产生数据】
create table [if not exists] ...
create table ... select ...
insert [replace] into ... [select] ...
【清理数据】
delete ... [where] ...
drop table [if exists]...
truncate table ...
**/
insert into dblink_adb.schema2.table2 (dt, column1, colu
as select dt, column1, column2, column3, xxx from dblink
where dt = '${bizdate}';
前往跨实例查询
有效性检查
保存
SQL 预览

图 6-31　数据导入

2）采用阿里云 DTS 的数据同步功能进行数据导入

通过 DTS 数据同步功能，可将源库数据实时同步到 ADB 目标库上。用户需要登录 DTS 的控制台进行同步任务的配置，操作步骤可参考"DTS 数据同步帮助文档"。配置好同步作业之后，源库数据会实时写入 ADB，因此，在数据开发中无须再添加"数据导入"任务节点，也就是说，用户可假设 ADB 中已经包含了源库中的数据，直接进入后续的报表任务开发。

6.3.2.2　创建报表生成任务

完成了数据导入的配置之后，我们就可以创建产生报表的数据分析任务了。编辑已创建好的任务流，添加"单实例 SQL"任务节点，并在任务的"内容设置"选项中将数据库选为 ADB 数据库，即以 ADB 作为引擎执行数据分析任务。单实例任务的数据库被选为 ADB 以后，相应的 SQL 需遵循 ADB 的语法，并且该 SQL 会最终被调度到 ADB 实例上执行。

如果生成报表的逻辑非常复杂，则可分解为多个步骤，每个步骤对应一个任务节点。按任务执行的先后顺序将任务节点连接（编排）起来，最终形成一个任务流（图 6-32）。将复杂任务分解不但可以简化每个节点 SQL 的复杂度，避免 SQL 逻辑错误，还能通过合理的全局规划，在多人、多任务协作的数据开发场景下复用任务节点产生的中间数据，从而避免重复计算，这也是数据仓库的常见研发方式。

6.3.2.3　任务流的执行

1．配置调度信息

任务流创建完成以后，需要配置任务流调度信息，并开启调度。按具体的业务需求，可指定调度的周期（如：日），也可以指定任务流的具体执行时间和生效的起止时间，如图 6-33 所示。通过合理地指定任务流的执行时间，可均衡 ADB 实例上的负载，避开业务高峰，充分地利用 ADB 的计算资源。

数据开发还提供了任务流的"试运行"功能，方便用户测试一个任务流的正确性。若试运行的结果与预期不符，用户可对任务流进行再编辑。

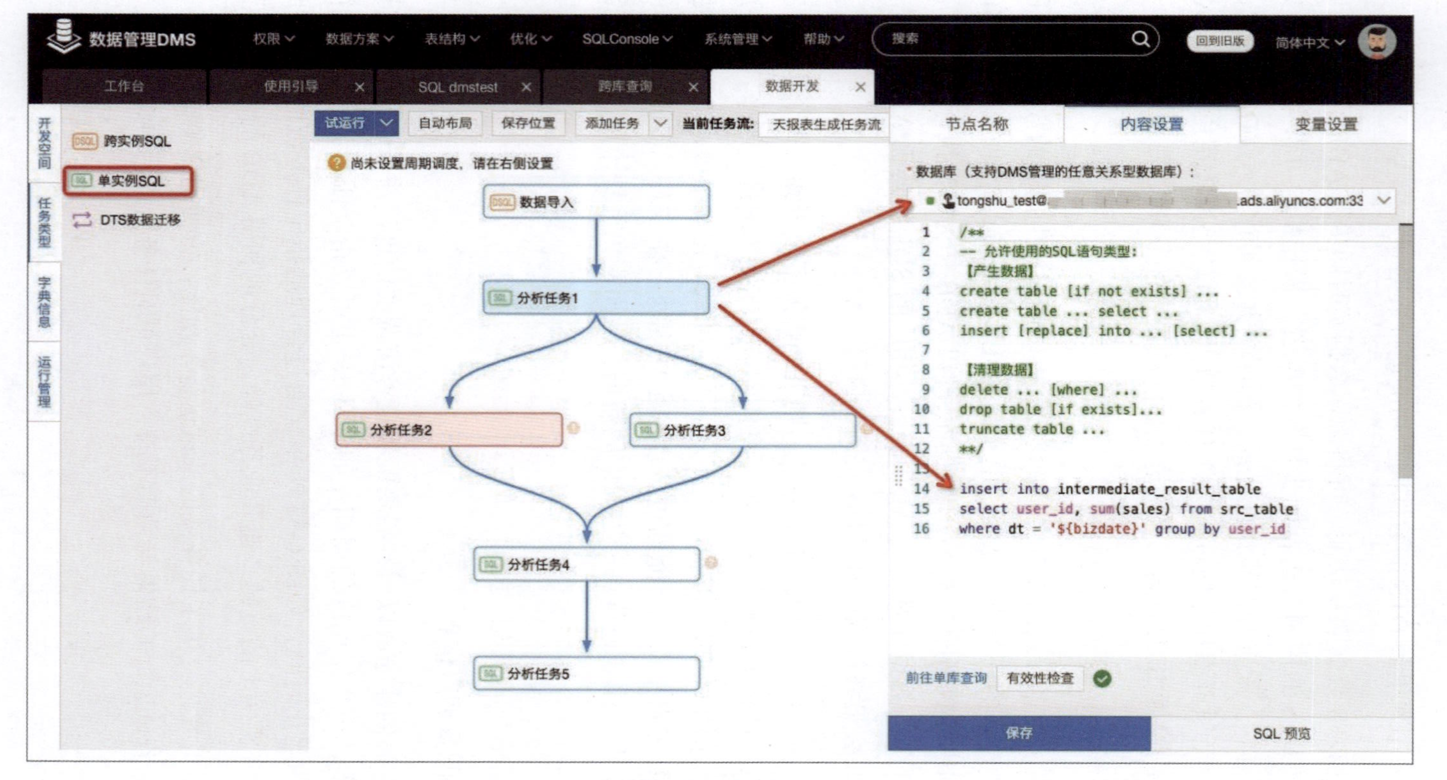
数据管理DMS
权限
数据方案
表结构
优化
SQLConsole
系统管理
帮助
搜索
回到旧版
简体中文
工作台
使用引导
SQL dmstest
跨库查询
数据开发
开发空间
任务类型
字典信息
运行管理
跨实例SQL
单实例SQL
DTS数据迁移
试运行
自动布局
保存位置
添加任务
当前任务流:
天报表生成任务流
尚未设置周期调度，请在右侧设置
数据导入
分析任务1
分析任务2
分析任务3
分析任务4
分析任务5
节点名称
内容设置
变量设置
数据库（支持DMS管理的任意关系型数据库）:
tongshu_test@
.ads.aliyuncs.com:33
/**
-- 允许使用的SQL语句类型:
【产生数据】
create table [if not exists] ...
create table ... select ...
insert [replace] into ... [select] ...
【清理数据】
delete ... [where] ...
drop table [if exists]...
truncate table ...
**/
insert into intermediate_result_table
select user_id, sum(sales) from src_table
where dt = '${bizdate}' group by user_id
前往单库查询
有效性检查
保存
SQL 预览

图 6-32　生成任务流

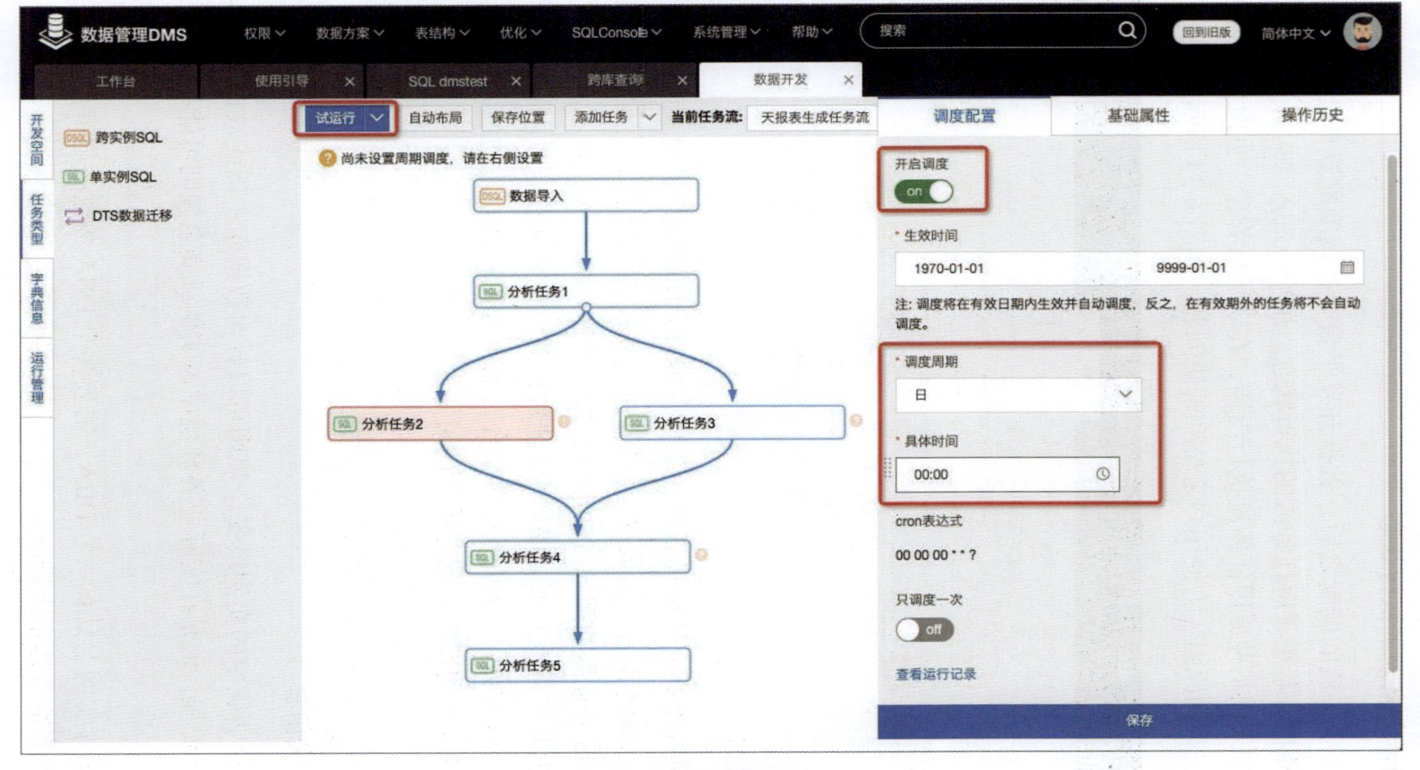

数据管理DMS
权限
数据方案
表结构
优化
SQLConsole
系统管理
帮助
搜索
回到旧版
简体中文
工作台
使用引导
SQL dmstest
跨库查询
数据开发
开发空间
任务类型
字典信息
运行管理
跨实例SQL
单实例SQL
DTS数据迁移
试运行
自动布局
保存位置
添加任务
当前任务流:
天报表生成任务流
尚未设置周期调度，请在右侧设置
数据导入
分析任务1
分析任务2
分析任务3
分析任务4
分析任务5
调度配置
基础属性
操作历史
开启调度
on
生效时间
1970-01-01
9999-01-01
注：调度将在有效日期内生效并自动调度，反之，在有效期外的任务将不会自动调度。
调度周期
日
具体时间
00:00
cron表达式
00 00 00 * * ?
只调度一次
off
查看运行记录
保存

图 6-33　指定调度周期

2. 查看任务流的执行状态

开启了任务流的调度之后，数据开发平台会按调度配置自动运行任务流，生成报表数据。若想了解任务流的执行状态，用户可进入“运行管理”页面进行查看。如果因某种原因任务流执行出错，在“运行管理”页面里还能查看到任务执行失败的原因，方便用户定位和解决问题，如图 6-34 所示。

图 6-34　任务流状态

3. 总结

用户使用数据仓库的场景多种多样，本节介绍的周期性报表生成就是一个典型场景。ADB 作为一款数据仓库的内核产品，拥有强大的存储和计算能力，再配合 DMS 企业版数据开发功能可轻松实现这一需求。ADB 不再是一个数据孤岛，数据开发可以打通 ADB 与其他数据源，让数据在企业内自由流动和高效集成。相信 ADB 与数据开发的结合，能更方便和高效地挖掘出数据背后的价值，驱动业务的发展，创造更多的可能。

6.3.3 自定义审批流程

1. 背景信息

DMS 企业版中的实例级安全规则可以针对数据库实例或数据库操作设置不同的审批流程，但是在实际业务环境中，实例级安全规则可能有一定的局限性，例如：

- 数据库实例上只有一个 DBA，需要多个 DBA 角色参与审批，避免单人审批影响整体审批进度。

- 数据库实例上有多个不同业务的数据库共用，需要多个业务方都处于审批流程中，按需审批对应业务的操作工单流程。

本节以设置多个 DBA 角色参与审批为例介绍配置流程，其他场景配置流程与本流程类似。

2．操作步骤

（1）使用具备管理员或 DBA 角色的账号登录数据管理控制台。

（2）在顶部导航栏依次选择“系统管理”>“安全管理”>“审批流程”选项。

（3）新增审批节点。

① 单击左侧的“审批节点”标签，然后单击“新增审批节点”选项。

② 配置审批节点的信息，如图 6-35 所示。

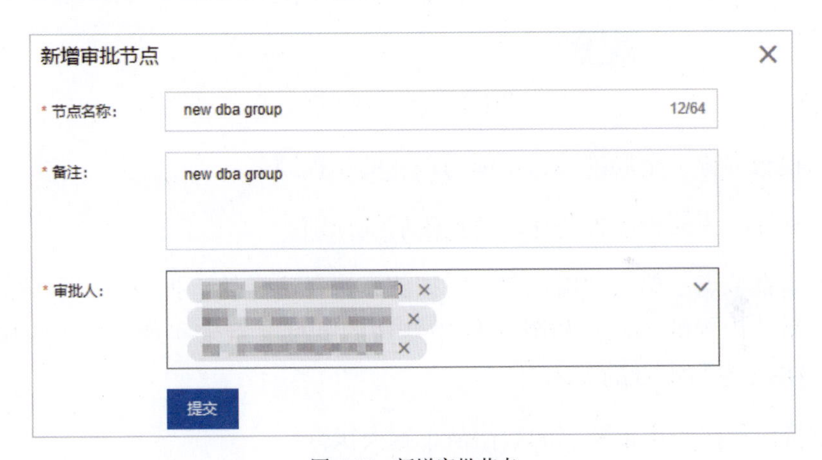

图 6-35　新增审批节点

- 节点名称：全局唯一，不能与现有的节点同名。
- 备注：为节点配置备注信息便于后续识别。
- 审批人：选择审批人员的云账号，可输入前缀关键字进行匹配。

本案例中，同时选择 3 名审批人员。

③ 单击“提交”按钮完成操作。

（4）新增审批模板。

① 单击左侧的“审批模板”标签，然后单击“新增审批模板”选项。

② 配置审批模板的信息，如图 6-36 所示。

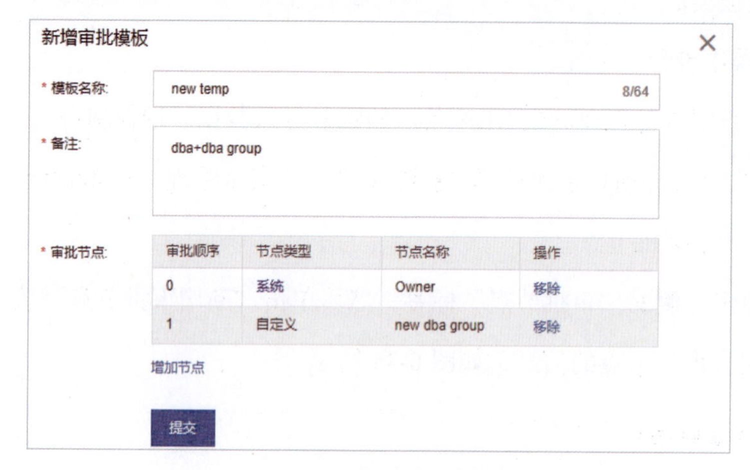

图 6-36 新增审批模板

- 模板名称：全局唯一，不能与现有的模板同名。
- 备注：为模板配置备注信息便于后续识别。
- 审批节点：单击“增加节点”按钮，选择所需的审批节点。本案例选择系统内置的 owner 和图 6-36 中新建的审批节点来实现一个节点中多个 DBA 参与审批的需求。

审批流程按照审批顺序的数值从小到大执行。

③ 单击“提交”按钮完成操作。

新增完成后，可以获取到该审批模板的 ID，本案例 ID 为 31035，如图 6-37 所示。

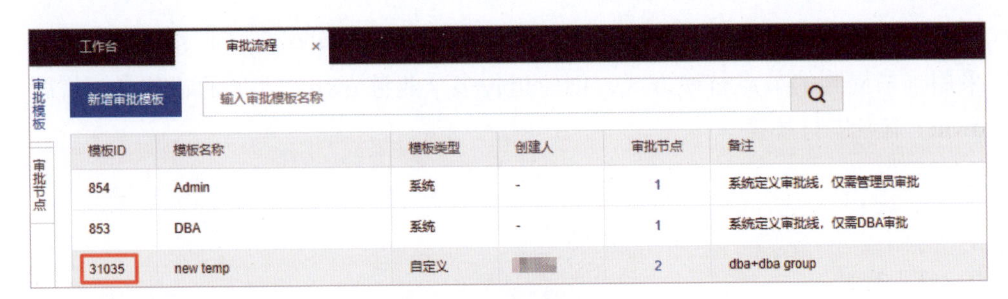

图 6-37　查看模板列表

（5）应用新的审批流程。

本步骤以设置“数据变更”>“风险审批规则”>“设置中风险审批流程”的安全规则管控为例进行调整，其他模块的配置流程与本案例流程类似。

① 在顶部导航栏依次选择“系统管理”>“安全管理”>“安全规则”选项。

② 找到目标规则集，单击“操作列”菜单下的“编辑”选项。

③ 单击左侧的“数据变更”标签。

④ 选择检测点为风险审批规则。

⑤ 单击“中风险审批流程”对应的“编辑”选项。

⑥ 在规则 DSL 区域框中替换模板 ID。在本案例中，将 853 替换为新增的审批模板对应 ID，即 31035。

⑦ 单击“提交”按钮完成操作。

3. 操作结果

新提交的数据变更流程满足对应规则后，多个 DBA 角色都可以接收到审批消息并处理审批流程。

4. 相关使用建议

为使用 DMS 企业版的云账号均绑定钉钉账号，工单流转时可实时通知相关人员进行处理。

为避免审批流程中出现单点的情况，一般建议每个节点至少有两个人员，数据库的数据 owner 至少设置两个。

数据 owner 目前设置上限为 3 个。如果单个数据库存在多业务共用，也可采用本书提到的节点替换方式，创建包含多个业务 owner 人员的新节点，将原 owner 节点进行替换。

6.3.4 不锁表变更 - 回收碎片空间

1. 背景

对于 MySQL 数据库类型的 InnoDB 引擎，在频繁发生 update、delete 操作后容易产生碎片空间，这部分空间在不经过整理前无法被再次利用。当碎片率达到一定程度后，出于性能优化、存储空间释放重复利用等诉求，需要进行 optimize table 操作。但这个操作在执行时会锁表，随着数据量的增加，锁表的时间变长。在业务持续发展提供服务的时候，我们希望回收空间但并不希望锁表，那么，通过 DMS 企业版的不锁表结构变更功能就可轻松达到目的。

2. 操作步骤

（1）确认需要变更的目标数据库实例，在已注册到了 DMS 企业版的实例管理模块中，可参考系统管理中的实例管理功能。

（2）确认需要变更的目标数据库实例，在“不锁表结构变更”项目选择“开启（无锁表结构变更优先）”，如图 6-38 所示。

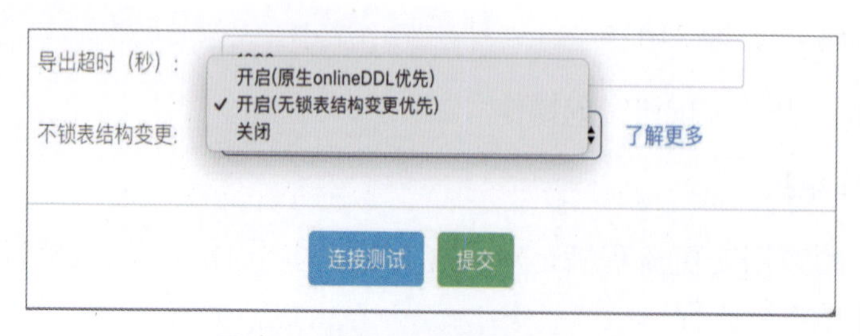

图 6-38 开启（无锁表结构变更优先）

（3）执行不锁表变更，回收表空间。

- 普通用户在有目标库表的变更权限时，可通过“数据变更”工单提交 alter table table_name comment 修改后的表的注释。
- DBA、管理员可以通过“系统管理” > “任务管理”新建 SQL 任务，提交 alter table table_name comment 修改后的表的注释。

（4）一个普通变更完成时，表空间也得到了重新整理，并且变更期间不锁表，业务可以完全不受影响。

3．注意事项

- 如果短期内，表结构没有变更需求，变更语句可以是修改表的注释，也可以是字段的注释。
- 如果短期内，表结构有变更需求，那么通过 DMS 企业版对应实例开启了无锁表结构变更优先，则会在变更的同时完成空间的整理，不需要额外进行变更。

第7章 数据库自治服务 DAS

传统数据库服务提供基本数据存储、增删改查等基础功能，对数据自治服务支持较少，这使得后续 DBA 运维成本较高。随着云数据库的蓬勃发展，加上市场的需要，数据库自治服务逐步成熟。本章基于数据库自治服务 DAS 实战，介绍了大量的操作案例，通过详细的分析过程为读者介绍数据库自治服务。

7.1 初识数据库自治服务 DAS

数据库自治服务 DAS（Database Autonomy Service）是一种基于机器学习和专家经验实现数据库自感知、自修复、自优化、自运维及自安全的云服务。DAS 基于机器学习和细粒度的监控数据，实现 7×24 小时的异常监测，提供自动 SQL 限流、异常快照、自动 SQL Review 和优化、存储空间自动扩展、计算资源自动扩展等功能，从异常发现、根因分析进行止损或优化、效果跟踪、回滚或沉淀知识库，实现诊断流程的闭环，优化效果可量化，确保数据库持续可用。

7.1.1 数据库运维与管理的挑战

数据库性能优化和问题排查一直以来都是从业者、业务方非常关注的话题，不仅仅需要精准的数据支撑，也需要经验丰富的 DBA 协助排查分析，主要的痛点有以下三点。

- 获取信息难，问题诊断和性能优化都需要依赖大量的系统数据，甚至是长期的历史数据，只有基于完备的信息才能给出准确的解法。
- 分析信息难，需要多年的经验才能给出准确的解法，也需要多样的场景才能覆盖比较全面的问题类型。这样的经验与场景，一不好传承，二变化较快，三他人理解不容易。
- 优化手段难，即使找出问题了，知道怎么办了，也并不意味着就能马上解决问题，甚至有些解法是要深入到数据库引擎层进行代码优化，这不是一朝一夕就能做好的。

1. 生产业务上线后，频繁出现异常

- 生产业务上线，有大量慢 SQL 产生。
- 业务活动需要大促，挑战系统性能，需要预估数据库容量。

2. 数据库管理投入高，技术人员难找

- 经验丰富的数据库管理人才稀少，招聘成本较高。
- 数据库管理技术沉淀与传承难度大。

3. 数据库安全风险大

随着数据价值的提升，企业的数据面临着越来越多的内部或者外部的攻击，数据泄露、数据丢失等问题层出不穷，主要原因如下。

- 未授权及不可预期或者错误的数据库访问和使用。
- 数据泄露。
- 数据损坏。
- 黑客攻击。
- 软硬件 Bug，导致数据异常。
- 误操作导致数据丢失。

4. 数据库历史运行情况难复盘

数据库运维过程中，在特定场景需要历史数据，但是有时没有相关历史数据。

7.1.2 解决方案自治服务 DAS

数据库自治服务 DAS 帮助用户消除数据库管理的复杂性及人工操作引发的服务故障，有效保障数据库的稳定、安全及高效。DAS 的范围如图 7-1 所示。

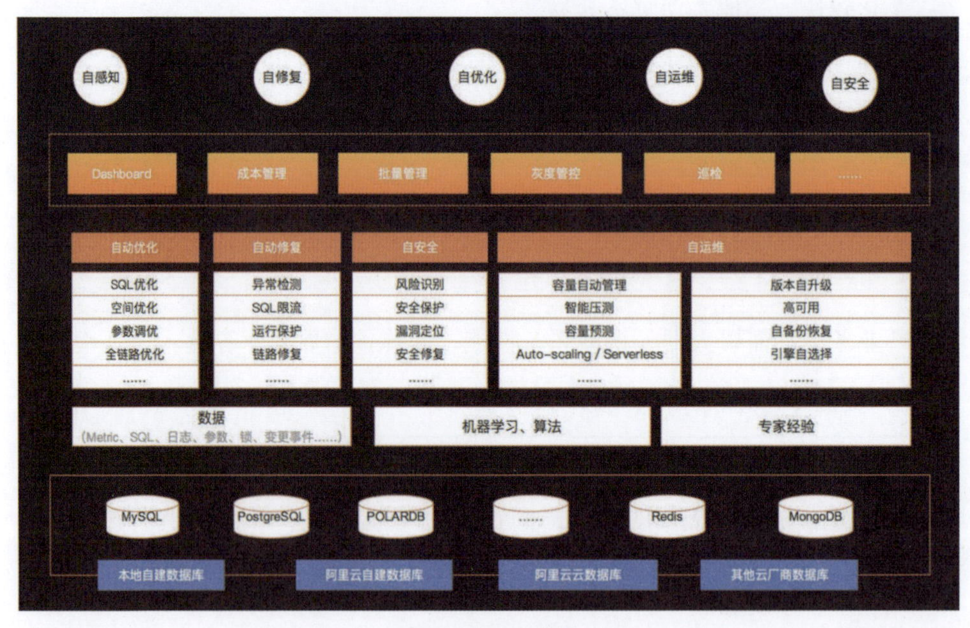

图 7-1 DAS 的范围

DAS 已经在阿里巴巴集团的所有数据库上验证了多年，截至 2020 年 4 月，该服务自动优化了 4000 多万的 SQL；自动回收了 4 PB 的空间；自优化了 20% 的内存。DAS 在集团内部的使用历程如图 7-2 所示。

图 7-2 集团内部的使用历程

DAS 具有节约成本、提升稳定性、持续可用、安全高效等特点。

- 节约成本：统一监控功能、统一告警功能，无须耗费人力和资源搭建性能监控平台和告警平台；统一的管理平台，无须在多个管理平台上切换，提升工作效率、节省人力成本。
- 提升稳定性：丰富的数据库性能监控和告警功能，可以快速发现和定位数据库异常，提升数据库的稳定性；运维和管理一站化，无须多平台间切换，显著减少误操作概率。
- 持续可用：基于机器学习和专家经验技术实现数据库自感知、自修复、自优化、自运维及自安全的云服务，保障数据库持续可用。
- 安全高效：提供高危 SQL 识别、SQL 注入检测、新增访问来源识别、敏感数据访问发现等服务，快速识别数据库异常访问、拖库等行为，有效保障数据库安全；采用无侵入式设计，无须在数据库实例上安装 Agent，对数据库环境无侵入；采用安全的数据链路，数据库的信息利用 KMS 进行加密存储，数据采用加密压缩传输，保障安全。

7.2 从实战案例认识自治服务 DAS

数据库自治服务 DAS 功能是非常强大的，控制台展示的各项数据也是非常完善的，但是对于初学者来说，看到 DAS 展示的功能、数据可能存在无从下手的困境。本节主要展示 DAS 重要的功能、重要数据在特定场景的应用分析。

7.2.1 使用 DAS 分析优化慢 SQL

在 RDS 实例运维过程中，慢 SQL 是很常见的，业务系统中出现慢 SQL，很有可能会给实例带来性能影响。在业务系统中出现慢 SQL 需要引起足够重视，DAS 有部分模块是专门为监控、优化慢 SQL 而设置的。接下来，我们通过 DAS 的数据展示相关功能模块来分析优化慢 SQL。

7.2.1.1 模拟慢 SQL

为了方便分析，我们选择在测试环境中模拟慢 SQL，如：

```
select count(*) from al_test01 where info=1.72;
```

其中，表 al_test01 是记录数较多的 info 字段，没有加索引。目前，RDS 记录慢 SQL 默认执行时间为超过 1s 即被记录。若是需要修改慢 SQL 阈值，可以调整参数 long_query_time 为需要的值。

注意：读者千万不要在生产环境中模拟慢 SQL，谨防对生产业务带来无法预估的影响。

7.2.1.2 DAS 监控展示

在 RDS 控制台依次单击“自治服务”>“慢 SQL”>“慢日志分析”选项可以查看慢日志趋势，图形展示各个时段慢 SQL 出现情况（横坐标表示时间，纵坐标表示慢日志个数），之前模拟测试的慢 SQL 已有展示。可以根据需要，选择合适时段展示，目前系统支持自定义时间，如图 7-3 所示。

慢日志统计展示选择时段内出现的慢 SQL，是慢 SQL 日志汇总统计信息，并提供慢 SQL 指标，如：SQL 模板、库名、执行次数、平均执行时间（秒）、最大执行时间（秒）、平均锁等待时间（秒）、平均扫描行、最大扫描行、平均返回行、操作。如图 7-4 所示，点开“样本”“优化”选项，可以看到详细描述、建议等。DBA 可以根据统计信息进行深入分析和判断，同时也可以根据优化建议进行优化。

慢日志样本指的是当前时段内出现的慢 SQL 归类样本。慢日志样本有利于 DBA 快速定位此类慢 SQL 来自什么业务，同时发现慢 SQL 共性，从而进行快速优化。慢日志样本展示内容包括：执行完成时间、SQL 模板、库名、客户端、用户、执行耗时（秒）、锁等待耗时（秒）、扫描行、返回行、操作等，其中“操作”项目的“SQL 详情”功能展示详细的 SQL 文本、执行计划。通过 SQL 文本，DBA 可以初步判断 SQL 写法是否存在可以优化的地方；通过执行计划，DBA 可以初步判断慢 SQL 性能瓶颈在哪里，如图 7-5 所示。当前 SQL 需要查找一个字段的某个值在表中有多少数据记录，从执行计划来看，WHERE 条件之后的 info 字段应该是没有合适的索引，导致 SQL 获取数据时，需要全表扫描数据。显然此 SQL 获取数据走全表扫描不是最优的获取数据方式，需要在 info 字段添加索引，让扫描过程更加优化。

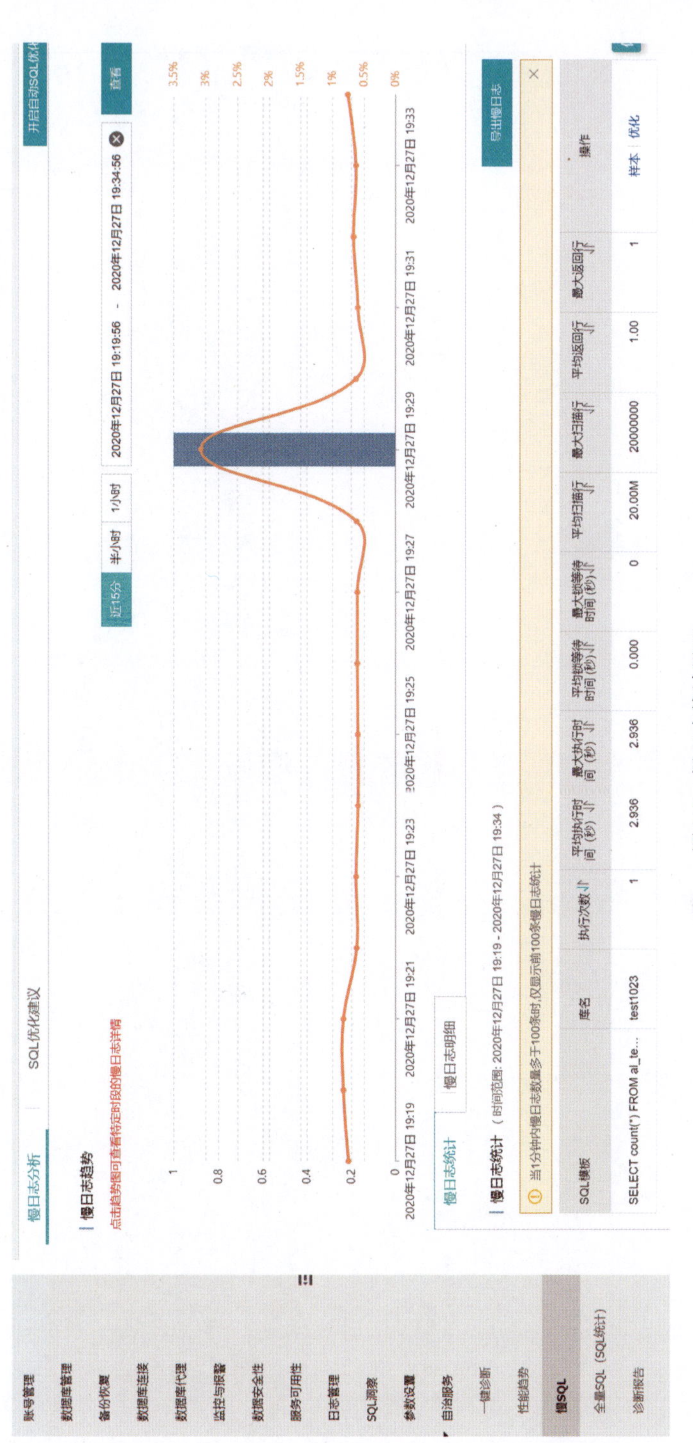
账号管理
数据库管理
备份恢复
数据库连接
数据库代理
监控与报警
数据安全性
服务可用性
日志管理
SQL洞察
参数设置
自治服务
一键诊断
性能趋势
慢SQL
全量SQL（SQL统计）
诊断报告
慢日志分析
SQL优化建议
开启自动SQL优化
慢日志趋势
点击趋势图可查看特定时段的慢日志详情
近15分
半小时
1小时
2020年12月27日 19:19:56 - 2020年12月27日 19:34:56
查看
慢日志统计
慢日志明细
慢日志统计 （时间范围: 2020年12月27日 19:19 - 2020年12月27日 19:34）
导出慢日志
当1分钟内慢日志数量多于100条时,仅显示前100条慢日志统计
SQL模板
库名
执行次数
平均执行时间（秒）
最大执行时间（秒）
平均锁等待时间（秒）
最大锁等待时间（秒）
平均扫描行
最大扫描行
平均返回行
最大返回行
操作
SELECT count(*) FROM al_te...
test1023
1
2.936
2.936
0.000
0
20.00M
20000000
1.00
1
样本
优化

图 7-3　慢日志统计界面

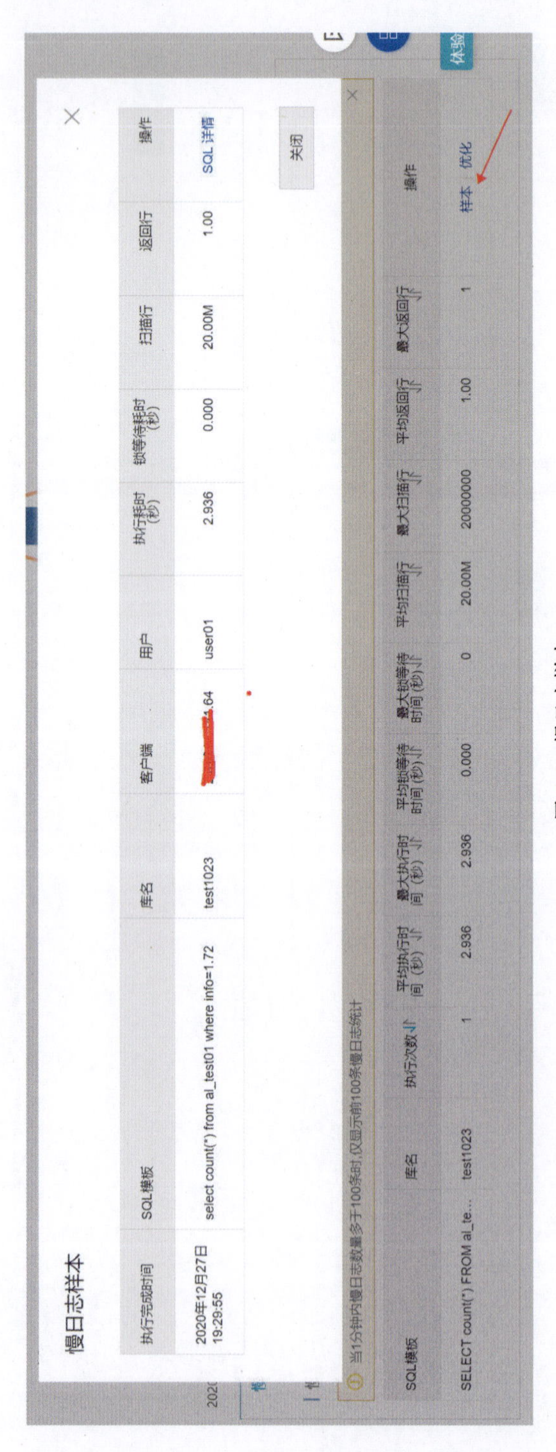
慢日志样本
执行完成时间
SQL模板
库名
客户端
用户
执行耗时(秒)
锁等待耗时(秒)
扫描行
返回行
操作
2020年12月27日 19:29:55
select count(*) from al_test01 where info=1.72
test1023
.64
user01
2.936
0.000
20.00M
1.00
SQL 详情
关闭
当1分钟内慢日志数量多于100条时,仅显示前100条慢日志统计
SQL模板
库名
执行次数
平均执行时间(秒)
最大执行时间(秒)
平均锁等待时间(秒)
最大锁等待时间(秒)
平均扫描行
最大扫描行
平均返回行
最大返回行
操作
SELECT count(*) FROM al_te...
test1023
1
2.936
2.936
0.000
0
20.00M
20000000
1.00
1
样本
优化
体验

图 7-4 慢日志样本

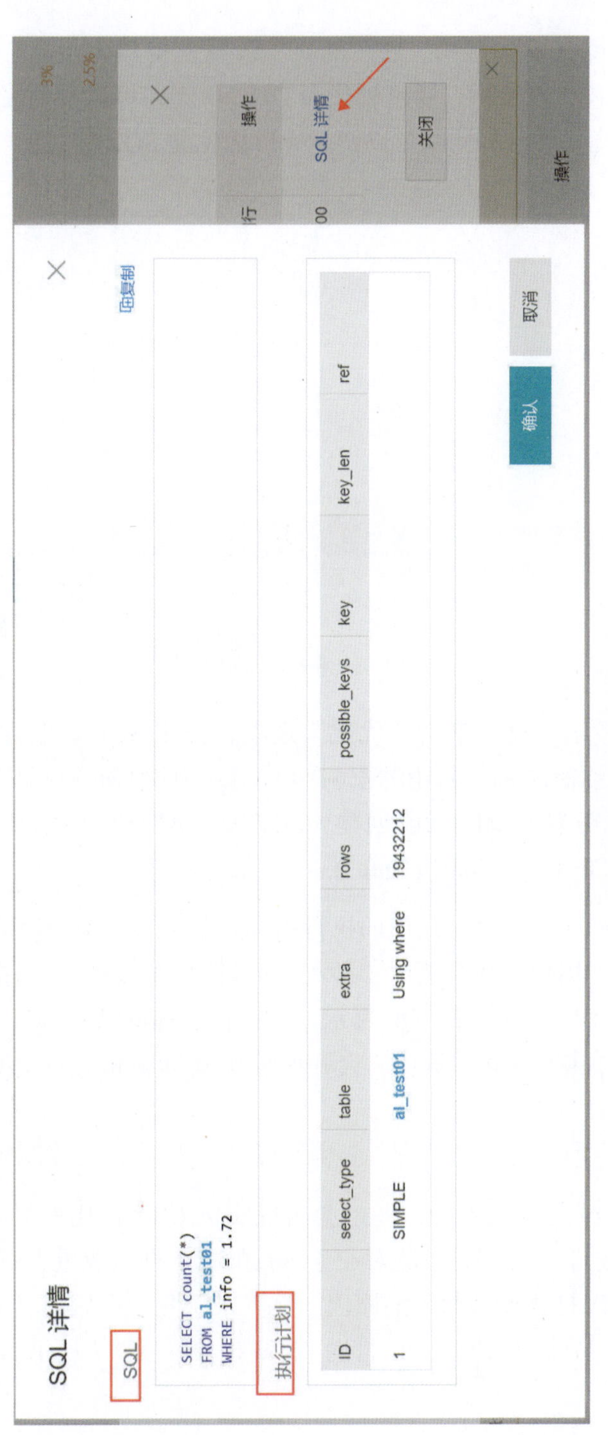

图 7-5　查看 SQL 执行计划

为了更方便查看表结构，在“table”区域支持单击展示创建表 al_test01 DDL 语句，如图 7-6 所示。通过创建表 DDL 语句，可以看到表字段定义、类型等信息，有优化经验的同学可以初步分析优化此 SQL 方案。

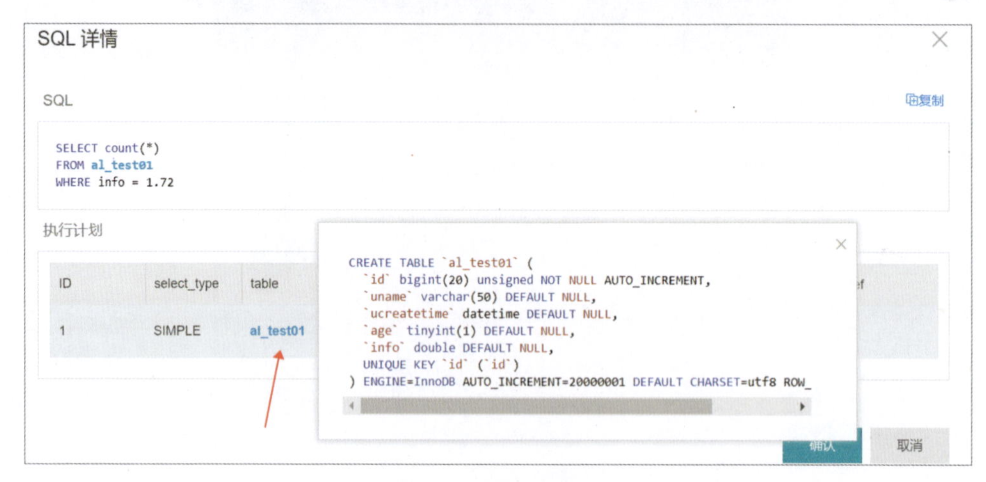

图 7-6　查看表的结构

在图 7-7 所示页面，单击“优化”选项，弹出 SQL 诊断优化页面，SQL 诊断优化包含诊断结果，其中的索引诊断建议和我们的预期基本吻合，此慢 SQL 优化方案需要在 info 字段创建索引，如：ALTER TABLE 'test1023'.'al_test01' ADD INDEX 'idx_info' ('info');。

慢日志明细展示慢日志具体的执行指标，如：执行完成时间、SQL 模板、库名、客户端、用户、执行耗时（秒）、锁等待耗时（秒）、扫描行、返回行、操作。这些指标是针对单个 SQL 展示，对优化具体的某个 SQL 有很高的参考价值。同样，单击“优化”选项，会展示 SQL 诊断与相关的优化建议。

7.2.2　使用 DAS 分析 RDS 实例 CPU 打满 / 打高现象

在日常 RDS 实例运维中，偶尔会出现实例 CPU 使用率打满 / 打高现象，会严重影响业务正常开展，可能对业务运行的稳定性造成重大威胁，需要重点分析 CPU 打满 / 打高现象产生的原因。接下来，我们可以通过 DAS 展示的各项指标进行深入分析。实例 CPU 打满 / 打高现象如图 7-8 所示。

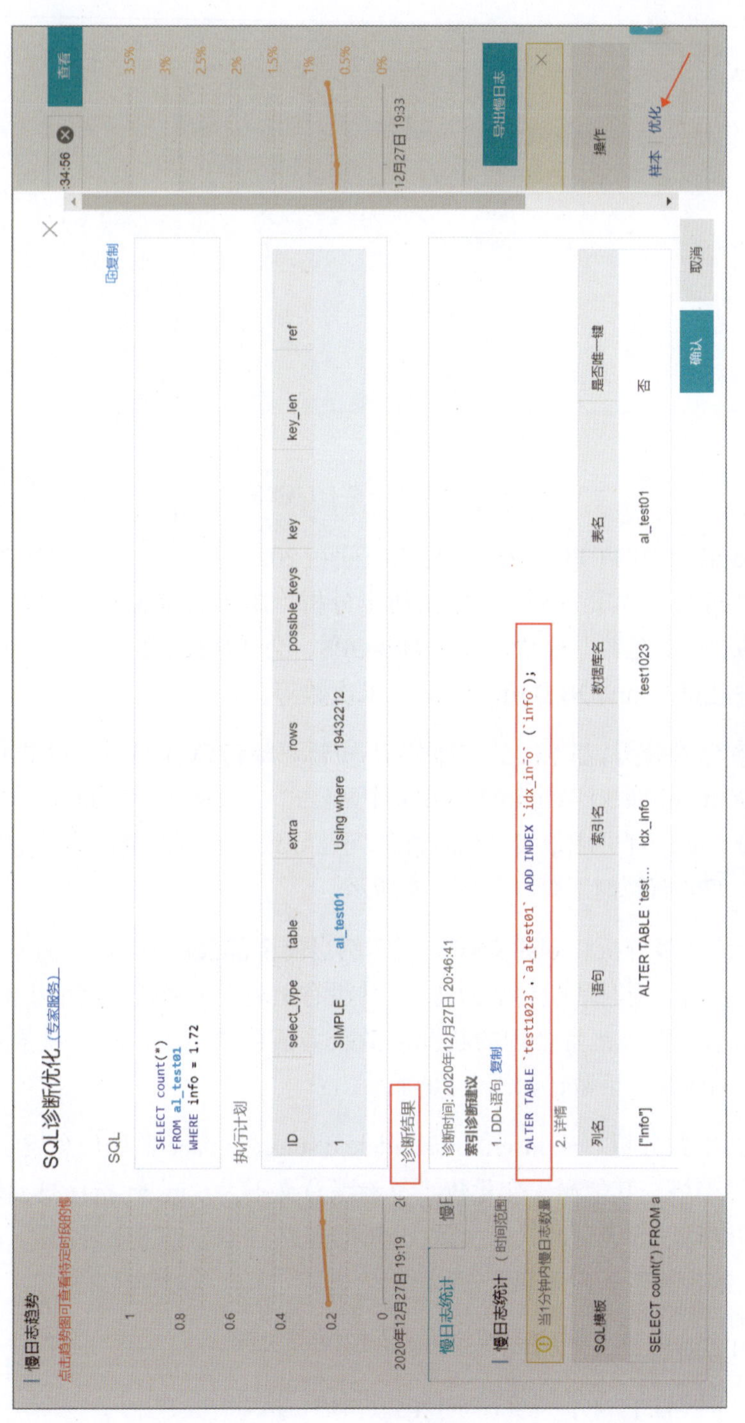

图 7-7　SQL 诊断优化页面

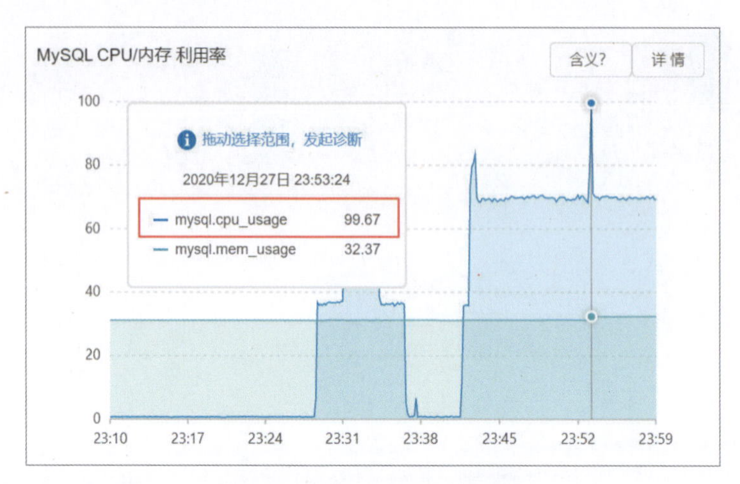

图 7-8 实例 CPU 打满 / 打高现象

从 DAS 监控中的 CPU 指标看，打满时间在 2020 年 12 月 27 日 23:53 左右，根据这个时间点，对几个重要指标做初步分析，DAS 性能监控集中在“自治服务”中的“性能趋势”模块，如：TPS/QPS、会话连接、执行次数、InnoDB Data 读写吞吐量、InnoDB Buffer Pool 请求次数等。

（1）TPS/QPS 分析。23:53 这个时间点有短暂下降趋势。TPS 计算公式：(Com_commit + Com_rollback) / Uptime；QPS 计算公式：Questions / Uptime。TPS 没有升高反而下降，有可能是实例出现性能问题导致。实例的资源为了响应其他请求，导致 TPS 有瞬时下降，如图 7-9 所示。

（2）会话连接分析。total_session：实例当前全部会话；active_session：实例当前活跃会话。当时活跃会话为 4 个，并没有出现大量活跃会话堆积的现象，从会话使用情况看是正常合理的状况。活跃会话数并不多，CPU 核数足以应付当前实例的活跃会话数，如图 7-10 所示。

（3）执行次数分析。从 insert/update/delete/select/replace 监控信息展示来看，insert 有下降趋势，其他操作变化较小，参考意义不大，insert 指标抖动较大极有可能是性能抖动或者资源紧张所致，分析的思路与 TPS/QPS 下降类似。图 7-11 中，执行次数相关指标含义如下。

- mysql.insert_ps：平均每秒 insert 语句执行次数。
- mysql.select_ps：平均每秒 select 语句执行次数。

- mysql.update_ps：平均每秒 update 语句执行次数。
- mysql.delete_ps：平均每秒 delete 语句执行次数。
- mysql.replace_ps：平均每秒 replace 语句执行次数。

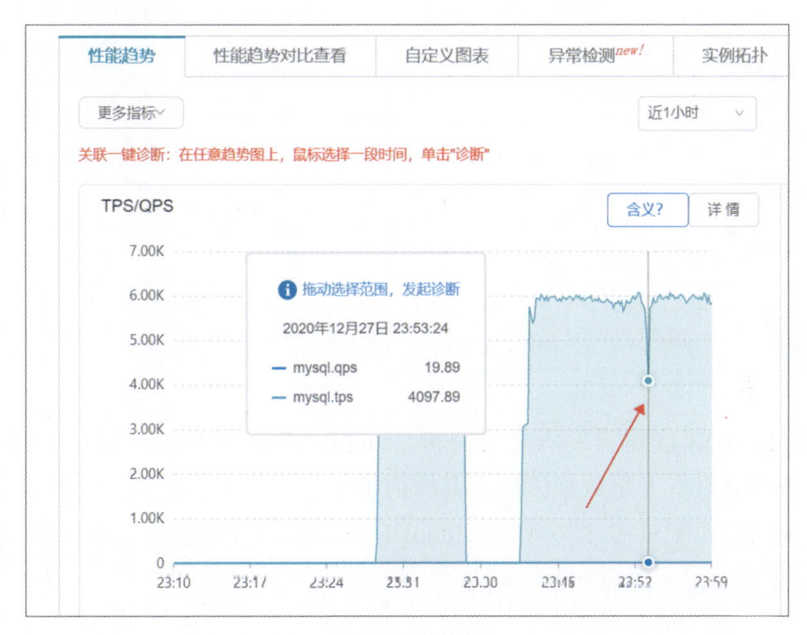

图 7-9　QPS 监控

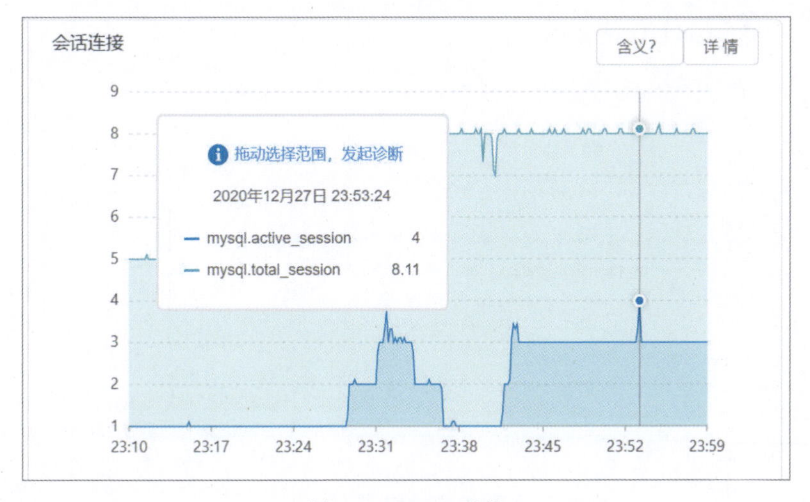

图 7-10　Session 监控

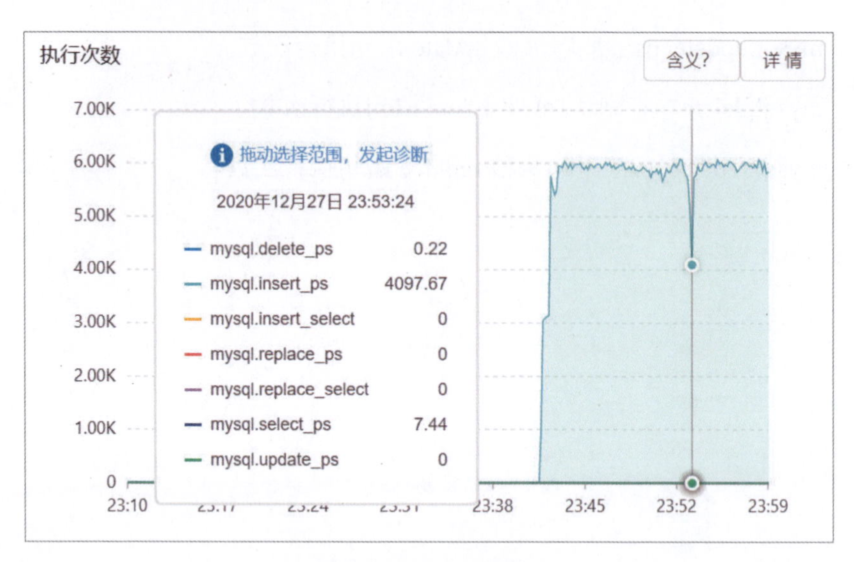

图 7-11　Command 监控

（4）InnoDB Data 读写吞吐量分析。InnoDB 写入的总数据量在 23:53 时刻突增，说明此时有大量数据读取，其原因可能与业务查询有关，要明确原因还需要其他信息匹配核实。图 7-12 中，InnoDB Data 读写吞吐量相关指标含义如下。

- innodb_data_read：InnoDB 读取的数据量，单位是字节。
- innodb_data_written：InnoDB 写入的数据量，单位是字节。

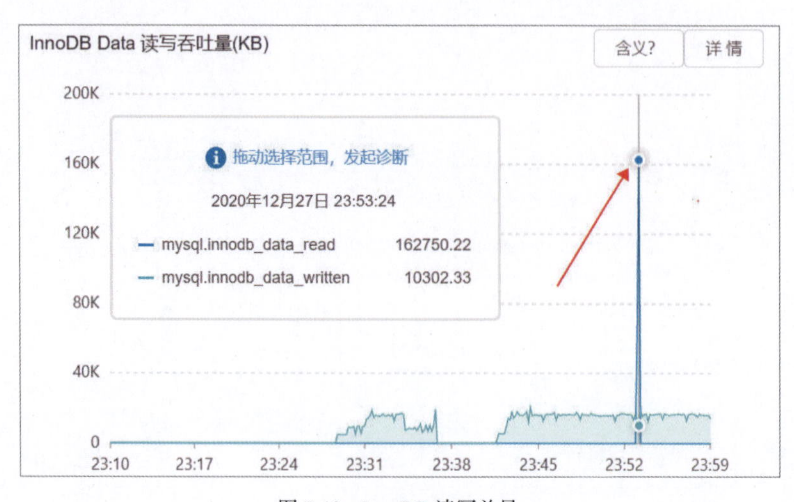

图 7-12　InnoDB 读写总量

（5）InnoDB Buffer Pool 请求次数分析。平均每秒从 Buffer Pool 读取页的次数（逻辑读）突增，平均每秒在 Buffer Pool 写入页的次数（逻辑写）稍有下降。逻辑读突增再次印证可能是大规模业务查询的影响。图 7-13 中，逻辑读写的相关指标含义如下。

- innodb_buffer_pool_reads_requests：InnoDB 平均每秒从 Buffer Pool 读取页的次数（逻辑读）。
- innodb_buffer_pool_write_requests：InnoDB 平均每秒在 Buffer Pool 写入页的次数（逻辑写）。

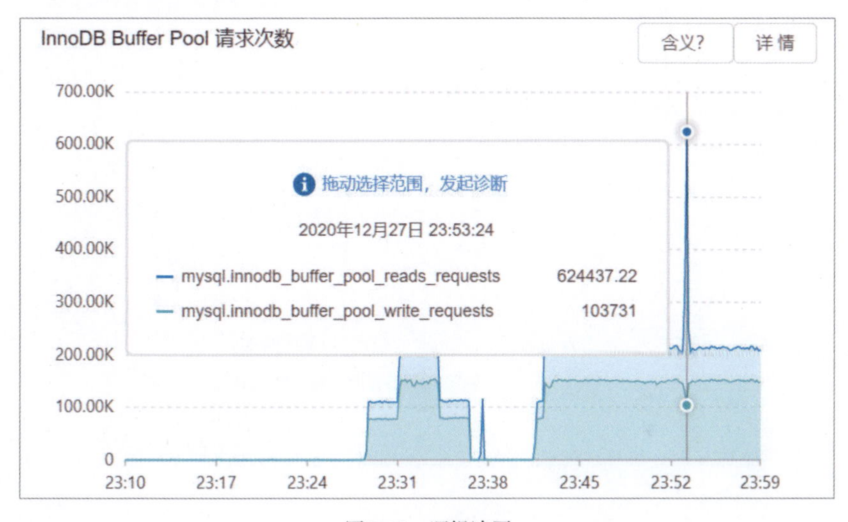

图 7-13　逻辑读写

通过对几个重要指标进行分析，我们将根本原因指向查询，可以核实 DAS 展示的慢日志信息，看看这个时间点有没有对应的慢 SQL。

在慢日志分析界面：23:53 时间点有一个慢 SQL，如图 7-14 所示。

在慢日志明细界面：23:53 有执行 12 秒左右的慢查询，扫描行统计信息显示 50.23M，比较消耗系统性能，如图 7-15 所示。

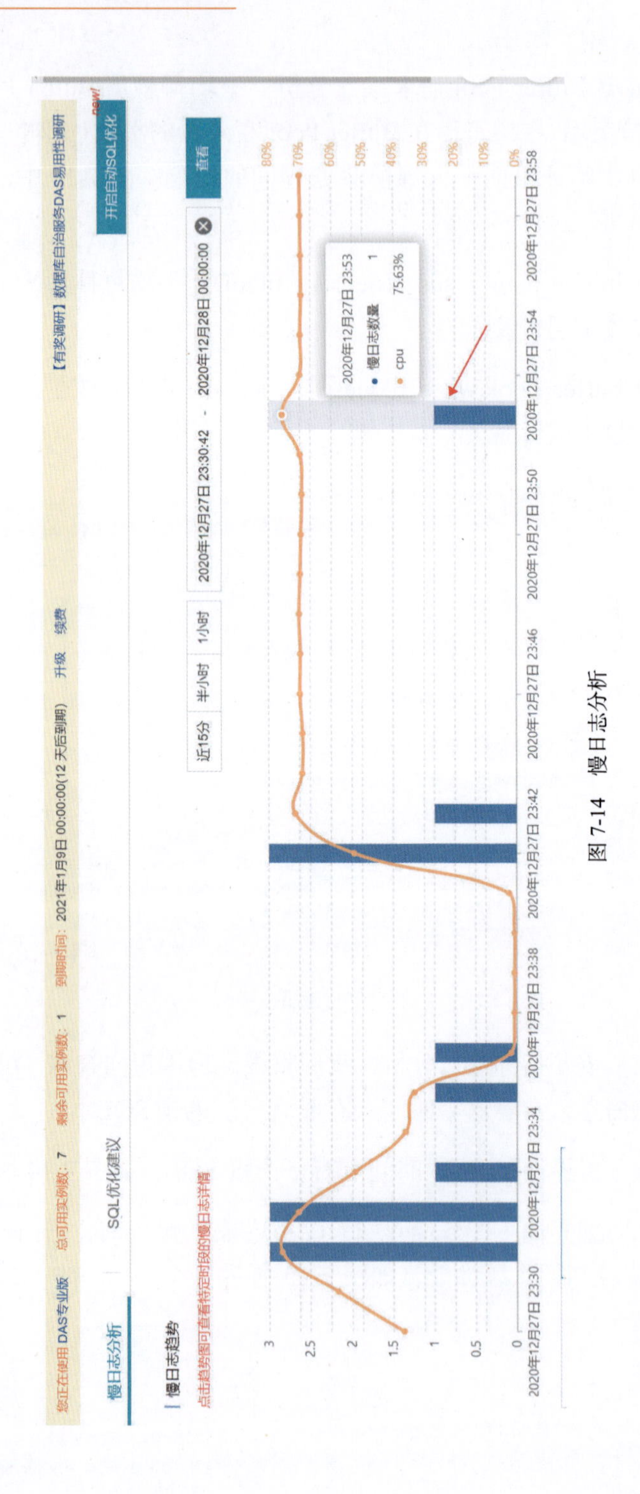
您正在使用 DAS专业版
总可用实例数：7
剩余可用实例数：1
到期时间：2021年1月9日 00:00:00(12天后到期)
升级
续费
【有奖调研】数据库自治服务DAS易用性调研
慢日志分析
SQL优化建议
开启自动SQL优化
new!
慢日志趋势
点击趋势图可查看特定时段的慢日志详情
近15分
半小时
1小时
2020年12月27日 23:30:42
-
2020年12月28日 00:00:00
查看
2020年12月27日 23:53
慢日志数量
1
cpu
75.63%
3
2.5
2
1.5
1
0.5
0
80%
70%
60%
50%
40%
30%
20%
10%
0%
2020年12月27日 23:30
2020年12月27日 23:34
2020年12月27日 23:38
2020年12月27日 23:42
2020年12月27日 23:46
2020年12月27日 23:50
2020年12月27日 23:54
2020年12月27日 23:58

图 7-14　慢日志分析

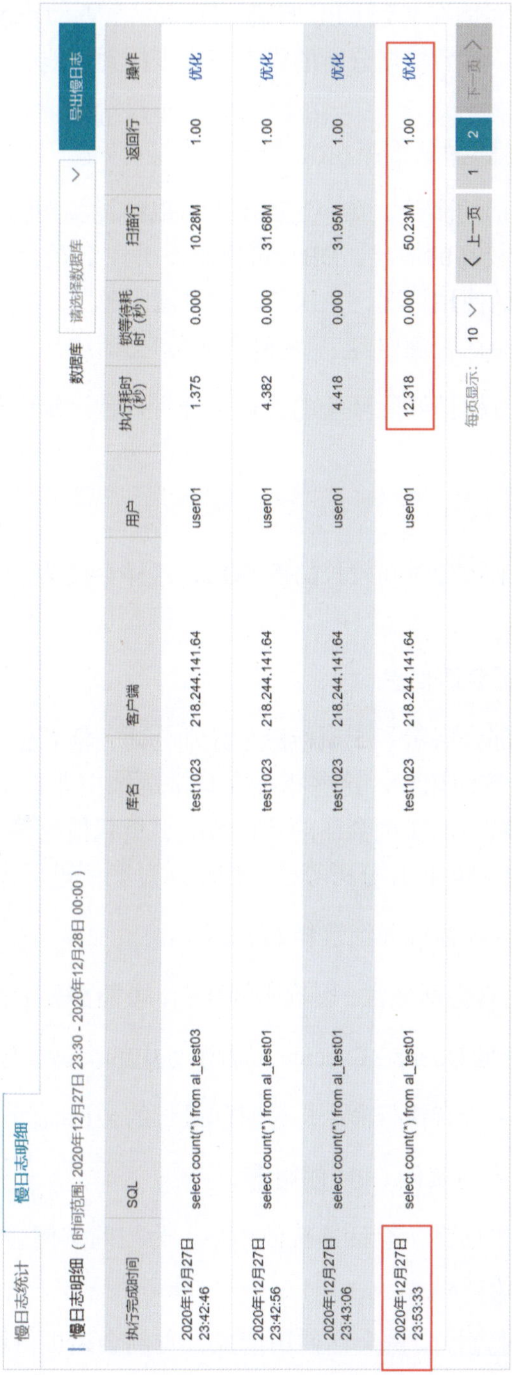

慢日志统计 慢日志明细

慢日志明细（时间范围: 2020年12月27日 23:30 - 2020年12月28日 00:00）

数据库 请选择数据库 导出慢日志

执行完成时间	SQL	库名	客户端	用户	执行耗时（秒）	锁等待耗时（秒）	扫描行	返回行	操作
2020年12月27日 23:42:46	select count(*) from al_test03	test1023	218.244.141.64	user01	1.375	0.000	10.28M	1.00	优化
2020年12月27日 23:42:56	select count(*) from al_test01	test1023	218.244.141.64	user01	4.382	0.000	31.68M	1.00	优化
2020年12月27日 23:43:06	select count(*) from al_test01	test1023	218.244.141.64	user01	4.418	0.000	31.95M	1.00	优化
2020年12月27日 23:53:33	select count(*) from al_test01	test1023	218.244.141.64	user01	12.318	0.000	50.23M	1.00	优化

每页显示: 10 上一页 1 2 下一页

图 7-15 慢日志明细

综上所述，RDS 实例在遇到 CPU 打满 / 打高的情况，DBA 可以根据 DAS 监控信息做初步分析，然后根据分析的线索一步步找到可能的原因。

7.2.3 RDS 实例活跃 Session 监控

RDS 实例活跃会话的多少，在一定程度上可以衡量实例的繁忙程度，当实例有性能瓶颈、负载较高的情况，DBA 可以重点关注活跃会话情况。DAS 有一个版块单独展示会话使用情况，依次单击“自治服务” > “一键诊断” > “会话管理”选项，展示会话管理内容：“实例会话”“会话统计”。

接下来，我们通过模拟实际环境的方式来分析日常运维中如何使用会话管理功能。

1．模拟会话

在客户端运行几个运行时间较长的慢 SQL，这样会使会话长时间处于活跃状态。

2．DAS 查看分析会话信息

在实例会话开始部分展示了 5 项指标：异常会话、活跃会话、最大执行时间、CPU 使用率、连接使用率。这些指标在日常运维中非常重要，DBA 可以通过这些指标初步判断当前实例会话的运行情况、负载情况等。其他功能模块如：开启自动限流、10 秒 SQL 分析等，我们将通过案例进行详细介绍。

实例会话展示的 5 项指标详细解释如下。

- 异常会话：提示有会话异常，影响实例性能，可能需要 DBA 做优化工作。
- 活跃会话：命令是 Query、Execute 或者事务中的会话，包含了异常会话。
- 最大执行时间：所有执行命令持续时间最长的会话时间。
- CPU 使用率：当前实例 CPU 使用率。
- 连接使用率：当前实例会话连接使用率，为当前实例会话连接数 / 实例支持的最大连接数。

为方便 DBA 实时监控实例会话使用情况，实例会话提供刷新功能，通过设置会话刷新类型、刷新频率，启动刷新就可以实时监控实例会话使用情况。会话刷新类型有三种：全部会话、活跃会话和异常会话。一般出现性能问题，DBA 会选择查看活跃会话和异常会话，通过分析活跃会话和异常会话状态及运行的 SQL，基本可以初步定位问题。刷新频率有三种选择：5 秒、10 秒、30 秒，DBA 可以根据自身需求进行合理选择。在选择好刷新类型、刷新频率后，单击"开始刷新"按钮就可以实时刷新展示会话。DAS 会话管理还提供搜索功能，若是会话较多，可以根据一些关键字进行搜索。

会话管理中若发现异常会话，DBA 可以单击"异常"按钮，弹出异常会话详情介绍。异常会话展示信息包括：问题、ID、用户、主机、命令、执行时间、状态、SQL、事务持续时间（秒）、操作。DBA 可以通过这些信息，定位这些会话来自哪个 IP 客户端，分析是什么用户执行的，执行的什么 SQL，什么原因导致异常，相关 SQL 如何优化。

初步分析后，DAS 会给出优化方案，若是优化方案 DBA 和业务方都可以接受，就可以开始做优化工作。当然，有些优化方案可能存在时效性或者有其他性能安全考虑，暂时不能实施，DBA 与业务方核实后可以结束会话，也可以考虑结束当前异常会话。DAS 支持结束单个会话或结束全部会话，结束会话功能在子模块有按钮，退回主界面也有按钮，在主界面结束会话，需要选中会话才进行操作，如图 7-16 所示。

优化建议版块在之前的案例有介绍，这里不再做详细介绍，如图 7-17 所示。

3. DAS 查看会话统计

会话统计模块包含 4 个维度：概要、按用户统计、按访问来源统计、按数据库统计，具体解释如下。

- 概要：包括会话总数、运行中会话总数、运行中会话最长时间。
- 按用户统计：包括用户、活跃数、总数。
- 按访问来源统计：包括来源（IP）、活跃数、总数。
- 按数据库统计：包括 DB、活跃数、总数。

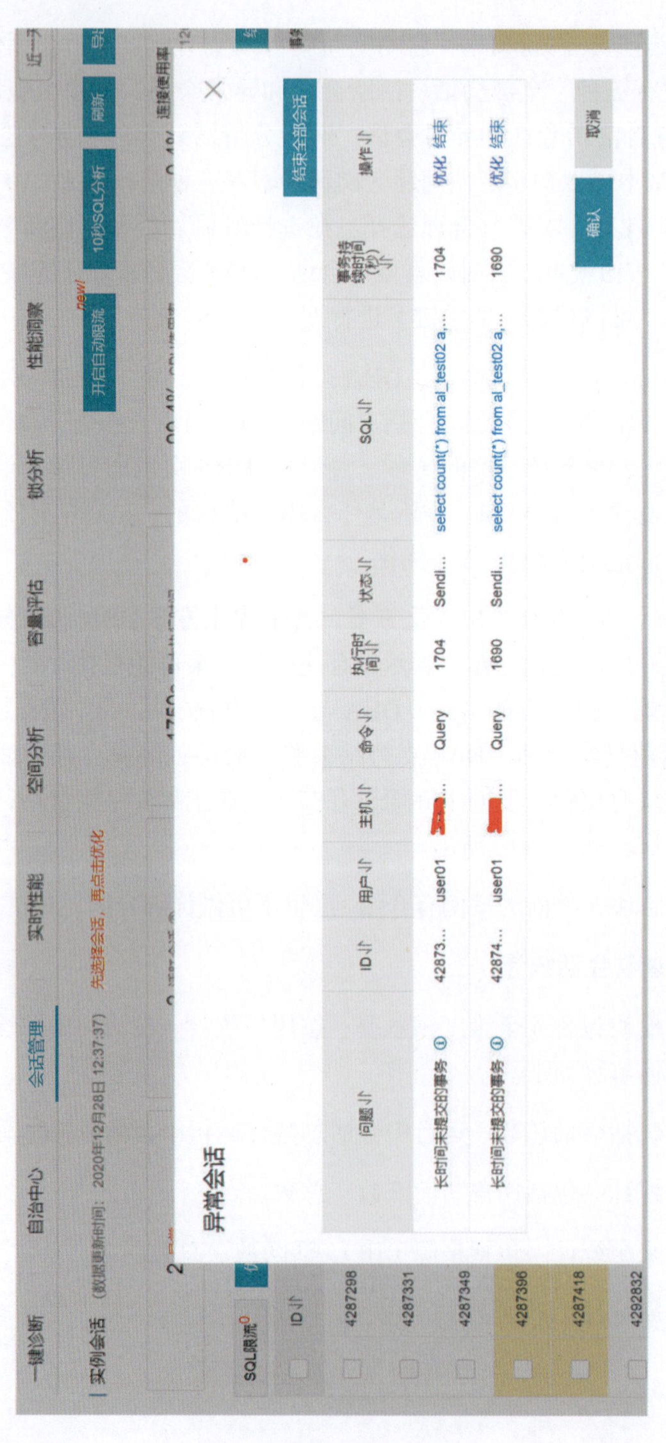
一键诊断
自治中心
会话管理
实时性能
空间分析
容量评估
锁分析
性能洞察
实例会话
2020年12月28日 12:37:37
先选择会话，再点击优化
开启自动限流
new!
10秒SQL分析
刷新
SQL限流
异常会话
结束全部会话
问题
ID
用户
主机
命令
执行时间
状态
SQL
事务持续时间（秒）
操作
长时间未提交的事务
42873...
user01
Query
1704
Sendi...
select count(*) from al_test02 a,...
1704
优化
结束
长时间未提交的事务
42874...
user01
Query
1690
Sendi...
select count(*) from al_test02 a,...
1690
优化
结束
确认
取消
4287298
4287331
4287349
4287396
4287418
4292832

图 7-16 查看异常会话

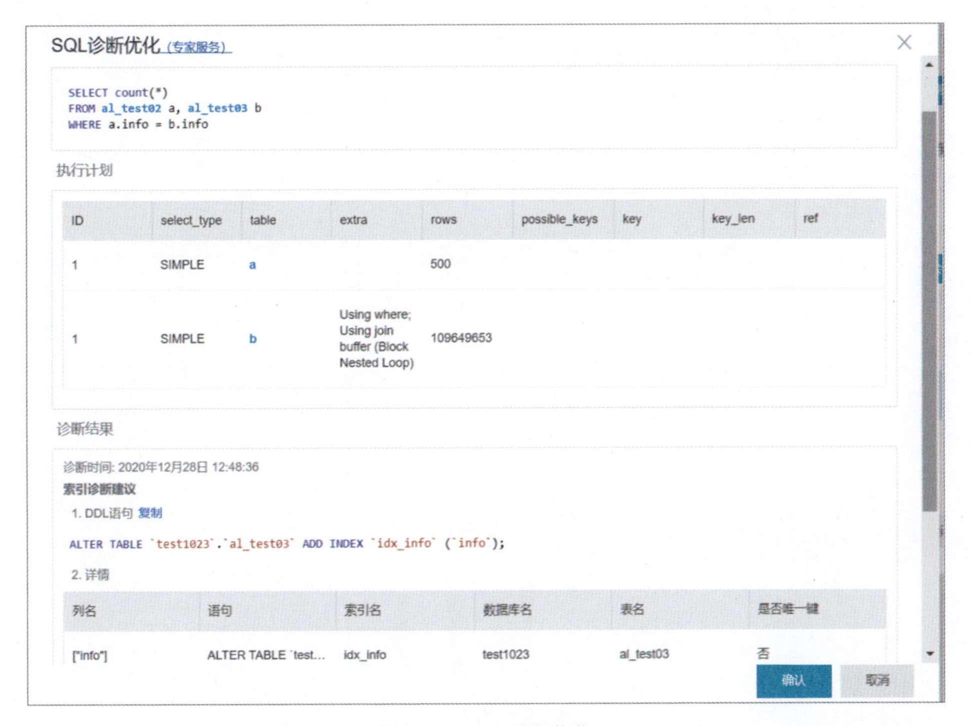

图 7-17　SQL 诊断优化

通过用户统计维度，可以知道哪些用户访问会话较多，是否符合业务预期；访问来源统计维度，可以知道哪些 IP 地址访问实例较多，或者有没有默认 IP 地址访问实例，是否存在安全风险；数据库统计维度，大部分实例包含多个 DB，通过 DB 访问连接数分类，可得知哪些 DB 访问量较高，是否需要优化，为长期规划提供参考，如图 7-18 所示。

7.2.4　10 秒 SQL 分析

当 RDS 实例突然出现 CPU 飙升、活跃会话升高或者响应时间飙升告警时，一般情况下，首先想到的是在数据库上执行 show processlist 命令，但是这个方式可能造成结果集巨大，结果难以分析。针对这个场景，DAS 提供“10 秒 SQL 分析”功能，在 10 秒钟内，每隔一秒执行一次 show processlist 命令，然后将所有的结果集进行统计分析，可以非常清晰地看到在这 10 秒中，哪些 SQL 执行的次数最多，是否存在慢 SQL 等。接下来，我们深度解析全过程。

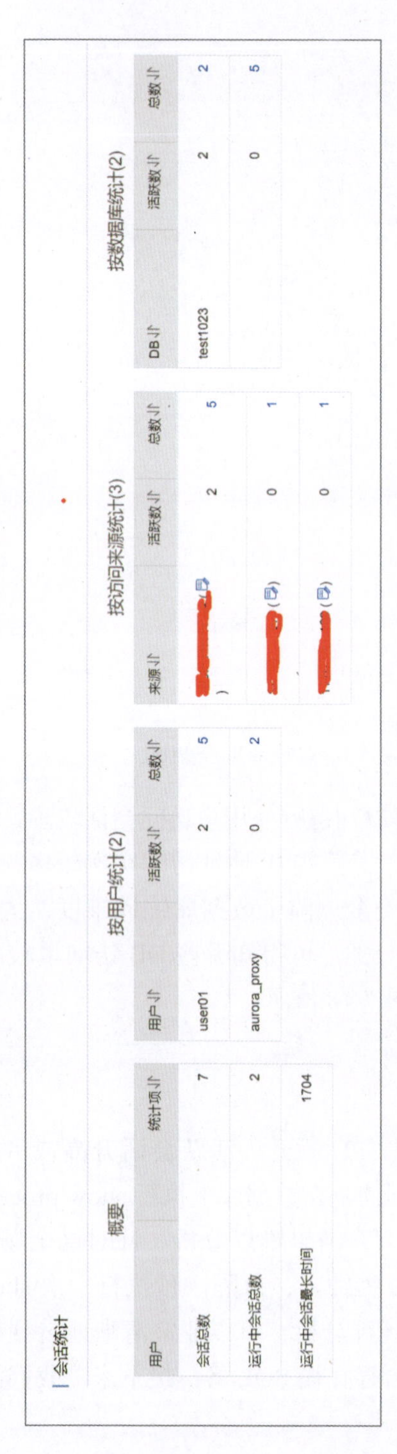
会话统计
概要
用户
统计项
会话总数
7
运行中会话总数
2
运行中会话最长时间
1704
按用户统计(2)
用户
活跃数
总数
user01
2
5
aurora_proxy
0
2
按访问来源统计(3)
来源
活跃数
总数
2
5
0
1
0
1
按数据库统计(2)
DB
活跃数
总数
test1023
2
2
0
5

图 7-18　按访问统计

（1）实例状态现象描述：当前实例响应缓慢，CPU 使用率接近 100%，2 个异常会话，5 个活跃会话，会话中最大执行时间达到 1527 秒，如图 7-19 所示。

图 7-19　CPU 占比

（2）打开“10 秒 SQL 分析”，此功能会每隔一秒查看一次当前会话，并进行统计汇总分析。“10 秒 SQL 分析”包含当前进度、SQL 统计、慢日志、SQL 概览等模块，如图 7-20、图 7-21 所示。

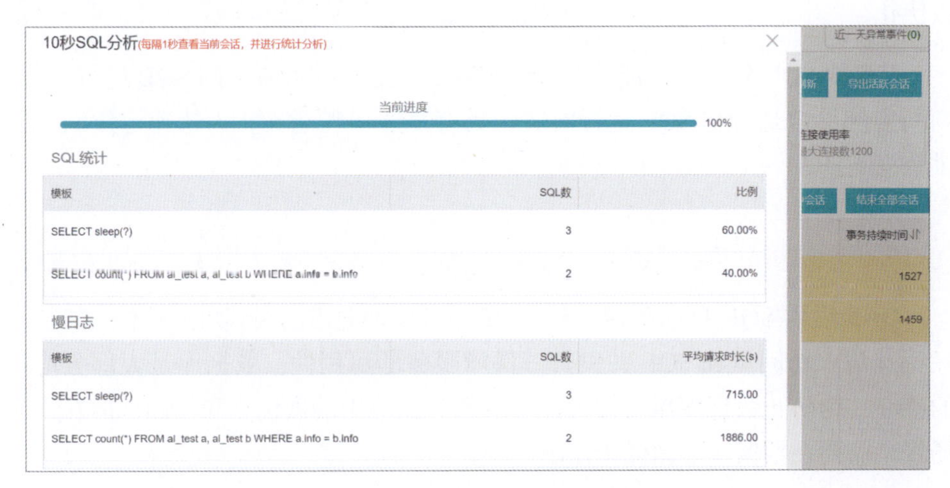

图 7-20　10 秒 SQL 分析界面

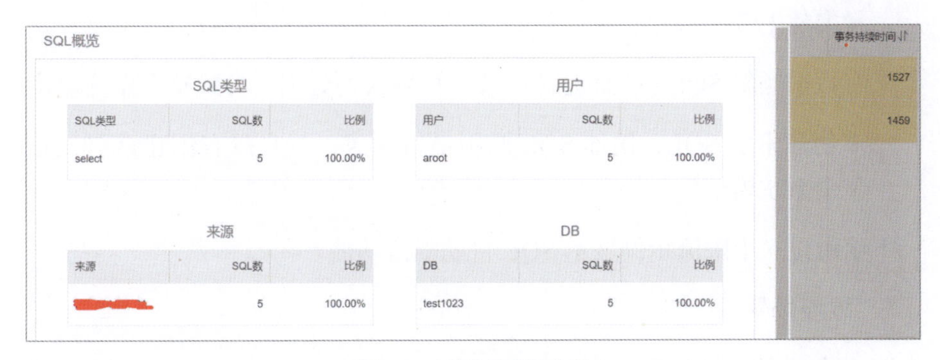

图 7-21　其他维度的分析

- 当前进度：包括展示模块分析进度。
- SQL 统计：包括 SQL 模板、SQL 数、比例。
- 慢日志：包括 SQL 模板、SQL 数、平均请求时长（秒）。
- SQL 概览：包括 SQL 类型、用户、来源、DB。

分析结果展示当前实例会话运行的 SQL 情况，重点关注比例高的、平均请求时长值大的 SQL。SQL 概览会展示当前运行的 SQL 类型以及比例，如 select/update/insert/delete 等，这些数据可以帮助 DBA 对整体 SQL 有概述性的了解。从当前展示的数据来分析，实例响应缓慢和执行时间较长的 SQL 有关，DBA 可以记录展示的慢日志，通过 DAS 会话管理界面，看看相关会话是否可以优化。

“10 秒 SQL 分析”功能主要用于 DBA 快速分析当前实例 SQL 运行情况，判断实例异常是否与 SQL 运行有关，具有重要参考意义，为快速定位问题提供数据支持。

7.2.5 SQL 自动限流

DAS 提供 SQL 自动限流功能。DBA 可以通过 SQL 自动限流来控制数据库特殊请求访问量和 SQL 并发量，保障服务的可用性。数据库是大部分应用的核心，为防止数据库压力过大，一般都会在应用端做优化和控制。但在以下场景，需要在数据库端做优化控制：

- 某类 SQL 并发急剧上升，缓存穿透或异常调用，可能会导致 SQL 并发量突然上升。
- 有数据倾斜 SQL，大促时拉取某个特别大的数据，导致整个系统繁忙。
- 未创建索引 SQL，例如 SQL 调用量特别大，并且没有创建索引，导致整个系统繁忙。

下面通过一个限流示例展示 SQL 自动限流功能。

1. 限流场景

客户业务高峰期有两个小时，已知业务 SQL 中 select count(*) 操作是统计相关的慢 SQL，select * 类似于 SQL 影响示例性能。

2. 设置限流

依次选择“自治服务” > “一键诊断” > “会话管理” > “SQL 限流”选项，会话管理模块有“SQL 限流”按钮，限流规则设定完成后会显示有多少限流，若是没有限流，按钮上方默认显示 0，如图 7-22 所示。

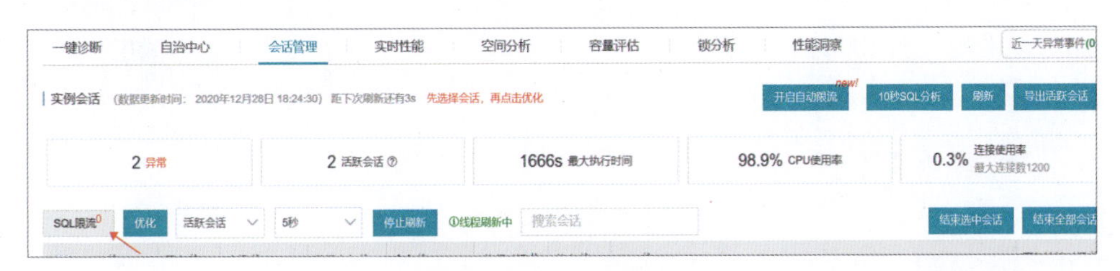

图 7-22　SQL 限流功能

单击“SQL 限流”按钮，弹出 SQL 限流页面，如图 7-23 所示，单击“创建”按钮即可创建规则。

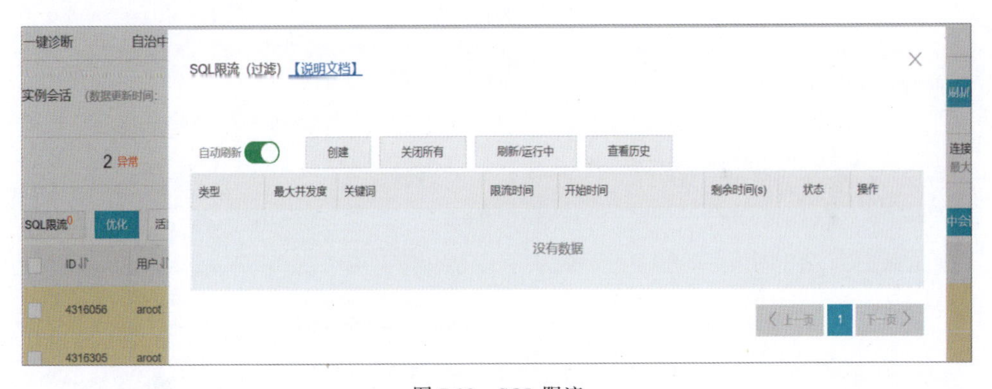

图 7-23　SQL 限流

根据上述场景分析，我们可以创建两条规则：①限制 select count(*)，SQL 类型为 SELECT，最大并发度为 2，限流时间为 120 分钟（限流是应急措施，时间不要设置太久，用完及时关闭），SQL 关键词为 select count(*)；②限制 select*，SQL 类型为 SELECT，最大并发度为 2，限流时间为 120 分钟，SQL 关键词为 select*，如图 7-24 所示。

按照上述要求配置限流，限流列表如图 7-25 所示。

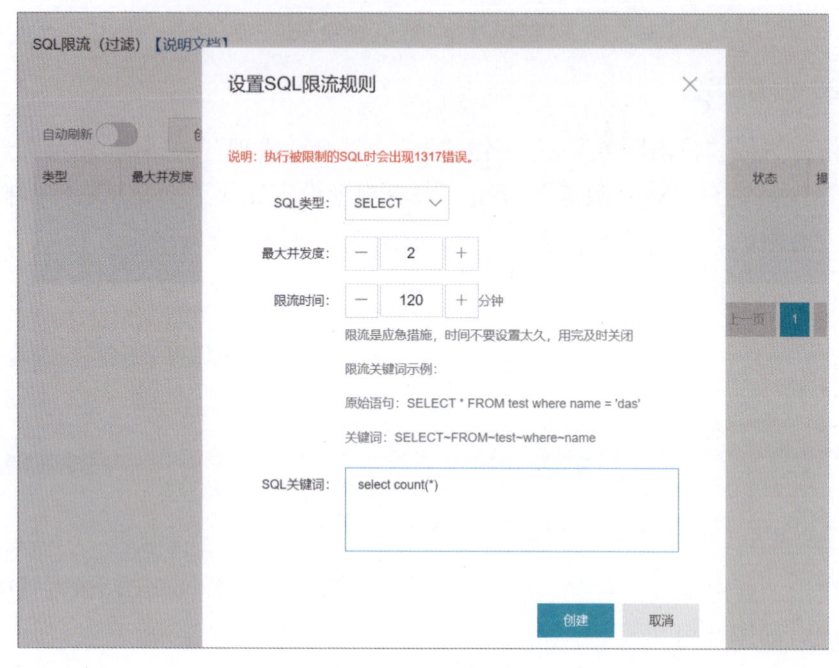

图 7-24　设置限流规则

SQL限流（过滤）【说明文档】

自动刷新　创建　关闭所有　刷新/运行中　查看历史

类型	最大并发度	关键词	限流时间	开始时间	剩余时间(s)	状态	操作
SELECT	2	select *	120分钟	2020年12月29日 14:22:53	7201	运行中	关闭 | 修改
SELECT	2	select count(*)	120分钟	2020年12月29日 14:22:39	7187	运行中	关闭 | 修改

上一页　1　下一页

图 7-25　限流列表

3. 限流测试

在两个 Session 运行 select count(*) …，如图 7-26 所示，DAS 会话管理展示已有的两个 Session 运行限流 SQL。

在第三个 Session 运行 select count(*)…，如图 7-27 所示，类似的 SQL 再执行时，会提示“ERROR 1317 (70100): Query execution was interrupted”报错，

当前 Session 相关 SQL 执行中止。

7.2.6　DAS 如何分析 RDS 实例不同时段业务差异

日常运维中，有这样一个场景，实例某一天负载增加，明显高于之前每天同时期的负载，业务人员无法定位是哪一块业务有增加，那么 DBA 如何定位业务增量差异呢？

其实，最直接的办法就是对比同期实例负载高的各项指标，并找出相关的 SQL，与业务人员核实业务内容和合理性是否符合预期。在 DAS 中有一个模块专门对比同期性能，如：依次选择“自治服务”>“性能趋势”>“性能趋势”选项进行对比查看。

“性能趋势对比查看”模块对比的有多项指标，大致分为三个大项指标：数据库指标、InnoDB 存储引擎、MySQL 服务进程，如图 7-28 所示。

- 数据库指标：包括 TPS/QPS、会话连接、流量吞吐、临时表数量、执行次数、刷盘次数、打开文件数。
- InnoDB 存储引擎：包括 InnoDB Data 读写吞吐量、InnoDB Buffer Pool 请求次数、InnoDB Buffer Pool 命中率、InnoDB Redo 写次数、InnoDB Row Operations、内存页、行锁。
- MySQL 服务进程：包括 MySQL CPU/ 内存利用率、MySQL 存储空间使用量、MySQL IOPS、IOPS 使用率。

列举一个 CPU 打高的场景。实例某天 CPU 打高了，DBA 可以通过性能对比查看相关指标是否有差异，是否符合预期。分析过程要关注变化的指标，特别关注跟随 CPU 变化的指标，如图 7-29 所示。

对比的时间是 2020 年 12 月 28 日 /2020 年 12 月 29 日，时间范围为 14:00 ~ 15:00，如图 7-30 所示。

活跃 Session 有增长，但是活跃会话没有多到影响 CPU 运行，有的场景是活跃会话多到是实例核数的 10 倍以上，若是出现这类现象，可以怀疑是活跃会话过多导致实例 CPU 打高，目前 DAS 展示的活跃会话数量没有达到影响 CPU 的数量，所以活跃会话数不算影响指标，如图 7-31 所示。

图 7-26　目标 SQL

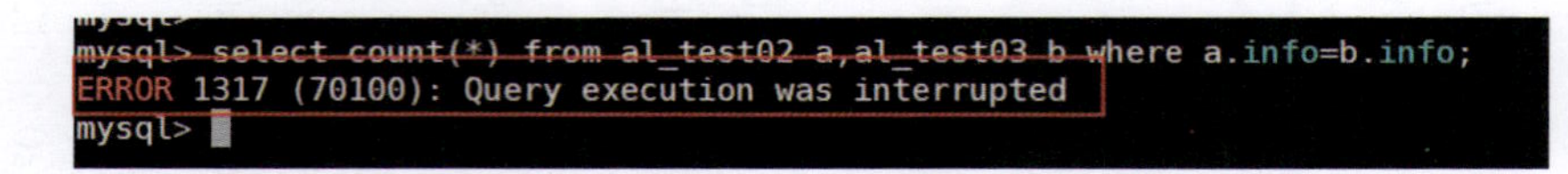

图 7-27　被限流收到报错

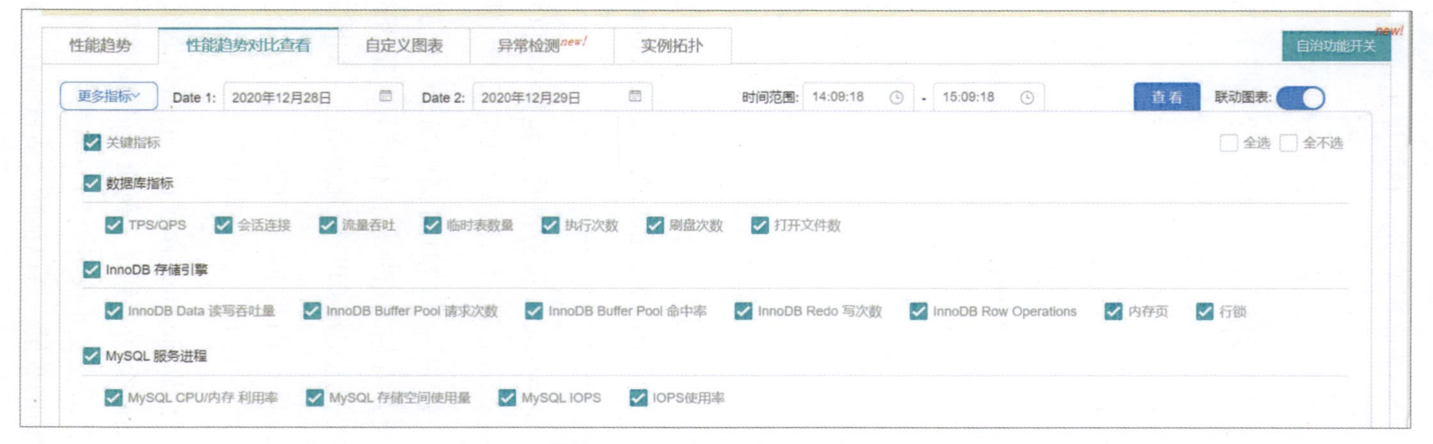

图 7-28　“性能趋势对比查看”模块

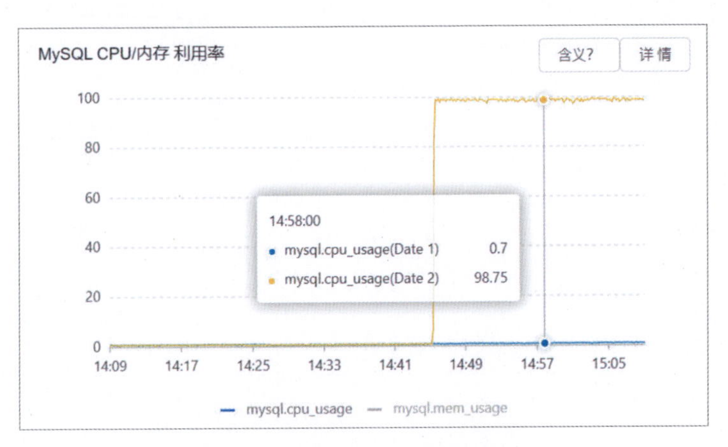

图 7-29　MySQL CPU/ 内存利用率

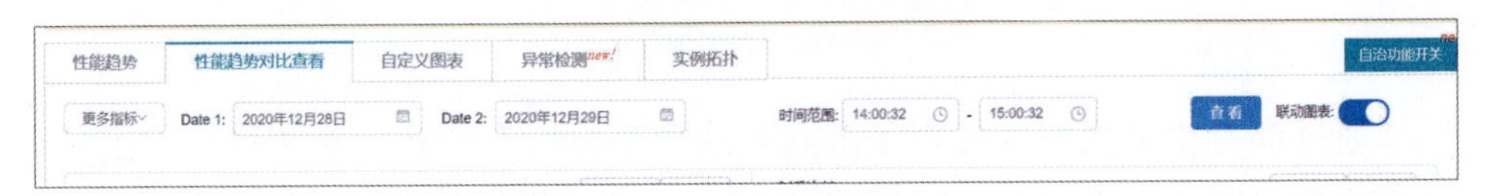

图 7-30　对比时间设置

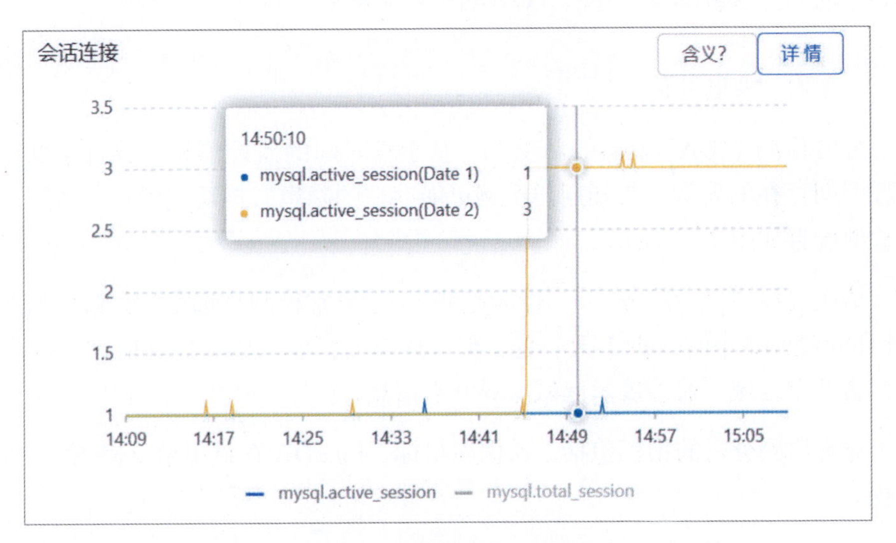

图 7-31　活跃 Session 对比

InnoDB Buffer Pool 表示请求次数，mysql.innodb_buffer_pool_read_requests 表示读请求的次数，从两个时段的对比看，读请求增加很明显，说明 Date 2 时段有大量的读请求，如图 7-32 所示。

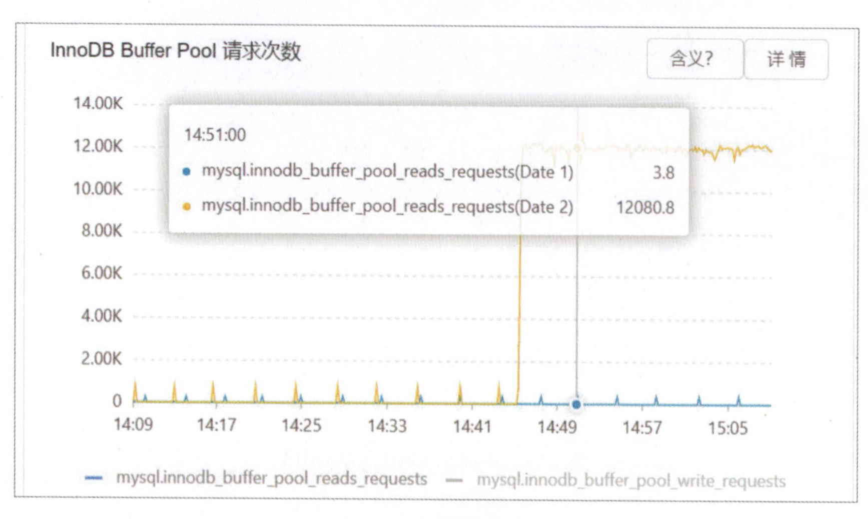

图 7-32 逻辑读对比

通过查看相关指标，可以了解同时期哪些指标有变化，若需要详细定位，还需根据时间点查看当时运行了哪些 SQL。RDS 提供的 SQL 洞察功能详细记录各个时间点 SQL 运行情况，DBA 可以结合该功能进行深入分析。

7.2.7 异常检测

异常检测是 DAS 推出的新功能。基于长时间的监控信息，分析实例在某一段时间存在的异常，告知用户实例可能存在的隐患，规避实例运行风险。异常检测配置如图 7-33 所示。

依次选择“自治服务”>“性能趋势”>“异常检测”选项。默认可以选择的时间有近 12 小时、近 1 天、近 2 天、近 7 天，也可以自定义时间。异常检测包含两个区域：监控展示区域、异常点信息。

异常检测分析的指标包括：数据库指标、InnoDB 存储引擎、MySQL 服务进程。

- 数据库指标：包括 QPS、TPS、活跃会话、执行次数、流量吞吐。
- InnoDB 存储引擎：包括 InnoDB Data 读写吞吐量、InnoDB Buffer Pool 命中率、InnoDB Redo 写次数、InnoDB Row Operations。
- MySQL 服务进程：包括 MySQL CPU/ 内存利用率。

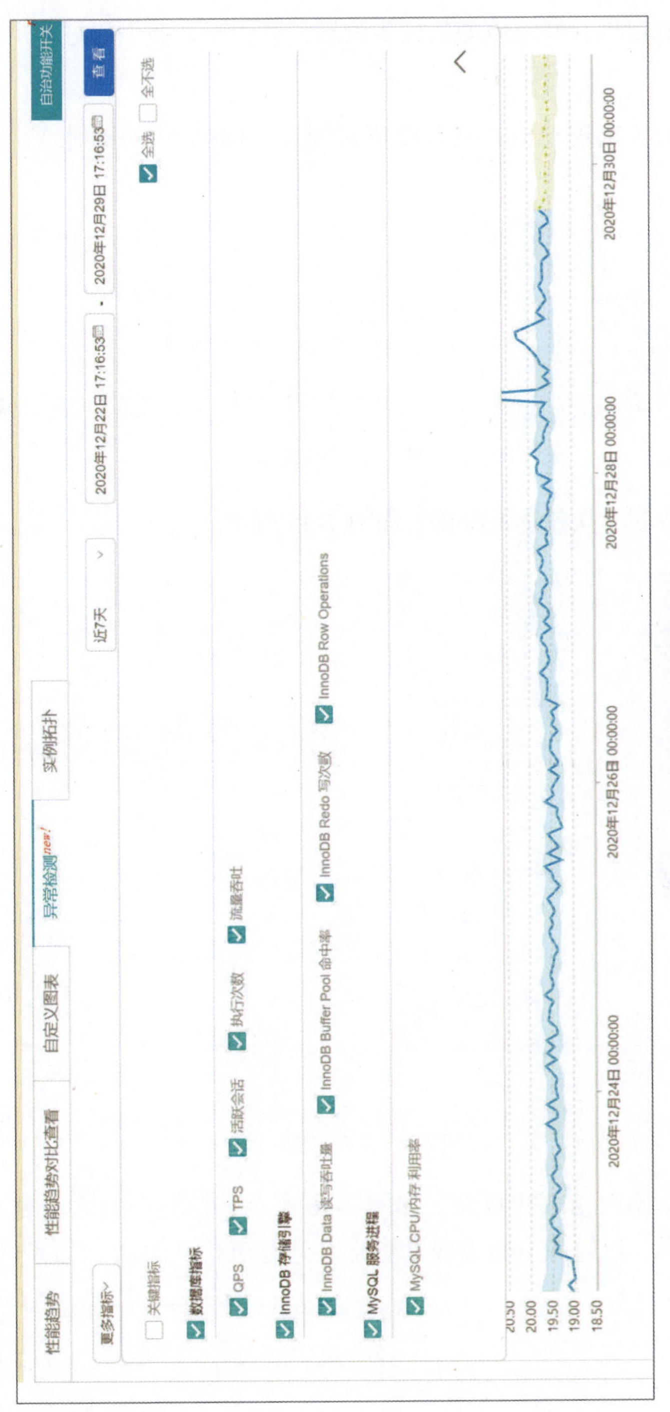
性能趋势
性能趋势对比查看
自定义图表
异常检测new!
实例拓扑
自治功能开关
更多指标
近7天
2020年12月22日 17:16:53 - 2020年12月29日 17:16:53
查看
全选
全不选
关键指标
数据库指标
QPS
TPS
活跃会话
执行次数
流量吞吐
InnoDB 存储引擎
InnoDB Data 读写吞吐量
InnoDB Buffer Pool 命中率
InnoDB Redo 写次数
InnoDB Row Operations
MySQL 服务进程
MySQL CPU/内存 利用率
20.00
19.50
19.00
18.50
2020年12月24日 00:00:00
2020年12月26日 00:00:00
2020年12月28日 00:00:00
2020年12月30日 00:00:00

图 7-33　异常检测配置

各项指标出现异常点该如何分析处理？接下来，我们通过一个指标异常点进行分析。

注意：TPS 出现峰值，根据峰值时间点，DBA 可以找到“异常点信息”，如图 7-34 所示。

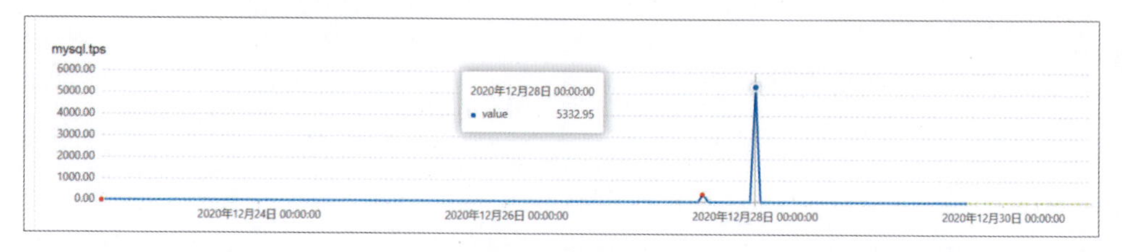

图 7-34　TPS 峰值

单击“诊断”按钮进行分析，如图 7-35 所示。

异常点信息

指标	异常时间	异常值	诊断
mysql.delete_ps	2020年12月22日 17:00:00	0.00	诊断
mysql.select_ps	2020年12月28日 21:00:00	7.94	诊断
mysql.innodb_data_read	2020年12月28日 00:00:00	15092.59	诊断
mysql.innodb_data_read	2020年12月28日 12:00:00	416.80	诊断
mysql.innodb_data_read	2020年12月28日 17:00:00	0.16	诊断
mysql.innodb_data_read	2020年12月28日 18:00:00	2857.12	诊断
mysql.innodb_data_read	2020年12月29日 15:00:00	2816.16	诊断
mysql.tps	2020年12月22日 17:00:00	0.06	诊断
mysql.tps	2020年12月27日 14:00:00	343.98	诊断
mysql.tps	2020年12月28日 00:00:00	5332.95	诊断
mysql.insert_ps	2020年12月22日 17:00:00	0.06	诊断

图 7-35　异常值进行诊断

接下来会弹出诊断树页面，如图 7-36 所示，诊断树页面会显示导致 TPS 高的可能原因，通过指引会发现可能原因是慢 SQL，DBA 可以点开慢 SQL 模块进行分析。

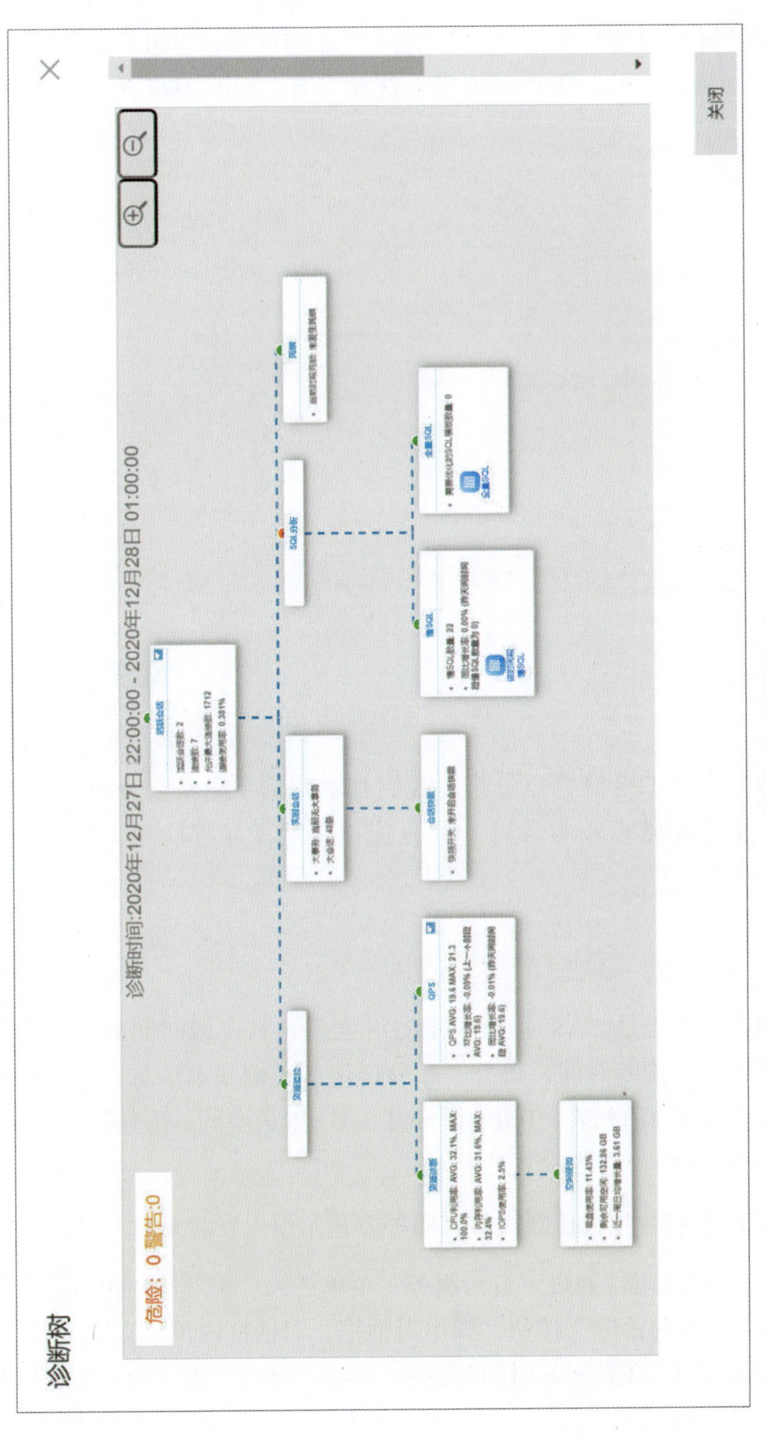

图 7-36　诊断树页面

诊断树展示慢 SQL 数量为 22，点开“该时间段慢 SQL”页面可以看到慢 SQL 样本、运行情况、部分 SQL 还有优化方案，如图 7-37 所示。

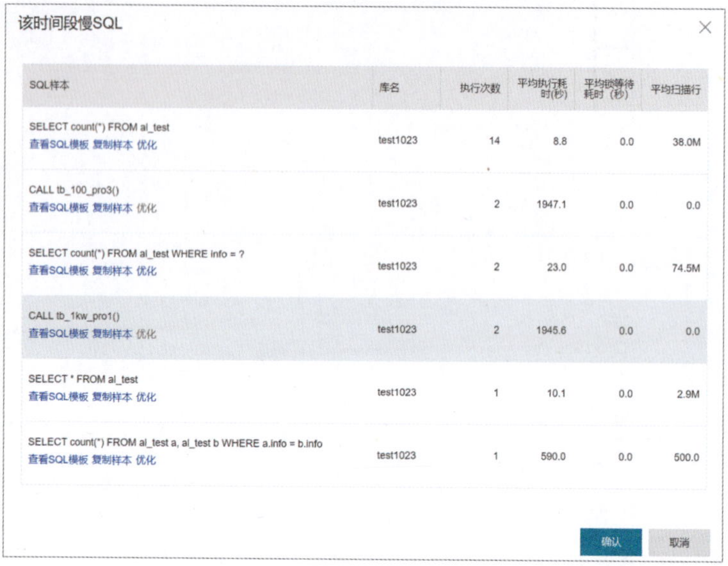

该时间段慢SQL

SQL样本	库名	执行次数	平均执行耗时(秒)	平均锁等待耗时（秒）	平均扫描行
SELECT count(*) FROM al_test 查看SQL模板 复制样本 优化	test1023	14	8.8	0.0	38.0M
CALL tb_100_pro3() 查看SQL模板 复制样本 优化	test1023	2	1947.1	0.0	0.0
SELECT count(*) FROM al_test WHERE info = ? 查看SQL模板 复制样本 优化	test1023	2	23.0	0.0	74.5M
CALL tb_1kw_pro1() 查看SQL模板 复制样本 优化	test1023	2	1945.6	0.0	0.0
SELECT * FROM al_test 查看SQL模板 复制样本 优化	test1023	1	10.1	0.0	2.9M
SELECT count(*) FROM al_test a, al_test b WHERE a.info = b.info 查看SQL模板 复制样本 优化	test1023	1	590.0	0.0	500.0

确认 取消

图 7-37　该时间段慢 SQL

小结：通过 TPS 异常点分析，我们基本明确了异常点分析流程。在日常运维中，此类异常点较为常见，DBA 应该定期做异常检测，及时发现风险、规避风险。

7.2.8　RDS 实例情况整体分析

实例诊断报告是 DAS 服务中对 RDS 实例运行一段时间的整体情况汇总。报告内容包含：诊断时间、得分、扣分详情、实例基本信息、健康状况概要、告警列表、活跃会话列表、TOP5 慢 SQL、TOP5 表空间、锁分析、CPU、内存、IOPS、QPS、TPS、会话、空间变化。

在 RDS 控制台生成诊断报告有两种方式：手工发起诊断、自动生成报告。

- 手工发起诊断：通过“自治服务”菜单进入“实例诊断报告列表”页面，单击“发起诊断”按钮，弹出对话框，对话框内可以自定义需要诊断的时间范围。在选择好时间范围后，单击“确认”按钮即可发起诊断任务，如图 7-38 所示。

图 7-38　发起诊断任务

- 自动生成报告：通过“自治服务”菜单进入“实例诊断报告列表”页面，单击“自动生成报告设置”按钮，弹出设置界面，按照需求选择定时触发的时间（默认时间为 00:10，由于诊断报告生成任务的调度和负载等原因，可能会延迟生成。例如设置了零点生成诊断报告，可能在 00:10 诊断报告才最终生成），设置界面详情如图 7-39 所示。

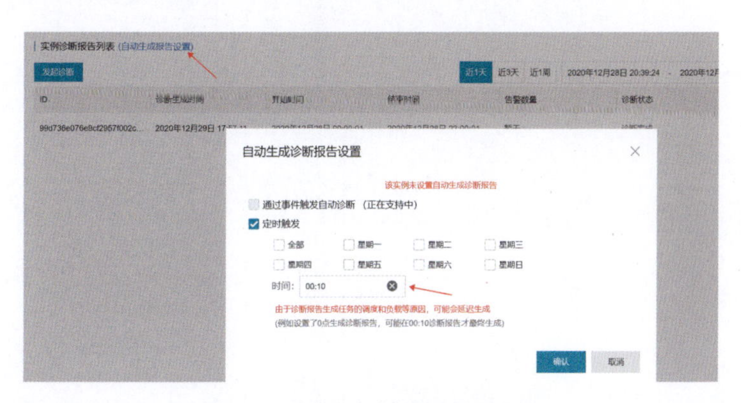

图 7-39　自动生成诊断报告设置界面

诊断完成后，诊断报告会显示在“自治服务”>“诊断报告”>“实例诊断”列表中。为方便 DBA 查看，实例诊断报告列表展示诊断生成时间、开始时间、结束时间、告警数量、诊断状态、操作，如图 7-40 所示。根据开始时间、结束时间可以判断报告诊断的是 RDS 实例哪个时段的报告，单击“查看报告”按钮即可查看详细信息。

实例诊断报告详情界面如图 7-41 所示，由于报告信息展示的信息很多，读者可以登录实例查看已生成的诊断报告。

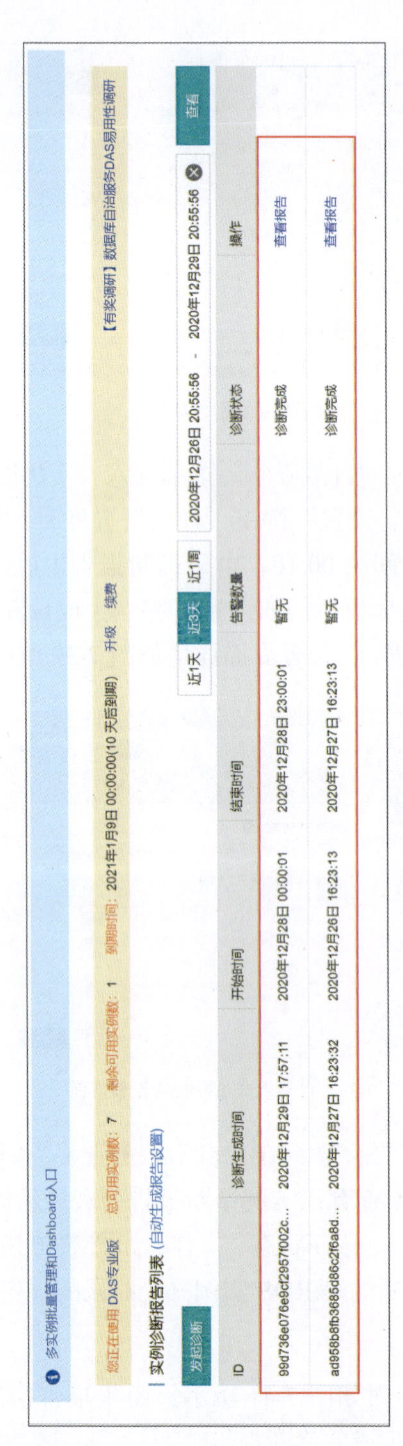

图 7-40　实例诊断报告列表

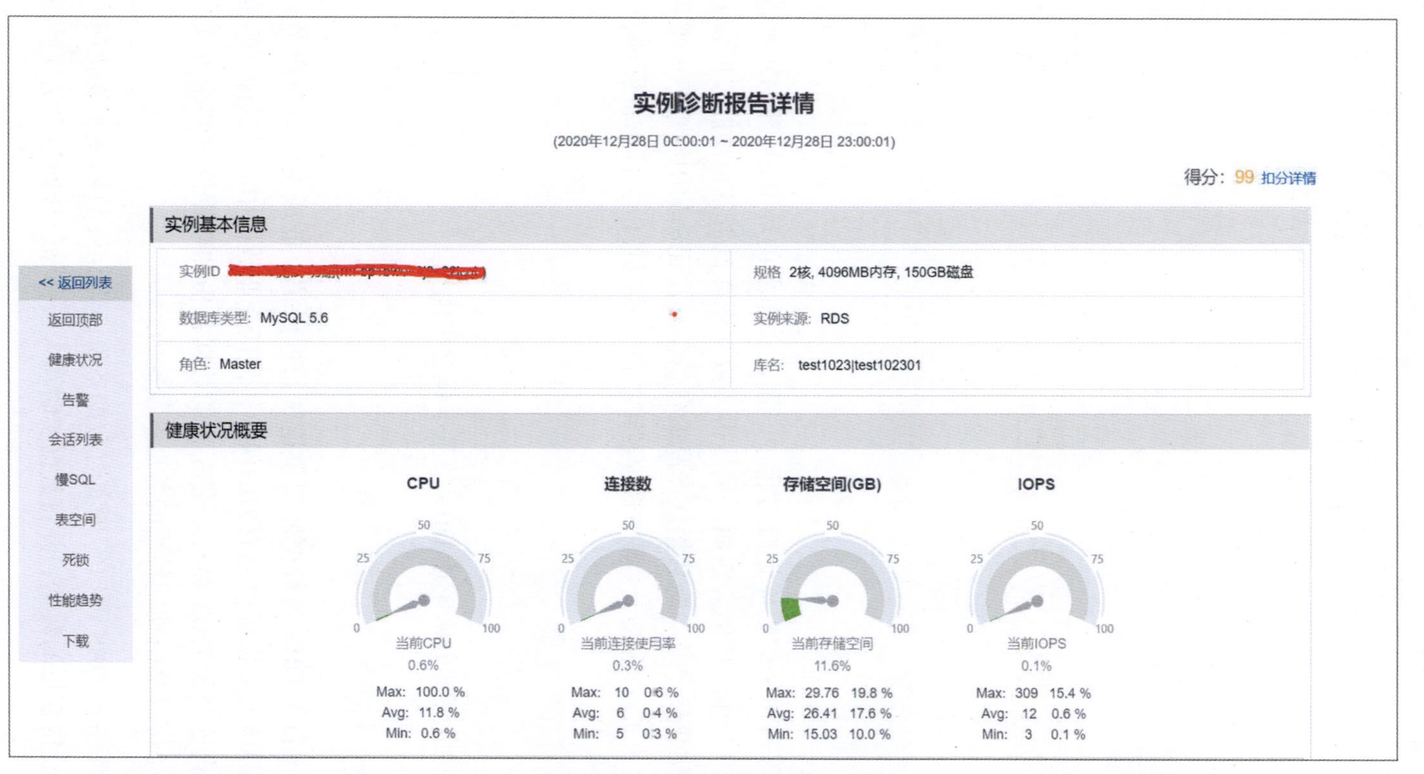

图 7-41　实例诊断报告详情

第 8 章 运维备份服务 DBS

数据库备份是数据库运维过程中一个至关重要的环节，任何 DBA 都不应该轻视备份工作的价值。然而，虽然很多数据库都自带备份功能，但云上超大规模的实例数量，或者跨数据库产品的备份，往往无法集中管理。运维备份服务 DBS 解决了这些痛点，集中管理逻辑备份、物理备份、日志备份等。

8.1 产品介绍

本节将分三部分来阐述 DBS 的基本概念和优势。

8.1.1 什么是 DBS

数据库备份 DBS 为数据库提供连续数据保护、低成本的备份服务。它可以为多种环境的数据提供强有力的保护，包括企业数据中心、其他云厂商及公有云。数据库备份 DBS 拥有一套完整的数据备份和数据恢复解决方案，具备实时增量备份以及精确到秒级的数据恢复能力。

数据库备份 DBS 可以实现实时数据备份，当在线数据发生变化时，数据库备份会获得变更的数据，并将数据实时写入云存储，帮助用户实现秒级 RPO

的数据备份。DBS 备份原理如图 8-1 所示。

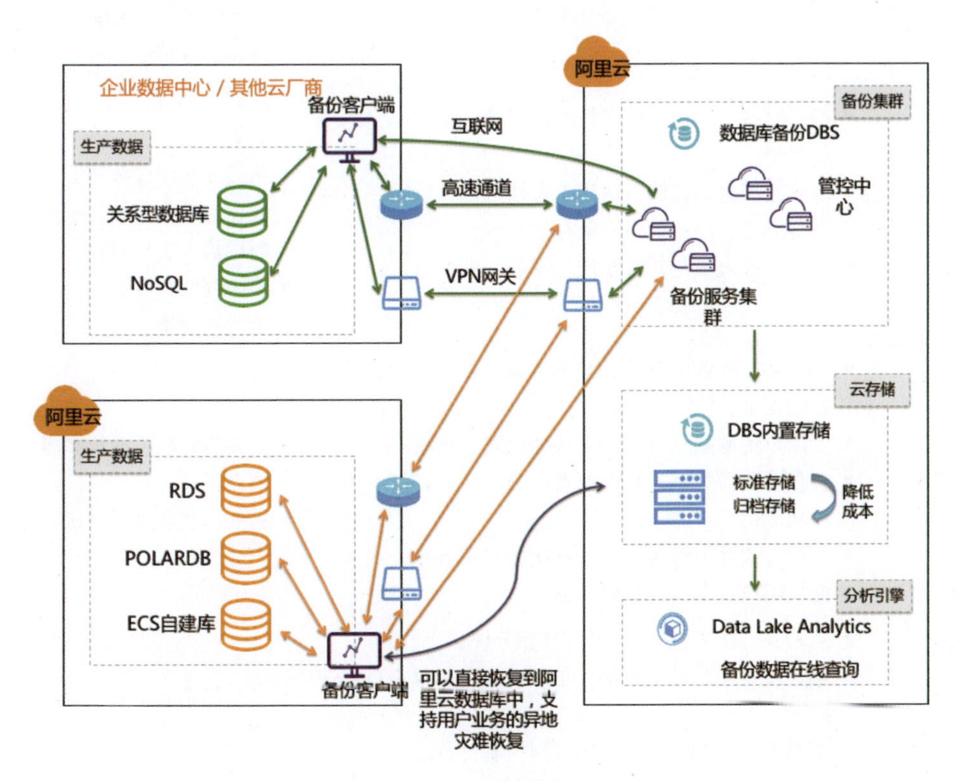

图 8-1　DBS 备份原理

8.1.2　产品优势

数据库备份 DBS 支持多种环境的数据库备份，通过专线、公网等接入技术，DBS 可以实现用户本地 IDC 数据库备份、ECS 自建数据库备份、其他云环境和 RDS 的数据库备份，可以通过简单的配置实现数据库全量备份、增量备份，以及数据恢复。

DBS 与 RDS 备份的区别会在 8.2.1 节讲解。

1．对比优势

数据库备份与传统备份的区别如表 8-1 所示。

表8-1　DBS与传统备份的区别

对比项	DBS云备份解决方案	自建备份系统
成本	• 按需付费，资源利用率100%，避免一次性投入大量资金； • 冷热数据分级存储，适用于长期归档，压缩、紧凑备份格式、增量备份降低存储成本； • 无须运维人员与托管费用，零成本运维	• 一次性投入大量资金； • 存储受硬盘容量限制，需人工扩容； • 单线或双线接入速度慢，有带宽限制，峰值时期需人工扩容； • 多级存储介质引入，运维成本骤增
安全	• 使用SSL和AES256加密技术，保护备份数据传输和存储安全； • 多用户资源隔离机制，支持异地灾备机制； • 提供多种鉴权和授权机制及白名单、防盗链、子账号功能； • 备份有效性随时验证，任务状况主动通知； • 提供用户自定义的鉴权机制	• 需要另外购买清洗和黑洞设备； • 需要单独实现安全机制
易用性	• 从购买、配置到备份运行仅需5分钟； • 细粒度备份，整个实例、单库、多表和单表自由选择； • 完整生命周期管理，全局规则控制，自动转存、清理和复制分发； • 备份恢复统一Web管理界面	• 备份脚本和工具学习成本高； • 灵活性不足
性能	• 秒级RPO，日志内存实时捕获，任意时间点恢复； • 恢复对象精准匹配，单表恢复，RTO大幅降低； • 流式备份，数据不落盘，备份窗口全程无锁，自适应并发调速； • 多线BGP骨干网络，无带宽限制，支持海量用户并发备份恢复	受限于多个工具短板，容易产生瓶颈
可靠性	• 基于阿里飞天盘古提供分布式高可靠存储； • 数据多重冗余存储，数据设计持久性不低于99.9999999999%； • 在备份过程中，实时校验数据完整性； • 海量用户验证，风险快速发现并修复	• 多个工具拼凑，问题指数级增长； • 受限于硬件可靠性，易出问题，一旦出现磁盘坏道，容易发生不可逆转的数据丢失

续表

对比项	DBS云备份解决方案	自建备份系统
扩展性	• 除了支持备份阿里云数据库，DBS还支持将ECS自建数据库、本地机房数据库、AWS/腾讯云等其他云厂商数据库备份到阿里云上； • 除了支持恢复到原始数据库，DBS还支持恢复到其他环境，如本地数据库通过DBS备份，恢复到阿里云数据库上	仅支持特定环境，一般不具备扩展性

2. 低成本

DBS 使用飞天分布式存储作为内置存储，备份数据会转换成专用格式，并经过压缩保存到内置存储，降低存储成本。

3. 安全

数据库备份 DBS 安全方面的功能如表 8-2 所示。

表8-2　DBS安全方面的功能

功　　能	说　　明
传输存储加密	• 使用SSL和AES256加密技术，保护备份数据传输和存储安全； • 具有BYOK功能，支持基于KMS实现备份数据加密，用户可以使用自己的KMS数据密钥加密备份数据
异地备份	提升数据保护级别
报警	备份异常、恢复异常、恢复成功等关键事件通知

4. 灵活易用

数据备份 DBS 具有灵活易用的特点，其灵活性及说明如表 8-3 所示。

表8-3　DBS灵活性及说明

灵 活 性	说　　明
细粒度备份	整个实例、多库、库、多表和单表可自由选择备份粒度
单表恢复	细粒度恢复，恢复对象精准匹配，降低RTO
生命周期管理	备份数据，全局规则控制，自动转存、清理和复制分发
引导式界面	备份恢复采用统一Web管理界面，从购买、配置到运行仅需5分钟

5. 高性能

数据库备份 DBS 通过使用阿里实时数据流技术，可以读取数据库日志并进行实时解析，然后存储到云端，实现对数据库的增量备份。通常，DBS 可以将增量备份的延迟控制在秒级以内，根据实际网络环境不同，延迟时长也会不同。

在进行数据恢复时，可以使用存储的增量备份实现精确到秒的数据库恢复，最大限度地保障数据安全。DBS 的性能表现及说明如表 8-4 所示。

表8-4　DBS的性能表现及说明

性　　能	说　　明
实时备份	日志内存实时捕获，RPO达到秒级
并行备份	全程无锁备份、多线程并行备份、数据拉取自适应分片
任意时间点恢复	提供可恢复日历及时间轴选择
多规格	弹性扩展，无缝支撑企业不同阶段性能要求
按量付费	支持备份到云存储，避免一次性投入大量资产
存储分级	自动将备份数据存放到不同性价比的存储介质中，适用于长期归档

8.1.3　备份方式

数据库备份 DBS 具有数据全量备份、增量备份和数据恢复功能。本节介绍各备份方式的区别，以及选择备份的方式。

1. 基本概念

数据库备份的方式主要包括逻辑备份、物理备份和快照备份，具体说明如表 8-5 所示。

表8-5　备份方式及说明

备份方式	说　　明
逻辑备份	数据库对象级备份，备份内容是表、索引、存储过程等数据库对象
物理备份	数据库文件级备份，备份内容是操作系统上的数据库文件
快照备份	基于快照技术获取指定数据集合的一个完全可用拷贝，随时可以选择仅在本机上维护快照或者对快照进行数据跨机备份

2. 原理及特性

各备份方式的原理及特性如表 8-6 所示。

表8-6　备份原理及特性

备份方式	备份原理	备份特性	DBS是否支持
逻辑备份	• 全量备份：首先对每张表数据进行切分，然后在数据库上运行SQL语句多线程并行读取数据； • 增量备份：实时捕获数据库内存中日志，日志读取速度也会随着数据库日志产生速度而调整	• 全量备份：数据存放在数据库磁盘中，数据读取对数据库IO性能有一定影响，全量备份不会对数据库加锁，对数据库性能影响很小； • 增量备份：数据库日志存放在数据库缓存中，且实时备份会导致每次备份日志量很少，日志读取对数据库IO性能影响很小	支持
物理备份	• 全量备份：首先需要在数据库所在服务器安装DBS备份网关，然后备份网关会将数据库备份到OSS上； • 增量备份：与“逻辑备份”一致	• 全量备份：从操作系统上复制文件，备份速度快于逻辑备份； • 增量备份：与“逻辑备份”一致	部分支持（物理备份不支持备份RDS，原因：用户要安装备份网关才能运行物理备份，RDS没有提供操作系统访问权限，无法安装备份网关）

DBS 支持逻辑备份、物理备份，目前暂不支持快照备份。

8.2　使用指南

前文介绍了 DBS 的规格和备份特点，接下来将讨论 DBS 的备份和以 RDS 为代表的云数据库自带备份的区别。

8.2.1　DBS 与 RDS 备份的区别

数据库备份 DBS 提供全量备份、增量备份和数据恢复能力，支持多环境的数据库备份到 OSS 上。

1. DBS 环境支持

- 支持本地 IDC、其他云的数据库备份恢复。
- 支持 ECS 自建库的数据库备份恢复。
- 支持 RDS 的数据库备份恢复。

2. DBS 与 RDS 备份逻辑差异

- 针对 RDS 数据库，DBS 提供转储备份和逻辑备份，满足 RDS 客户的异地备份和灵活备份诉求。
- 针对 RDS 数据库，RDS 提供物理备份，满足 RDS 客户的本地备份和快速恢复诉求。

DBS 与 RDS 备份逻辑差异如图 8-2 所示。

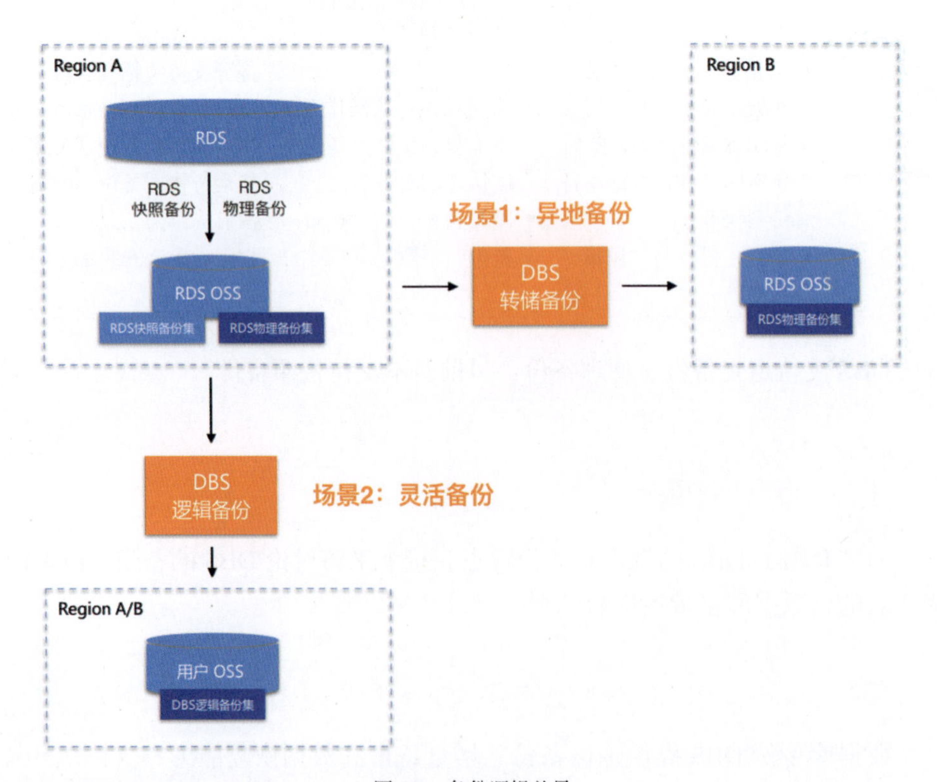

图 8-2　备份逻辑差异

3. DBS 转储备份给 RDS 用户带来的价值（异地备份）

- 安全、稳定的备份专用网络。
- 直接转储 RDS 原生物理备份数据和日志，无须额外发起备份。
- 备份集可一键恢复到 RDS。
- 最长 5 年保留时间，备份集独立保留，即使 RDS 实例释放后，备份集仍会按照设置的保留时间进行保留。
- 存储自动扩容、免运维。

4. DBS 逻辑备份给 RDS 用户带来的价值（灵活备份）

- DBS 提供核心表备份能力，实时保护核心数据，单表全量备份 + 实时增量备份，RPO 达到秒级，数据可以恢复到任意时间点。
- DBS 提供单表恢复能力，从整个备份集中抽取一张表数据，恢复时间仅与实际恢复数据量有关，实现分钟级数据恢复。
- DBS 提供库表映射恢复能力，数据恢复无须额外购买数据库实例，可以将数据直接恢复到原数据库实例，通过库表映射功能，用户可以手工对库表进行重命名恢复；同时，DBS 提供的同名对象冲突处理策略，恢复过程中遇到同名库表会自动重命名，不会删除或修改目标数据库上的原始数据。
- DBS 提供备份数据在线查询能力，DBS 与 Data Lake Analytics 深度集成，让备份数据“活”起来，无须恢复，用户可以通过 SQL 语句交互式查询备份数据，查询结果集立刻返回给用户，如图 8-3 所示。
- 针对 RDS 数据库，DBS 与 DMS 深度集成，支持在 DMS 上直接发起备份和恢复，其功能特点包括：实时备份、秒级恢复。DMS 的集成界面如图 8-4 所示。

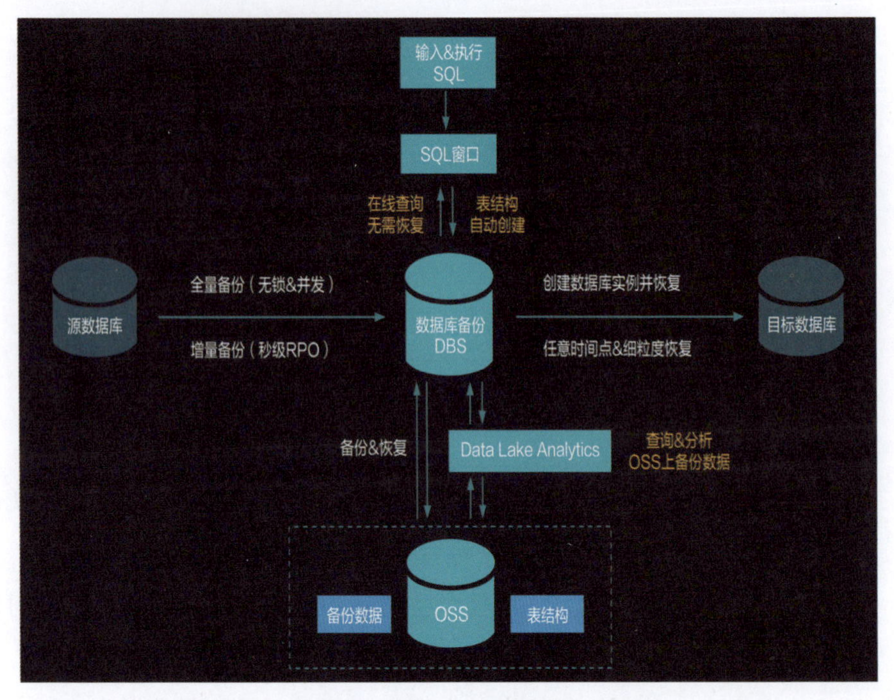

图 8-3　DBS 与其他部件交互

图 8-4　DMS 的集成界面

8.3　DBS 最佳实践

本节主要介绍 DBS 在下载备份本地恢复、快速恢复和异地恢复过程中的实践。

8.3.1　备份集自动下载到本地

数据库备份 DBS 支持云数据库、ECS 数据库的备份恢复，同时也支持将云上备份集自动下载到本地，满足备份集恢复到本地数据库、Excel 分析 & 审计、备份到本地存储等需求，给云上数据库多一份保护。备份设计方案如图 8-5 所示。

8.3.1.1　工作原理

数据库备份 DBS 提供备份集自动下载到本地功能。用户首先在本地服务器上安装 DBS 备份网关，然后在 DBS 控制台上配置下载规则，随后备份网关会自动、定期将云存储上的备份集下载到本地服务器，下载的备份集包含数据文件和日志文件，数据文件会转换成 CSV 等通用格式以及建表语句，便于二次利用，而日志文件会保留数据库原始格式。

图 8-5　备份设计方案

8.3.1.2　操作步骤

1. 自动下载

登录 DBS 控制台，进入“备份计划” > “备份任务配置” 页面，选择“备份集下载”栏，单击“设置备份集自动下载规则”按钮，如图 8-6 所示。

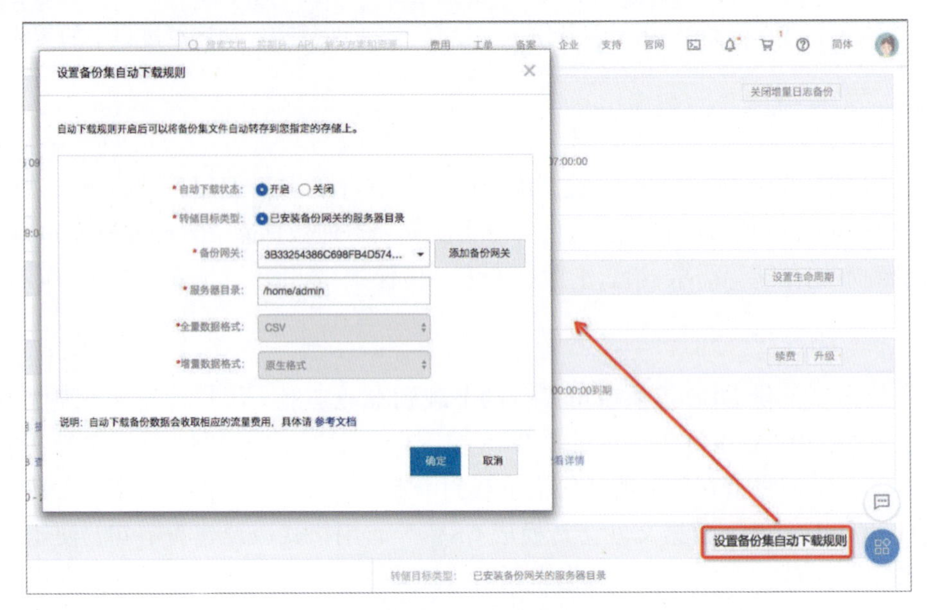

图 8-6　自动下载界面

2. 手动下载

进入“备份计划” > “全量数据备份”页面，单击“下载”按钮，如图 8-7 所示。

进入“备份计划” > “增量日志备份”页面，单击“下载”按钮，选择下载的 binlog，如图 8-8 所示。

3. 备份集下载进度

进入“备份计划” > “备份集下载”页面，查看备份集下载进度，如图 8-9 所示。

8.3.1.3　ECS 自建数据库的灾备与安全

数据库备份 DBS 提供 MySQL、SQL Server、Oracle、PostgreSQL、Redis、MongoDB 备份恢复，支持 ECS 数据库、本地机房数据库、云数据库和其他云厂商数据库。

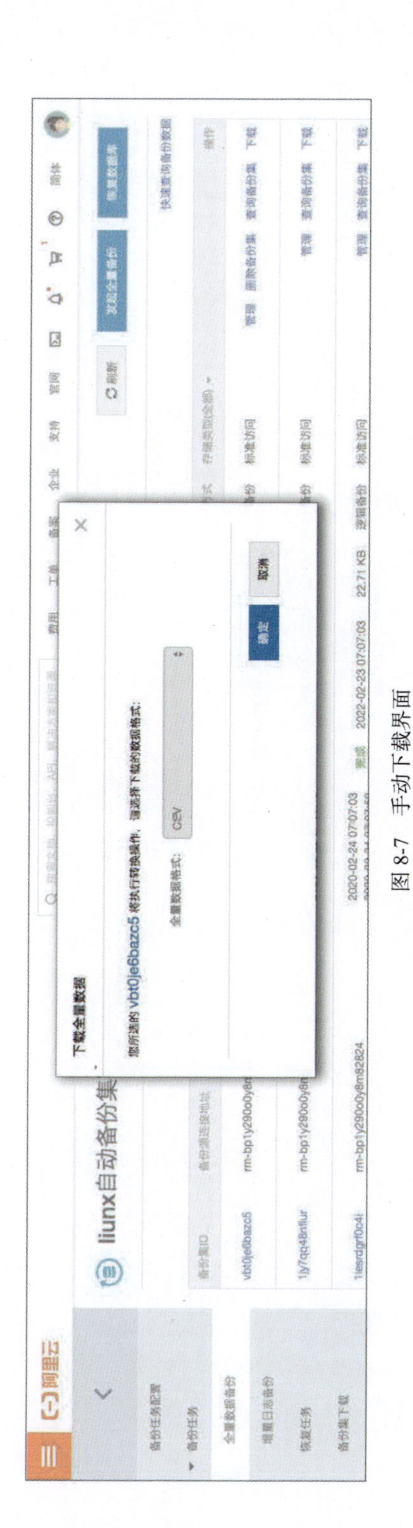

图 8-7　手动下载界面

图 8-8　选择下载的 binlog

图 8-9　查看备份集下载进度

本节以 ECS MySQL 为例，介绍通过 DBS 实现 ECS 数据库的灾备与安全，满足实时备份、快速恢复、异地灾备、长期归档等需求，还可以消除数据丢失、误删除、被加密、勒索病毒、黑客攻击等安全隐患。

在日常工作中，常见的备份问题如下。

- 工作中经常会遇到由于管理的数据库系统繁多，部分数据库系统没有进行合理备份的情况。
- 当对 ECS 数据库进行灾备的时候，往往需要自行配置备份策略，步骤烦琐耗费较大精力，缺少合理的方案。
- 数据库因为安全问题被黑客攻击导致数据被删除了，因为没有有效的备份，无法将数据恢复。
- 服务器数据库中了木马，导致大量业务数据丢失，网站出现访问异常。
- 因为误操作，删除了数据库的数据文件，无法启动 MySQL，影响业务访问。
- 因为误操作，在线的数据库被公司同事用测试库替换了，由于没有有效备份，数据无法恢复。

上述工作中的常见 ECS 的备份策略如表 8-7 所示。

表8-7 ECS的备份策略

ECS用途	备份策略
数据库服务器	DBS备份
应用服务器	ECS快照
数据库+应用服务器	DBS备份+ECS快照

DBS 备份价值及说明如表 8-8 所示

表8-8 DBS备份价值及说明

价 值	说 明
备份实时性	秒级RPO，从数据库内存实时获取事务日志
快速恢复	单表恢复，可大大降低RTO
恢复任意一秒的数据	数据库恢复前一秒状态，而不是前一天状态

续表

价　　值	说　　明
存储成本低	压缩比可达30%，并自动归档到更便宜的存储设备
备份集可验证	备份集支持SQL语句界面查询，无须恢复到数据库
异地的备份恢复	2000km以上的远距离备份，可恢复到本地或异地
同机恢复	恢复时遇到同名库表，支持手动重命名及自动重命名
一键恢复到RDS	根据备份集元信息自动创建相应规格、磁盘空间的RDS实例

备份的具体操作步骤如下。

1. 创建备份计划

前往 DBS 售卖页面创建备份计划。

2. 配置备份计划

创建备份计划后，在 DBS 控制台上会生成一个未配置的备份计划，通过以下 5 步完成备份计划配置。

① 配置备份源和目标。

② 配置备份对象。

③ 配置备份时间。

④ 配置生命周期。

⑤ 预检查。

配置备份源和目标如图 8-10 所示。

备份实例地域，根据备份目标地域来选择，如数据库（华北 2）备份到 DBS（华东 1），需选择华东 1 的 DBS 备份实例。备份实例地域可参考表 8-9。

另外，DBS 还支持以下环境数据库的备份恢复，如图 8-11 所示。

- 有公网 IP:Port 的自建数据库。
- ECS 上的自建数据库。
- RDS 实例。

- 通过专线 /VPN 网关 / 智能网关接入的自建数据库。
- PolarDB 实例。

图 8-10　配置备份源和目标

表8-9　备份实例地域

同城备份/异地备份	备份实例地域 vs 备份源地域	备份实例地域 vs 备份目标地域
同城备份	相同	相同
异地备份	不同	相同

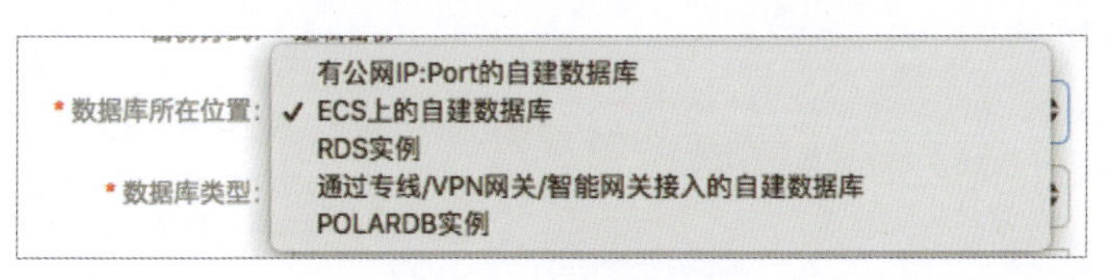

图 8-11　选择所在位置

3. 配置备份对象

在一个数据库实例中，可能有多个数据库，可以选择备份全部数据库，也可以选择备份其中一个数据库,或者备份几张表。配置备份对象界面如图 8-12 所示。

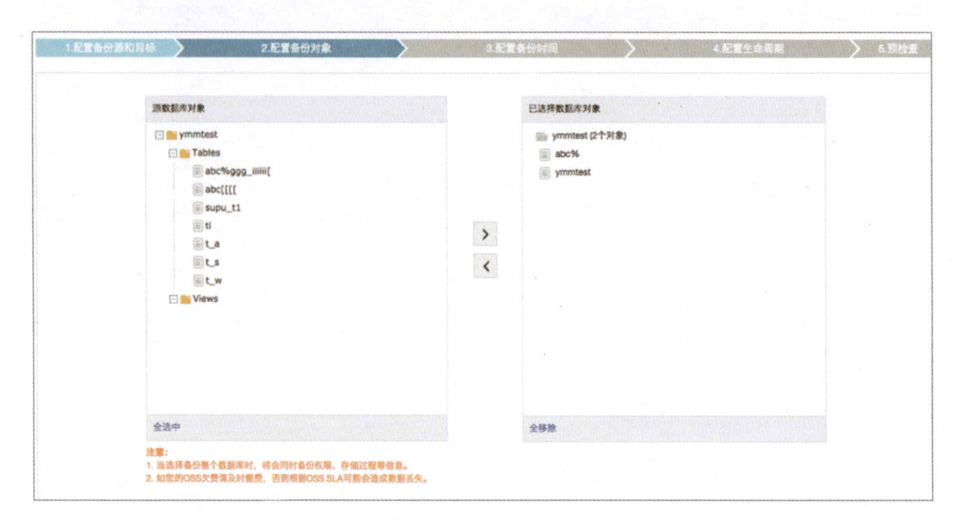

图 8-12　配置备份对象

4. 配置备份时间

在配置备份时间界面（图 8-13）可以设置数据库的备份时间。这里支持以“周”为周期的数据库备份计划，还可以选择具体的备份时间点。可以根据我们实际的业务特点进行选择，例如，要备份的数据库的业务低峰时间为 03:00，那么我们可以让全量备份在这个时间发生。

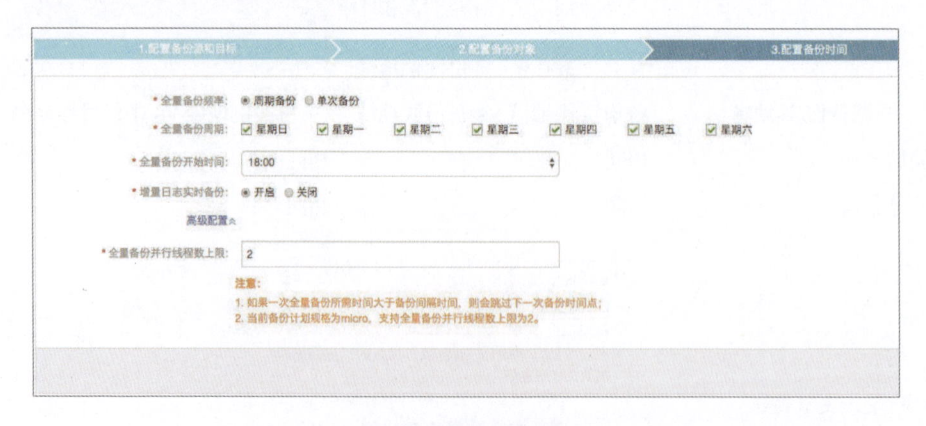

图 8-13　配置备份时间

另外，这里还可以选择是否进行增量备份。增量备份可以实现秒级 RPO 的数据库恢复能力，但是因为备份的数据量更大，所以会产生更高的成本。

5. 配置生命周期

为了降低备份存储的成本，DBS 还支持对 OSS 中备份集的生命周期管理。我们可以配置全量、增量备份集在 OSS 中的转移、删除策略。例如，如下的配置定义了一个新的全量备份集合产生之后，最长的存储时间为 730 天，超过 730 天的备份将会被删除。另外，新产生的备份将会被存储在 OSS 标准存储中，经过 180 天后，将转入 OSS 低频访问存储中，再经过 365 天将存储在 OSS 归档存储中，同样地，增量备份也可以配置类似的策略。配置生命周期界面如图 8-14 所示。

6. 预检查

完成备份计划配置之后，预检查将会检查所有前面的配置选项、数据库连通性、数据库日志（如果开启增量）等内容。检查完成后，就会立刻启动备份计划。

7. 备份集查询

登录 DBS 控制台，依次单击“备份计划” > “全量数据备份”选项，单击“查询备份集”按钮可以对备份集进行查询，如图 8-15 所示。

8. 执行查询 SQL

进入 SQL 窗口页面，在左侧对象列表中，DBS 全量备份集中库表结构会自动创建，用户在窗口中输入 SQL 语句，单击“执行”按钮（可选择“同步执行”或“异步执行”），可以快速查询备份集，如图 8-16 所示。

9. 恢复数据库

在 DBS 控制台备份计划列表中，选择要恢复数据库所在备份计划，单击“管理”按钮进入备份计划，单击右上角“恢复数据库”按钮，具体步骤如下。

① 配置恢复时间点。

② 配置恢复对象。

③ 进行预检查。

1.配置备份源和目标 2.配置备份对象 3.配置备份时间 4.配置生命周期 5.预检查

全量备份生命周期配置

*保留时间： 730 天

最长支持保存730天，保留时间到期后，备份集自动删除

*转为低频访问存储： 180 天

指定备份集保留天数后自动转为低频访问存储

*转为归档冷备存储： 365 天

指定备份集保留天数后自动转为归档冷备存储

增量备份生命周期配置

*保留时间： 730 天

最长支持保存730天，保留时间到期后，备份集自动删除

*转为低频访问存储： 180 天

指定备份集保留天数后自动转为低频访问存储

*转为归档冷备存储： 365 天

指定备份集保留天数后自动转为归档冷备存储

图 8-14 配置生命周期

图 8-15　查询备份集

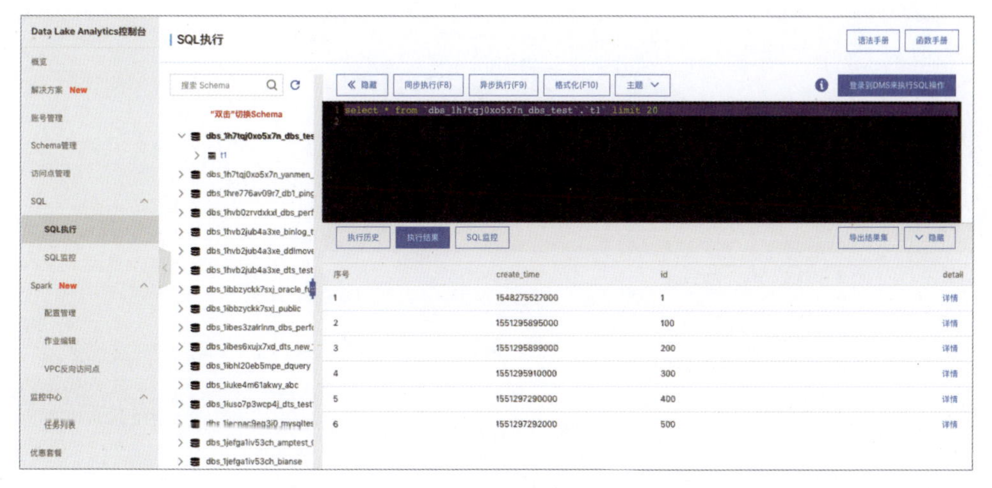

图 8-16　执行查询 SQL

10. 配置恢复时间点

数据库备份 DBS 提供数据库恢复日历，以日历方式展示数据库可恢复时间，用户可以快速定位恢复时间点，可恢复任意一秒的数据，如图 8-17 所示。

数据库实例类型包括新建实例和使用已有实例两种。

- 新建实例：创建数据库恢复任务时，用户可选择自动创建 RDS 按量付费实例，并自动完成后续数据恢复操作。DBS 会根据备份集元信息自动确定相应规格、磁盘空间的 RDS 实例，自动开通按量付费实例，并实时检测实例创建状况，当实例创建成功后，会自动触发数据恢复操作，整个过程无须人为干预，大大降低恢复时间。
- 使用已有实例：使用用户已有实例进行恢复。

图 8-17　配置恢复数据的具体时间点

11．配置恢复对象

数据库备份 DBS 提供细粒度恢复功能，如：单库恢复、多表恢复、单表恢复，只需恢复有用数据，大大降低了恢复时间。

数据库备份 DBS 提供库表映射恢复功能，选择“已选择数据库对象”选项，单击“编辑”按钮进行库表重命名，可实现同机恢复。

数据库备份 DBS 提供数据库恢复同名表冲突处理功能，并提供两个选项。

（1）遇到同名对象则恢复失败（用户要手动处理目标数据库同名对象）。

假如同名对象为 DB1.table1，选择“遇到同名对象则失败”选项后，恢复失败，恢复目标实例上只有原始对象 DB1.table1，用户要手动将原始对象 DB1.table1 重命名，并重新发起 DBS 恢复，如图 8-18 所示。

图 8-18　选择具体恢复对象名

（2）遇到同名对象则重命名（同名对象在恢复时会被重命名，恢复目标数据库上原有同名对象不动）。

假如同名对象为 DB1.table1，选择“遇到同名对象则重命名”选项后，恢复成功，恢复目标实例上有原始对象 DB1.table1 和新恢复 DB1xxx.table1xxx，其中 xxx 表示命名规则。（风险说明：选择“遇到同名对象则重命名”选项后，在恢复期间，可能存在增量数据无法恢复的小概率情况。推荐方案：恢复前，手动处理目标数据库同名对象）。

8.3.2　快速恢复

8.3.2.1　单表恢复

数据库备份 DBS 提供表级数据恢复能力。在误删除数据情况下，往往不会影响到整个实例，因此无须恢复全部数据，此时可选择单表恢复，大大降低恢复时间。

1. 工作原理

数据库备份 DBS 提供单表恢复功能。DBS 备份时会将数据以表粒度进行保存，当用户选择单表恢复时，DBS 只会读取单个表的数据进行恢复，同时结合日志备份，可以将单个表恢复到任意一秒的数据，如图 8-19 所示。

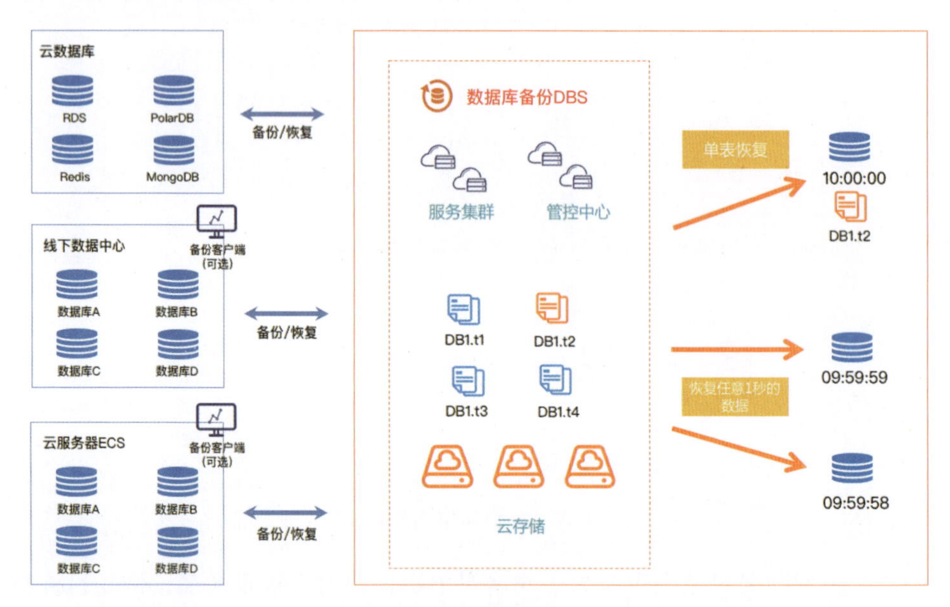

图 8-19 单表恢复

2. 操作步骤

（1）创建备份计划。请前往“DBS 售卖”页面，或者在 DBS 控制台上单击“创建备份计划”按钮来创建备份计划。

（2）配置备份计划。在 DBS 控制台的备份计划列表选中之前购买的备份计划，单击“配置备份计划”按钮进入备份计划配置页面，如图 8-20 所示。

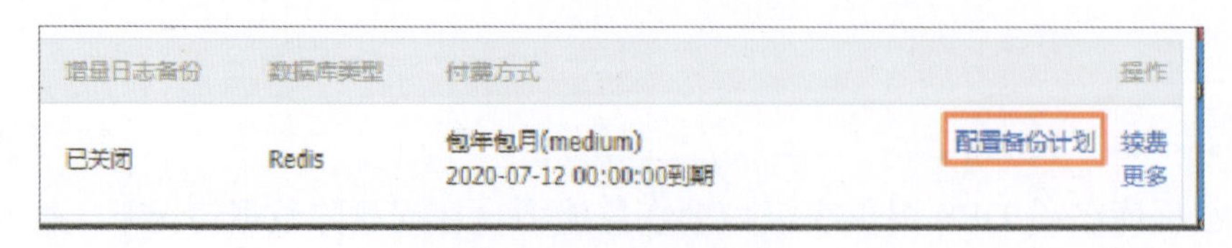

图 8-20 备份计划列表

配置备份计划，设置全量备份周期，并开启增量日志备份，如图 8-21 所示。

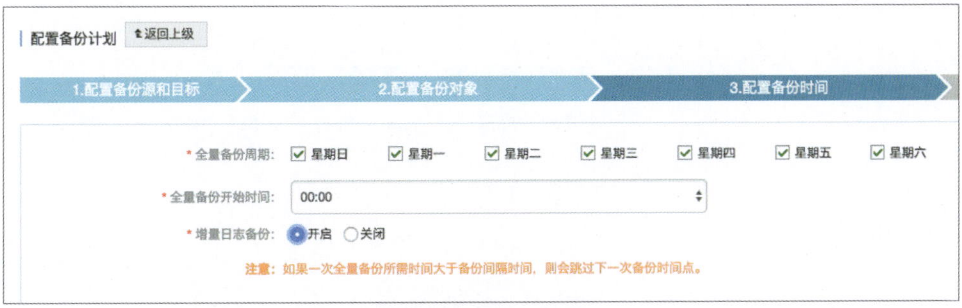

配置备份计划
返回上级
1.配置备份源和目标
2.配置备份对象
3.配置备份时间
* 全量备份周期:
星期日
星期一
星期二
星期三
星期四
星期五
星期六
* 全量备份开始时间:
00:00
* 增量日志备份:
开启
关闭
注意：如果一次全量备份所需时间大于备份间隔时间，则会跳过下一次备份时间点。

图 8-21　配置备份计划

当数据库全量备份完成后，用户可以进入备份计划，单击“恢复数据库”按钮，选择要恢复的表，DBS 将快速恢复这张表至任意一秒的数据，如图 8-22 所示。

2.配置恢复对象
8m80cxy
aaa11111

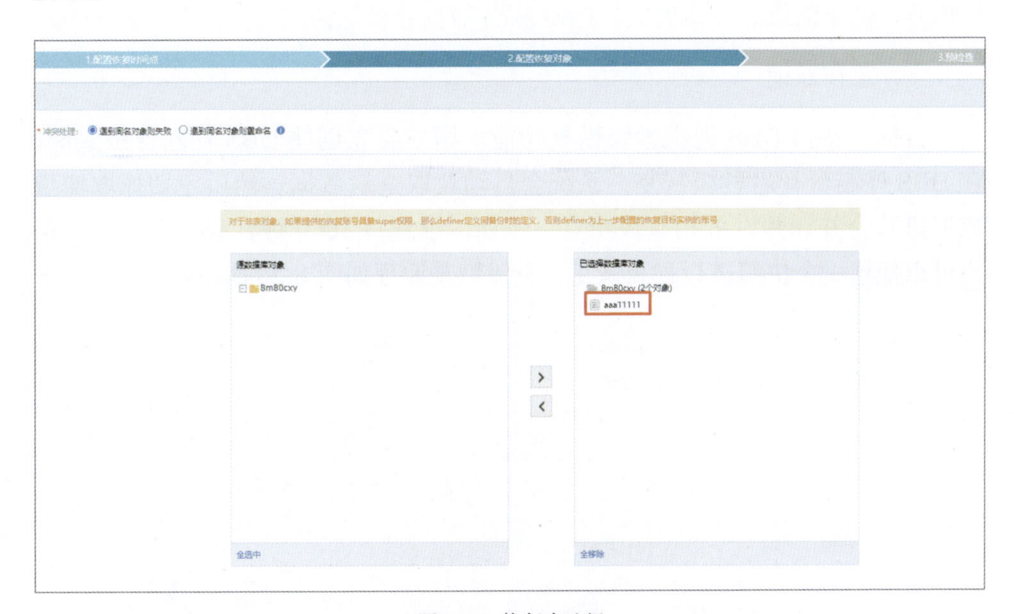

图 8-22　恢复表选择

恢复到任意一秒的数据，根据可恢复时间范围进行选择，如图 8-23 所示。

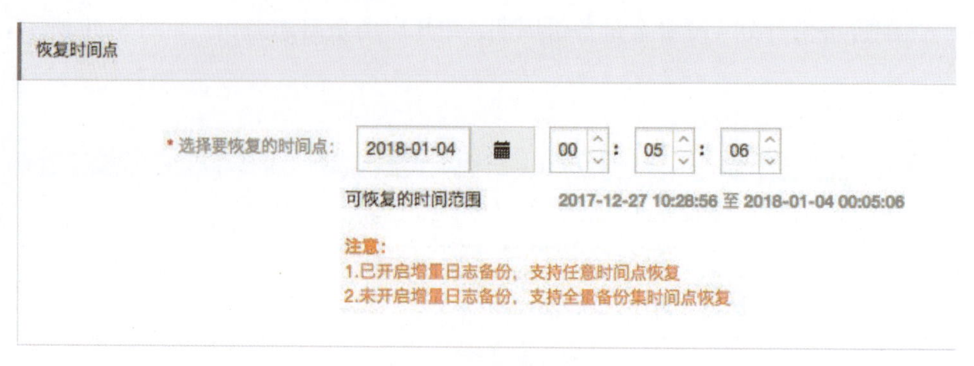

图 8-23 选择恢复时间

8.3.2.2 秒级恢复

数据库备份 DBS 提供秒级恢复，基于数据库物理备份、快照挂载等技术，可在 10 秒钟内快速恢复 TB 级数据，提供备份数据的读写服务，可满足误操作恢复、恢复演练、应急容灾、DevOps、数据分析等需求。

1．工作原理

数据库备份 DBS 提供秒级恢复功能。用户要先创建 DBS 物理备份实例，在 DBS 控制台开启秒级恢复，系统会自动获取全量数据，然后定期抓取增量数据进行合并，并设置相应快照点，例如，设置每 10 分钟合成一个快照，用户可以任选一个快照进行秒级恢复。秒级恢复原理如图 8-24 所示。

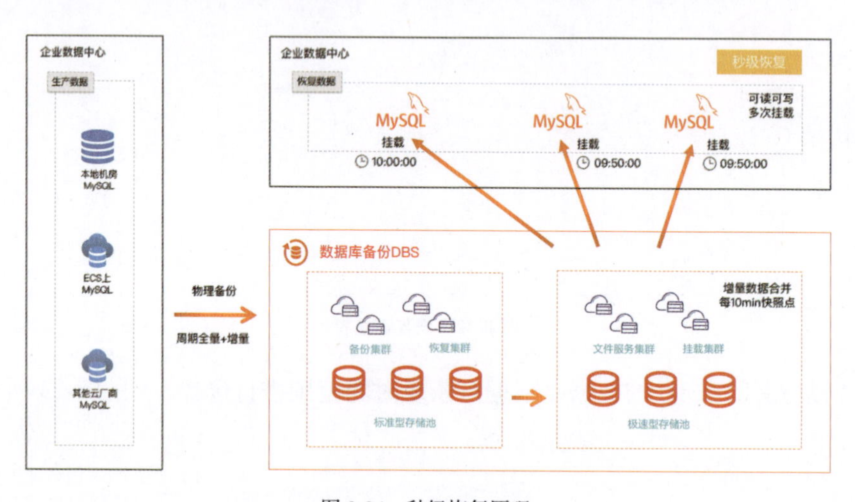

图 8-24 秒级恢复原理

2．操作步骤

（1）开启秒级恢复

登录 DBS 控制台，进入“备份计划”>“备份任务配置”页面，选择“运行信息”栏，单击“设置秒级恢复”按钮，进入图 8-25 所示界面。

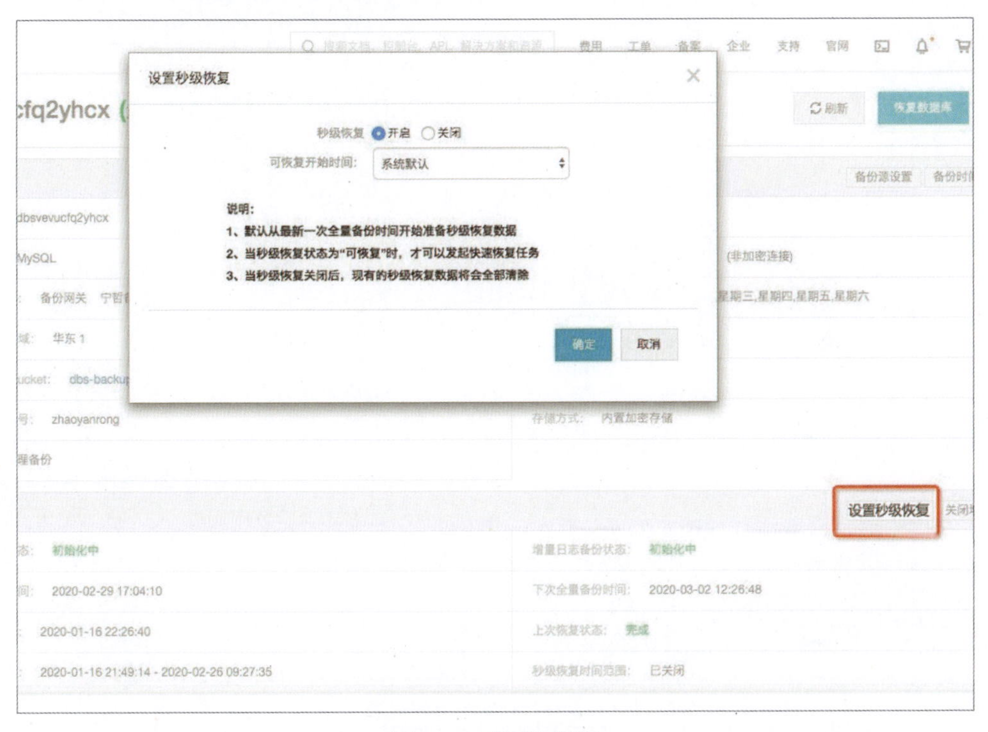

图 8-25　开启秒级恢复

随后，秒级恢复进入“数据准备中”状态，如图 8-26 所示。

设置秒级恢复　关闭增量日志备份

增量日志备份状态：初始化中

下次全量备份时间：2020-03-02 12:38:30

上次恢复状态：完成

秒级恢复时间范围：数据准备中

图 8-26　数据准备中

（2）发起秒级恢复数据库任务

当秒级恢复完成数据准备后，会显示秒级恢复的数据时间范围，单击“秒级恢复数据库”按钮，发起秒级恢复数据库任务，如图 8-27 所示。

图 8-27 发起任务

进入秒级恢复数据库任务，选择时间点和 VPC 信息，如图 8-28 所示。

（3）获取备份数据挂载点

进入“备份计划” > “秒级恢复任务”页面，查看恢复进度和 NFS 挂载点，如图 8-29 所示。

图 8-28 任务时间点的选择界面

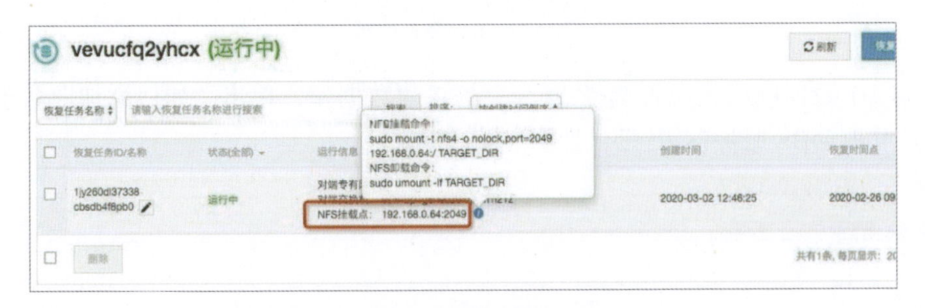

图 8-29 查看挂载点

8.3.3 数据库异地备份

数据库备份 DBS 提供数据库异地备份能力，满足在 PolarDB、RDS、ECS 上自建库异地容灾需求。本节介绍在 ECS 上自建数据库的异地备份。

1. 如何保证备份安全性

由于阿里云跨地域私网不通，要保证异地备份的安全性，可以通过以下 3 种方式。

- 互联网：数据库公网地址 +IP 白名单。

- 互联网：数据库公网地址 + 开启 SSL。
- 专有网络：VPN 专线、高速通道、智能网关、云企业网等。

2. 操作步骤

（1）创建备份计划，单击进入“DBS 售卖页”。

- 异地备份：备份数据源的选择要与 DBS 实例地域不同。
- DBS 实例地域：与备份目标地域相同。

例子：ECS 上自建数据库（华北 2）备份到 DBS（华东 1）。

（2）配置备份计划。在 DBS 控制台的备份计划列表选中之前购买的备份计划，单击“配置备份计划”按钮进入备份计划配置页面，如图 8-30 所示。

备份计划ID/名称	状态(全部)	备份源所在位置	备份源连接地址	创建时间	下次全量备份时间	增量日志备份	操作
dbsqe9dbkh71b1z qe9dbkh71b1z	未配置			2017-12-28 23:25:16	-	已关闭	配置备份计划

图 8-30　配置备份计划

（3）数据库所在位置选择 ECS 上的自建数据库，单击“如何添加白名单”按钮获取 DBS 服务器 IP 段，如图 8-31 所示。

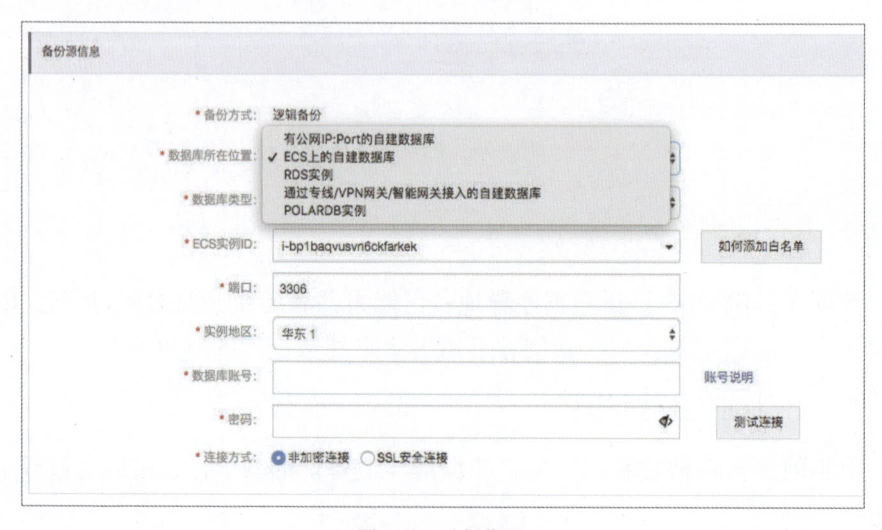

图 8-31　选择位置

（4）备份目标地域与 DBS 实例地域相同。

第9章 监控利器之云监控

随着云资源越来越多，管理云资源成为棘手的问题。云监控（Cloud Monitor）的出现解决了这一难题。云监控提供了主机监控、事件监控、Dashboard、自定义监控、日志监控、站点监控、云产品监控、报警服务、资源消耗、容器监控等重要功能。云监控涵盖IT设施基础监控和外网网络质量拨测监控，是基于事件、自定义指标和日志的业务监控，为用户全方位提供更高效、全面、省钱的监控服务。使用云监控不但可以提升系统服务可用时长，还可以降低企业IT运维监控成本。

9.1 什么是云监控

云监控是一项针对阿里云资源和互联网应用进行监控的服务。云监控为云上用户提供开箱即用的企业级开放型一站式监控解决方案。云监控通过提供跨产品、跨地域的应用分组管理模型和报警模板，帮助用户快速构建支持几十种云产品、管理数万实例的高效监控报警管理体系。

云监控服务可用于收集阿里云资源或用户自定义的监控指标，探测服务可用性，以及针对指标设置警报，使您全面了解阿里云上的资源使用情况、业务的运行状况和健康度，并及时对收到的异常报警做出响应，保证应用程序顺畅运行。

9.1.1 产品构架

云监控架构如图 9-1 所示。

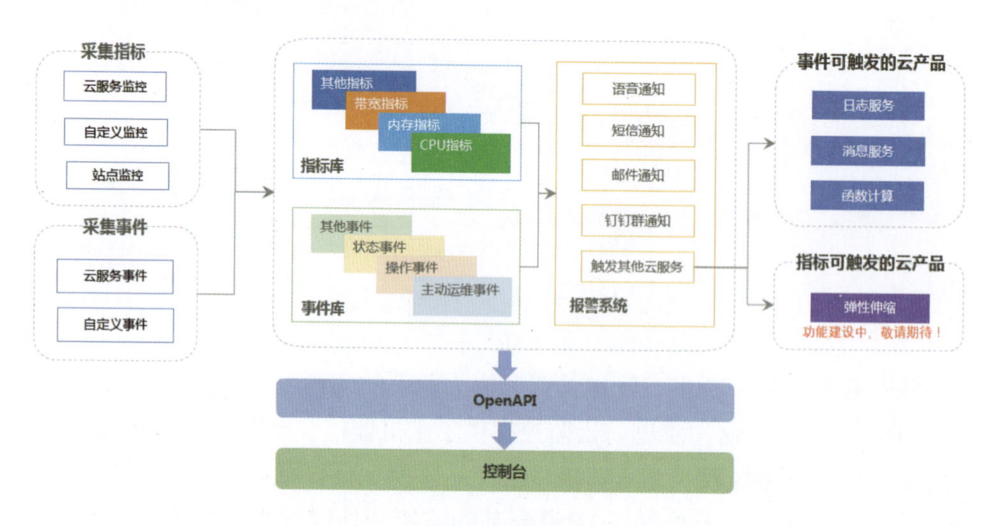

图 9-1 云监控架构

9.1.2 功能特性

云监控的主要功能如表 9-1 所示。

表9-1 云监控主要功能

功　能	说　明
Dashboard	提供自定义查看监控数据的功能，用户可以在一个监控大盘中跨产品、跨实例查看监控数据，将相同业务的不同产品实例集中展现
应用分组	提供跨云产品、跨地域的云产品资源分组管理功能，支持用户从业务角度集中管理业务线涉及的服务器、数据库、负载均衡、存储等资源，从而按业务线来管理报警规则，查看监控数据，迅速提升运维效率

续表

功　能	说　明
主机监控	主机监控服务通过在服务器上安装插件，为用户提供CPU、内存、磁盘、网络等三十种监控项，并对所有监控项提供报警功能，用户可以选择从实例、应用分组、全部资源三个角度设置报警规则。从不同业务角度使用报警功能，可以满足用户对服务器的基本监控与运维需求。该服务目前支持Linux和Windows操作系统
事件监控	提供事件类型数据的上报、查询、报警功能，方便用户将业务中的各类异常事件或重要变更事件收集上报到云监控，并在异常发生时接收报警
自定义监控	用户可以针对自己关心的业务指标进行自定义监控，将采集到的监控数据上报至云监控，由云监控来进行数据的处理，并根据处理结果进行报警
日志监控	提供日志数据实时分析、监控图表可视化展示和报警服务。用户只需要开通日志服务，将本地日志通过日志服务进行收集，即可解决企业的监控运维与运营诉求。此外，日志服务还可完美结合云监控的主机监控、云服务监控、站点监控、应用分组、Dashboard、报警服务，形成完整的监控闭环
站点监控	提供互联网网络探测的监控服务，主要用于通过遍布全国的互联网终端节点，发送模拟真实用户访问的探测请求，监控全国各省市运营商网络终端用户到用户服务站点的访问情况
云服务监控	提供查询已购买云服务实例的各项性能指标的情况，帮助用户分析使用情况、统计业务趋势，及时发现并诊断相关问题
报警服务	提供监控数据的报警功能，用户可以通过设置报警规则来定义报警系统如何检查监控数据，并在监控数据满足报警条件时发送报警通知。用户对重要监控指标设置报警规则后，便可在第一时间得知指标数据发生异常，迅速处理故障
资源消耗	提供查看资源消耗详情的功能，用户也可以购买短信资源包或电话报警资源包

9.2　产品优势

云监控是阿里巴巴集团多年来服务器监控技术研究积累的成果，结合阿里云云计算平台强大的数据分析能力，为用户提供云服务监控、站点监控和自定义监控，为用户的产品、业务保驾护航。

云监控产品主要有以下优势。

1. 天然集成

云监控服务无须特意购买和开通，用户注册好阿里云账号后，便自动开通了云监控服务，方便用户在购买和使用阿里云产品后直接到云监控查看产品运行状态并设置报警规则。

2. 数据可视化

云监控通过 Dashboard 为用户提供丰富的图表展现形式，并支持全屏展示和数据自动刷新，满足各种场景下的监控数据可视化需求。

3. 监控数据处理

云监控通过 Dashboard 对监控数据进行时间维度和空间维度的聚合处理。

4. 灵活报警

云监控提供了监控项的报警服务。用户在为监控项设置合理的报警规则和通知方式后，一旦发生异常便会立刻发出报警通知，让用户及时知晓服务异常并处理，从而提高产品的可用性。

9.3 应用场景

云监控为用户提供了非常丰富的使用场景。

1. 云服务监控

用户购买和使用云监控支持的阿里云服务后，即可方便地在云监控对应的产品页面查看产品的运行状态、各个指标的使用情况并对监控项设置报警规则。

2. 系统监控

通过监控 ECS 的 CPU 使用率、内存使用率、公网流出流速（带宽）等基础指标，确保实例正常使用，避免因为对资源的过度使用造成用户业务无法正常运转。

3. 及时处理异常场景

云监控会根据用户设置的报警规则，在监控数据达到报警阈值时发送报警信息，让用户及时获取异常通知，查询异常原因。

4. 及时扩容场景

对带宽、连接数、磁盘使用率等监控项设置报警规则后，可以让用户方便地了解云服务现状，在业务量变大后及时收到报警通知以便进行服务器扩容。

5. 站点监控

站点监控服务目前提供 HTTP(HTTPS)、ICMP、TCP、UDP、DNS、SMTP、POP3、FTP 等协议的监控设置，可探测用户站点的可用性、响应时间、丢包率，让您全面了解站点的可用性并在发生异常时及时处理。

6. 自定义监控

自定义监控补充了云服务监控的不足，如果云监控服务未能提供用户需要的监控项，那么可以创建新的监控项并采集监控数据上报到云监控，云监控会对新的监控项提供监控图表展示和报警功能。

9.4　使用指南和最佳实践

通过上述介绍，我们可以基本了解云监控基本概念、产品功能、应用场景等，接下来从产品使用和最佳实践的角度对云监控进行深度剖析。

9.4.1　报警模板最佳实践

本节通过一个具体案例讲解企业用户如何使用报警模板高效管理好各业务使用的云资源的报警规则。

1. 背景信息

当用户的云账号下拥有很多服务器和云产品资源时，怎样才能快速地为这些资源创建报警规则，并在报警规则不合理时修改报警规则呢？下面将通过具体案例讲解大企业用户如何通过使用报警模板和应用分组提升效率并管理好各业务使用云资源的报警规则。

2. 使用报警模板的准备工作

使用报警模板前，我们先了解一下报警规则配置在应用分组和配置在单个实例上的区别，以及报警模板如何提升配置规则的效率。

创建报警规则时，资源范围可以选择“实例”或者“应用分组”，如果选择“应用分组”，那么报警规则的作用范围就是应用分组内的所有资源。用户的业务需要扩容或者缩容时，只需要将相应资源移入或移出应用分组，而不需要增加或删除报警规则。如果需要修改报警规则，也只需要修改这一条报警规则，就会在组内所有实例上生效。

如果用户选择将报警规则创建在实例上，那么该规则只对单一实例有效。修改报警规则时也只对单一实例生效。当实例增多时，报警规则会变得难以管理。

报警模板极大地提升了配置报警规则的效率。ECS、RDS、SLB 等基础服务在配置报警规则时，监控项和报警阈值相对固定，为这些需要报警的指标建立模板后，当新增业务时，创建好应用分组后直接将模板应用在分组上，即可一键创建报警规则。当用户需要批量新增、修改、删除报警规则时，也可以修改模板后，将模板统一应用在分组上，极大地节省操作时间。

9.4.2 使用报警模板的操作步骤

1. 注意事项

当用户的账号下服务器和其他云产品实例非常多时，建议按照业务视角先为资源创建不同的应用分组，然后通过应用分组来批量管理资源。

2. 操作步骤

下面我们以一个常见的电商网站后台业务为例，介绍如何使用报警模板和应用分组，快速将业务的云上监控报警体系搭建起来。

（1）创建一个名为“电商后台模块报警模板”的报警模板，如图 9-2 所示。

① 登录云监控控制台。

② 单击左侧导航栏中“报警服务”菜单下的“报警模板”选项，进入“报警模板”页面。

③ 单击右上角的“创建报警模板”按钮，进入“创建报警模板”页面。

④ 配置模板基本信息：输入模板名称和描述。

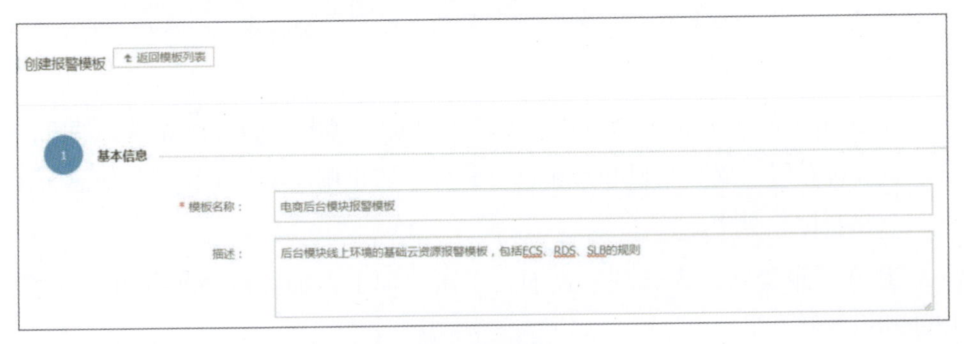

图 9-2 配置模板

⑤ 配置报警策略：选择产品类型，添加并设置报警规则，将业务模块需要的报警策略添加到报警模板中，如图 9-3 所示。

图 9-3 配置报警策略

⑥ 单击“确认”按钮，保存报警模板配置。

（2）创建报警联系人和报警联系组。

① 登录云监控控制台。

② 单击左侧导航栏中“报警服务”菜单下的“报警联系人”选项,进入“报警联系人管理”页面。

③ 单击页面右上角的“新建联系人”按钮，填写手机、邮箱等信息。添加手机和邮箱时需要对手机和邮箱进行验证，防止用户填写了错误的信息，无法及时收到报警通知。

④ 在“报警联系人管理”页面，单击页面上方的“报警联系组”标签，切换到报警联系组列表。

⑤ 单击右上角的“新建联系组”按钮，弹出“新建联系组”页面。

⑥ 填写组名并选择需要加入组中的联系人即可。

（3）创建一个名为“库存管理线上环境”的应用分组，并选择刚才创建的报警模板，如图 9-4 所示。

① 登录云监控控制台。

② 单击左侧导航栏中的“应用分组”选项，进入“应用分组”页面。

③ 单击右上角的“创建组”按钮，进入“创建应用分组”页面。

④ 配置基本信息：输入应用分组名称，选择联系人组。联系人组即报警联系组，用于接收报警通知。

（4）配置监控报警：选择报警模板（用于对组内的实例初始化报警规则）和报警级别。启用初始化安装监控插件，即在新生成 ECS 实例后，对实例安装云监控插件，以便采集监控数据。

（5）配置动态添加实例：库存管理业务使用的云资源，我们以最常见的服务器 + 数据库 + 负载均衡资源组合为例。通过制定动态匹配规则添加云服务器 ECS 实例，支持根据 ECS 实例名称进行字段的“包含”“前缀”“后缀”匹配，符合匹配规则的实例会加入当前分组（包含后续新创建的实例），最多可以添加三条动态匹配规则，规则之间可以是“与”“或”的关系。单击“添加产品”

按钮，可继续制定云数据库 RDS 版和负载均衡的动态匹配规则。单击“创建应用分组”按钮，完成分组的创建。进入该应用分组详情页，即可看到符合匹配规则的实例已添加到用户创建的应用分组内。

图 9-4　创建分组

9.4.3　通过钉钉群接收报警通知

本节介绍设置通过钉钉群接收报警通知的方法。

1．前提条件

进行操作前，请确保已经注册了阿里云账号。

2. 背景信息

云监控新增钉钉群接收报警通知的功能，用户可以按照以下指引设置钉钉群接收报警通知。

已经创建的报警规则，只需要在报警联系人中增加钉钉机器人的回调地址，即可收到钉钉群报警，无须修改报警规则。在已有的报警联系人中新增钉钉机器人后，即可通过钉钉群接收联系人之前通过邮件、短信收到的全部报警规则。

3. 创建钉钉机器人（PC 版）

（1）在 PC 版钉钉中打开要接收报警通知的钉钉群。

（2）单击右上角的“群设置”图标，打开“群设置”窗口。

（3）单击“智能群助手”按钮，单击“添加智能机器人”按钮，打开“群机器人”窗口。

（4）在“群机器人”窗口中单击“自定义”按钮，创建一个用于接收报警通知的钉钉机器人。

（5）在“机器人详情”窗口单击“添加”按钮，进入“添加机器人”窗口。

（6）输入机器人名称，如：云监控报警通知。

（7）在安全设置页面勾选“自定义关键词”，逐个添加 5 个关键词（阿里云、云服务、监控、Monitor、ECS），单击“完成”按钮。

（8）单击“复制”按钮，复制 Webhook 地址。

（9）单击“完成”按钮完成操作。

4. 在报警联系人中添加钉钉机器人

（1）登录云监控控制台。

（2）单击左侧导航栏中“报警服务”菜单下的“报警联系人”选项，进入“报警联系人管理”页面。

（3）单击“编辑”按钮，打开“设置报警联系人”窗口。

（4）在已有联系人中添加钉钉机器人的回调地址，即钉钉机器人 Webhook 地址。

9.4.4　内网监控最佳实践

本节通过具体案例介绍使用云监控实现内网监控的方法。

1．背景信息

随着越来越多的用户从经典网络迁移到更安全、更可靠的 VPC 网络环境，如何监控 VPC 内部服务是否正常响应就成为需要关注的问题。本节将通过具体案例说明如何监控 VPC 内 ECS 上的服务是否可用；VPC 内 ECS 到 RDS、Redis 的连通性如何；VPC 内 SLB 是否正常响应。

2．内网监控准备工作

内网监控的原理如图 9-5 所示。首先需要在服务器上安装云监控插件，然后通过控制台配置监控任务，选择已安装插件的机器作为探测源，并配置需要探测的目标 URL 或端口。完成配置后，作为探测源的机器会通过插件每分钟发送一个 HTTP 请求或 Telnet 请求到目标 URL 或端口，并将响应时间和状态码收集到云监控进行报警和图表展示。

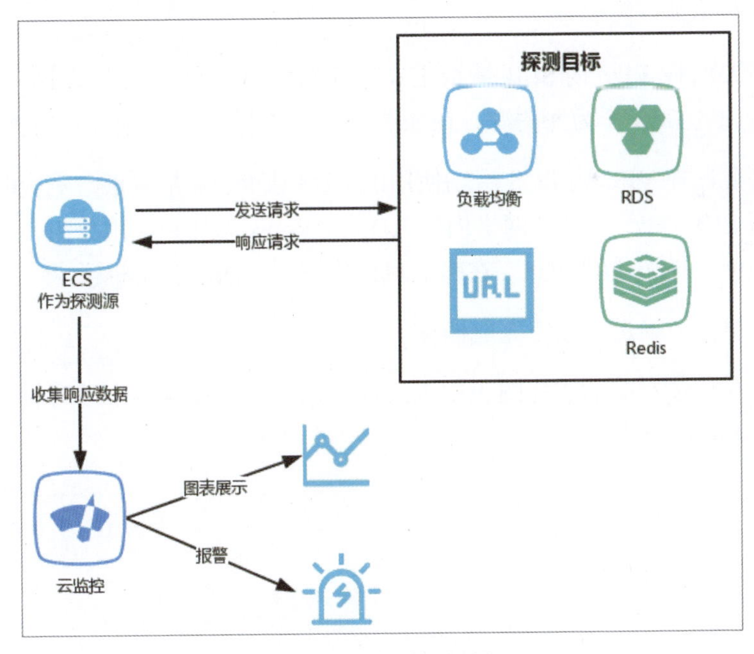

图 9-5　内网监控原理图

3. 内网监控的实施步骤

作为探测源的服务器需要安装云监控插件，需要创建应用分组，并将作为探测源的服务器加入分组中。

（1）登录云监控控制台。

（2）在左侧导航栏单击“应用分组”按钮。

（3）在“应用分组”页面单击目标“分组名称 / 分组 ID”链接。

（4）在目标应用分组的左侧导航栏单击“可用性监控”按钮。

（5）在“可用性监控”页面单击“新建配置”按钮。

（6）在“创建可用性监控”页面设置可用性监控相关参数。

注意：

- 需要监控 VPC 内 ECS 本地进程是否响应正常时，可在探测源中选中所有需要监控的 ECS，在探测目标中填写 localhost:port/path 格式的地址，进行本地探测。
- 需要监控 VPC 内 SLB 是否正常响应时，可选择与 SLB 在同一 VPC 网络内的 ECS 作为探测源，在探测目标中填写 SLB 的地址进行探测。
- 需要监控 VPC 内 ECS 后端使用的 RDS 或 Redis 是否正常响应时，可将与 ECS 在同一 VPC 网络内的 RDS 或 Redis 添加到应用分组，并在探测源中选择相应的 ECS，在探测目标中选择 RDS 或 Redis 实例。

（7）单击“确定”按钮完成操作。

可以在任务对应的监控图表中查看探测结果，并在探测失败时收到报警通知，如图 9-6 所示。

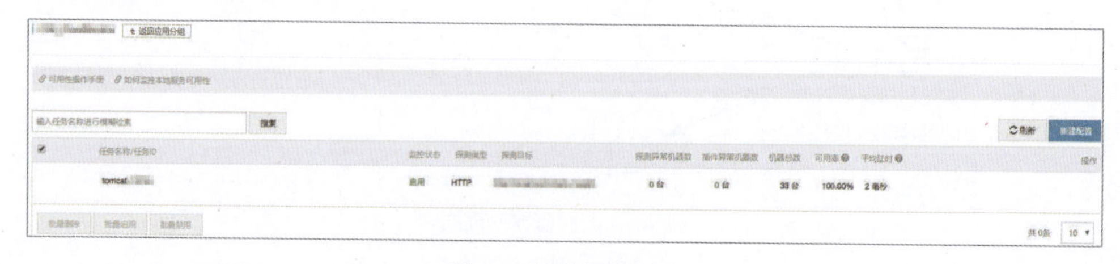

图 9-6　监控探测结果

单击任务列表中的“监控图表”选项，可查看监控详情，如图 9-7 所示。

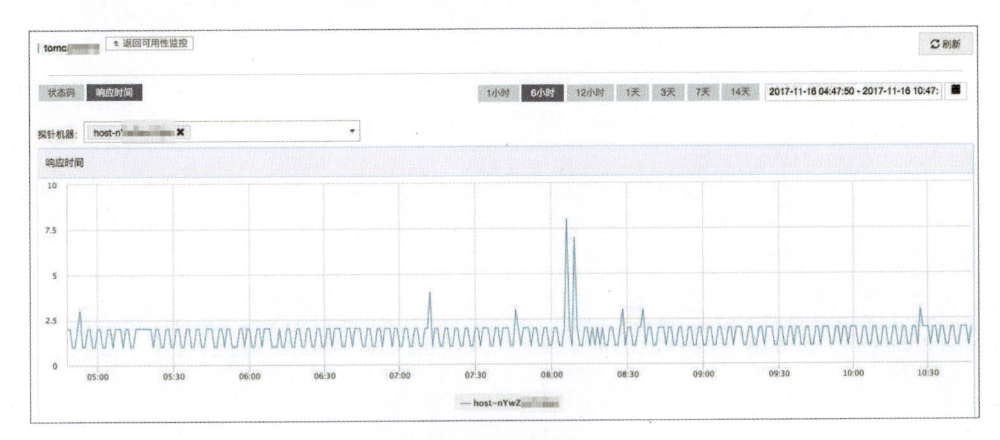

图 9-7　监控图表